南水北调泵站
运行管理

NANSHUIBEIDIAO BENGZHAN
YUNXING GUANLI

南水北调东线江苏水源有限责任公司　编著

河海大学出版社
HOHAI UNIVERSITY PRESS
·南京·

图书在版编目（ＣＩＰ）数据

南水北调泵站运行管理 / 南水北调东线江苏水源有
限责任公司编著. -- 南京：河海大学出版社，2021.4
南水北调泵站工程技术培训教材
ISBN 978-7-5630-6895-1

Ⅰ. ①南… Ⅱ. ①南… Ⅲ. ①南水北调－水利工程－
泵站－运行－管理－技术培训－教材 Ⅳ. ①TV675

中国版本图书馆 CIP 数据核字(2021)第 049748 号

书　　名	南水北调泵站运行管理
书　　号	ISBN 978-7-5630-6895-1
责任编辑	张心怡
责任校对	金　怡
装帧设计	徐娟娟
出版发行	河海大学出版社
地　　址	南京市西康路 1 号(邮编:210098)
电　　话	(025)83737852(总编室)　(025)83722833(营销部)
经　　销	江苏省新华发行集团有限公司
排　　版	南京布克文化发展有限公司
印　　刷	江苏凤凰数码印务有限公司
开　　本	787 毫米×1092 毫米　1/16
印　　张	16
字　　数	370 千字
版　　次	2021 年 4 月第 1 版
印　　次	2021 年 4 月第 1 次印刷
定　　价	96.00 元

《南水北调泵站工程技术培训教材》编委会

《南水北调泵站运行管理》编写组

主　　编：袁连冲

执行主编：刘　军

副 主 编：李松柏　吴大俊　袁建平　雍成林
　　　　　施　伟

编写人员：林建时　蒋兆庆　杨登俊　林　亮
　　　　　沈广彪　江　敏　王从友　孙　涛
　　　　　乔凤权　孙　毅　张鹏昌　范雪梅
　　　　　刘　尚　刘佳佳　辛　欣　严再丽
　　　　　曹　虹　潘月乔　张金凤　骆　寅
　　　　　邱　宁　付燕霞　李亚林　张　帆

目　录
CONTENTS

第一章　概论 ……………………………………………………………… 1

　　第一节　国内外泵站发展及运行管理综述 ……………………………… 1
　　　　一、国外泵站发展及运行管理 ………………………………………… 1
　　　　二、国内泵站发展及运行管理 ………………………………………… 3
　　第二节　泵站的运行管理 ………………………………………………… 10
　　　　一、泵站运行管理的目的和意义 …………………………………… 10
　　　　二、泵站运行管理的内容 …………………………………………… 10
　　　　三、提高泵站运行管理质量 ………………………………………… 11

第二章　泵站运行操作 …………………………………………………… 12

　　第一节　运行基本条件 …………………………………………………… 12
　　　　一、管理组织 ………………………………………………………… 12
　　　　二、规章制度 ………………………………………………………… 13
　　　　三、标志标牌 ………………………………………………………… 13
　　　　四、工器具、备品件、资料 ………………………………………… 17
　　　　五、建筑物、设备完好(整)性 …………………………………… 17
　　第二节　运行前检查 ……………………………………………………… 18
　　　　一、机电设备一般检查内容及要求 ………………………………… 18
　　　　二、辅助设备及金属结构一般检查内容及要求 …………………… 19
　　　　三、计算机监控系统一般检查内容及要求 ………………………… 19
　　　　四、建筑物一般检查内容及要求 …………………………………… 19
　　第三节　操作基本要求 …………………………………………………… 20
　　　　一、设备操作主要形式 ……………………………………………… 20
　　　　二、设备操作主要流程 ……………………………………………… 27
　　　　三、设备操作一般规定 ……………………………………………… 28
　　第四节　开停机操作 ……………………………………………………… 29
　　　　一、开机前准备 ……………………………………………………… 29
　　　　二、直流电源投入 …………………………………………………… 29

三、计算机监控系统投入 ………………………………………… 30

四、主电源投入和备用电源切出 ………………………………… 32

五、辅助设备投运 ………………………………………………… 38

六、开机操作 ……………………………………………………… 48

七、停机操作 ……………………………………………………… 51

八、主电源切出和备用电源投入 ………………………………… 52

第五节 试运行 ……………………………………………………… 55

一、主要类型 ……………………………………………………… 55

二、设备安装或改造后试运行 …………………………………… 55

三、长期停运时定期试运行 ……………………………………… 66

四、模拟试运行 …………………………………………………… 66

五、主机组大修后试运行 ………………………………………… 69

第三章 设备运行 …………………………………………………… 70

第一节 一般规定 …………………………………………………… 70

一、运行一般要求 ………………………………………………… 70

二、巡视一般要求 ………………………………………………… 70

第二节 主机组运行 ………………………………………………… 71

一、主水泵及传动装置运行 ……………………………………… 71

二、主电动机运行 ………………………………………………… 75

第三节 电气设备运行 ……………………………………………… 78

一、变压器运行 …………………………………………………… 78

二、GIS运行 ……………………………………………………… 82

三、电缆运行 ……………………………………………………… 84

四、高低压配电柜运行 …………………………………………… 86

五、隔离开关运行 ………………………………………………… 88

六、高压断路器运行 ……………………………………………… 90

七、互感器运行 …………………………………………………… 92

八、电力电容器运行 ……………………………………………… 94

九、保护装置运行 ………………………………………………… 96

十、直流装置运行 ………………………………………………… 97

十一、高压变频器运行 …………………………………………… 100

十二、励磁装置运行 ……………………………………………… 103

十三、防雷装置和接地装置运行 ………………………………… 104

第四节 辅助设备运行 ……………………………………………… 106

一、水系统运行 …………………………………………………… 106

二、油系统运行 …………………………………………………… 109

三、气系统运行 …………………………………………………… 113

　　第五节　金属结构运行 ·· 114
　　　一、闸门运行 ··· 114
　　　二、启闭机运行 ··· 116
　　　三、缓闭蝶阀运行 ··· 117
　　　四、清污机运行 ··· 119

第四章　计算机监控系统运行 ······································· 121
　　第一节　一般规定 ··· 121
　　　一、管理组织 ··· 121
　　　二、档案资料 ··· 122
　　　三、备品备件 ··· 122
　　　四、现场条件 ··· 122
　　第二节　计算机监控系统类型和结构 ··························· 122
　　　一、作用 ··· 122
　　　二、类型 ··· 123
　　　三、结构 ··· 123
　　第三节　投运前检查 ··· 124
　　第四节　运行主要技术要求 ··································· 124
　　第五节　监控操作 ··· 125
　　第六节　巡视检查 ··· 126

第五章　建筑物运行 ·· 128
　　第一节　一般规定 ··· 128
　　第二节　建筑物类型和基本结构 ······························· 128
　　　一、作用 ··· 128
　　　二、类型 ··· 128
　　　三、结构 ··· 129
　　第三节　泵房 ··· 130
　　　一、投运前主要检查内容及要求 ····························· 130
　　　二、运行主要技术要求 ····································· 130
　　　三、巡视检查主要内容及要求 ······························· 130
　　第四节　进出水建筑物 ······································· 131
　　　一、投运前主要检查内容及要求 ····························· 131
　　　二、运行主要技术要求 ····································· 131
　　　三、巡视检查主要内容及要求 ······························· 131
　　第五节　河道 ··· 131
　　　一、投运前主要检查内容及要求 ····························· 131
　　　二、运行主要技术要求 ····································· 132

三、巡视检查主要内容及要求 …………………………………… 132

第六节 其他建筑物 ……………………………………………… 132

一、投运前主要检查内容及要求 ………………………………… 132

二、运行主要技术要求 …………………………………………… 132

三、巡视检查主要内容及要求 …………………………………… 133

第六章 运行事故及不正常运行处理 ………………………… 134

第一节 一般规定 ………………………………………………… 134

一、运行事故处理基本原则 ……………………………………… 134

二、不正常运行处理原则 ………………………………………… 134

第二节 主机组 …………………………………………………… 134

一、主电机不能正常启动 ………………………………………… 134

二、主电机电源突然停电 ………………………………………… 135

三、主电机运行温度异常 ………………………………………… 135

四、主机组轴瓦温度异常上升 …………………………………… 136

五、电动机甩油 …………………………………………………… 136

六、液压叶片调节受油器溢油 …………………………………… 137

七、机组运行中振动过大 ………………………………………… 138

八、主机组运行中的停运 ………………………………………… 139

第三节 电气设备 ………………………………………………… 139

一、变压器内部声音异常 ………………………………………… 139

二、变压器瓦斯保护动作 ………………………………………… 139

三、变压器继电保护动作 ………………………………………… 140

四、变压器运行中的停运 ………………………………………… 140

五、高压断路器拒合 ……………………………………………… 141

六、高压断路器拒分 ……………………………………………… 141

七、高压断路器运行中的停运 …………………………………… 141

八、SF_6 气体密度继电器闭锁的处理 ………………………… 141

九、GIS 发生 SF_6 气体泄漏 ………………………………… 142

十、10(6)kV 系统发生接地故障 ………………………………… 142

十一、电力电容器运行中的停运 ………………………………… 143

十二、直流电源接地 ……………………………………………… 143

十三、直流电源故障停电 ………………………………………… 143

第四节 辅助设备 ………………………………………………… 144

一、冷却水中断 …………………………………………………… 144

二、空压机故障停运 ……………………………………………… 144

三、启闭机压油装置不能自动建压 ……………………………… 144

第五节　金属结构 ……………………………………………… 145

一、液压闸门不能自动回升 ……………………………… 145

二、卷扬式启闭机制动器失灵 …………………………… 145

第六节　计算机监控系统 ………………………………… 146

一、监控系统不正常运行处理基本原则 ………………… 146

二、站监控层设备与现地控制单元通信中断 …………… 146

三、站监控层与调度数据通信中断 ……………………… 146

四、模拟量测点异常 ……………………………………… 147

五、温度量测点异常 ……………………………………… 147

六、开关量测点异常 ……………………………………… 147

七、控制操作命令无响应 ………………………………… 148

八、系统控制命令现场设备拒动 ………………………… 148

九、控制流程退出 ………………………………………… 148

十、系统控制调节命令现场设备动作不正常 …………… 149

十一、不能打印报表、报警列表、事件列表 …………… 149

十二、部分现地控制单元报警事件显示滞后 …………… 149

十三、报表无法正常自动生成 …………………………… 149

十四、系统时钟误差 ……………………………………… 150

十五、球形云台不能控制 ………………………………… 150

十六、视频图像不稳定 …………………………………… 150

第七节　建筑物 …………………………………………… 151

一、堤防发生渗漏、流土和管涌 ………………………… 151

二、翼墙断裂或倾斜 ……………………………………… 151

三、泵房底板或水下挡墙渗漏 …………………………… 151

第八节　其他 ……………………………………………… 152

一、泵站工程或设备超设计标准运行 …………………… 152

二、泵站发生火灾 ………………………………………… 152

第七章　安全管理 ………………………………………… 154

第一节　一般规定 ………………………………………… 154

一、安全生产组织 ………………………………………… 154

二、安全生产责任 ………………………………………… 154

三、安全管理制度 ………………………………………… 155

四、安全管理条件 ………………………………………… 155

五、人员安全管理 ………………………………………… 156

六、安全生产检查 ………………………………………… 156

第二节　安全运行 ………………………………………… 157

一、一般规定 ……………………………………………… 157

二、绝缘电阻测量安全要求 ……………………………… 157

三、高压设备的巡视安全要求 …………………………… 158

四、泵站主机运行安全要求 ……………………………… 158

五、泵站辅机运行安全要求 ……………………………… 158

第三节 安全操作 ……………………………………………… 159

一、一般规定 ……………………………………………… 159

二、执行操作票的操作 …………………………………… 159

三、可不执行操作票的操作 ……………………………… 159

第四节 安全检修 ……………………………………………… 160

一、一般规定 ……………………………………………… 160

二、带电作业 ……………………………………………… 160

三、工作票制度 …………………………………………… 160

四、工作票相关责任人员职责 …………………………… 161

五、工作票安全技术措施 ………………………………… 162

第五节 特种设备管理 ………………………………………… 162

一、桥式起重机 …………………………………………… 162

二、电动葫芦 ……………………………………………… 162

三、手拉葫芦 ……………………………………………… 163

四、千斤顶 ………………………………………………… 163

五、钢丝绳或吊带 ………………………………………… 163

六、登高器具 ……………………………………………… 163

七、压力容器 ……………………………………………… 163

第六节 安全设施管理 ………………………………………… 164

一、消防设施 ……………………………………………… 164

二、电气安全用具 ………………………………………… 164

三、劳动防护用品 ………………………………………… 165

第七节 事故处理 ……………………………………………… 165

一、一般规定 ……………………………………………… 165

二、事故发生后处理基本要求 …………………………… 165

第八节 安全鉴定 ……………………………………………… 166

一、泵站安全鉴定周期 …………………………………… 166

二、安全鉴定内容 ………………………………………… 166

三、安全鉴定基本要求 …………………………………… 167

第八章 工程检查 ………………………………………………… 168

第一节 一般规定 ……………………………………………… 168

一、工程检查类型 ………………………………………… 168

二、工程检查主要任务 …………………………………… 168

　　　三、工程检查基本要求 ·· 168

　　　四、工程检查资料要求 ·· 168

　　第二节　经常性检查 ·· 169

　　　一、建筑物巡查 ·· 169

　　　二、设备巡查 ·· 169

　　第三节　定期检查 ·· 169

　　　一、汛前检查 ·· 169

　　　二、汛后检查 ·· 170

　　　三、专项检查 ·· 170

　　第四节　特别检查 ·· 170

　　　一、特别检查实施 ·· 170

　　　二、特别检查内容和要求 ·· 170

　　第五节　设备、建筑物评级 ·· 171

　　　一、一般规定 ·· 171

　　　二、机电设备评级 ·· 171

　　　三、建筑物评级 ·· 171

第九章　安全监测 ·· 172

　　第一节　概述 ·· 172

　　　一、基本规定 ·· 172

　　　二、观测依据 ·· 172

　　　三、观测项目 ·· 173

　　　四、观测工作程序 ·· 174

　　　五、观测工作任务书 ·· 174

　　第二节　垂直位移观测 ·· 176

　　　一、一般规定 ·· 177

　　　二、观测设施的布置 ·· 177

　　　三、观测线路设计 ·· 179

　　　四、观测设施的考证与保护 ·· 180

　　　五、观测设施编号 ·· 181

　　　六、i 角检验 ··· 181

　　　七、观测方法与要求 ·· 182

　　　八、资料整理与初步分析 ·· 184

　　第三节　水平位移观测 ·· 185

　　　一、一般规定 ·· 186

　　　二、观测设施布置 ·· 186

　　　三、观测方法与要求 ·· 188

　　　四、资料整理与初步分析 ·· 189

第四节　扬压力观测 ……………………………………………………………… 191
　　一、一般规定 ……………………………………………………………… 191
　　二、观测设施的布置 ……………………………………………………… 191
　　三、观测方法与要求 ……………………………………………………… 193
　　四、观测设施的维护 ……………………………………………………… 194
　　五、资料整理与初步分析 ………………………………………………… 195
第五节　河道观测 ………………………………………………………………… 196
　　一、一般规定 ……………………………………………………………… 196
　　二、观测设施的布置 ……………………………………………………… 196
　　三、观测方法与要求 ……………………………………………………… 197
　　四、资料整理与初步分析 ………………………………………………… 198
第六节　伸缩缝观测 ……………………………………………………………… 200
　　一、一般规定 ……………………………………………………………… 200
　　二、观测设施的布置 ……………………………………………………… 200
　　三、观测方法与要求 ……………………………………………………… 200
　　四、资料整理与初步分析 ………………………………………………… 201
第七节　裂缝观测 ………………………………………………………………… 202
　　一、一般规定 ……………………………………………………………… 202
　　二、观测设施的布置 ……………………………………………………… 202
　　三、观测方法与要求 ……………………………………………………… 203
　　四、资料整理与初步分析 ………………………………………………… 203
第八节　观测资料整编与成果分析 ……………………………………………… 204
　　一、日常资料整理 ………………………………………………………… 204
　　二、年度资料整编 ………………………………………………………… 205
　　三、观测成果分析 ………………………………………………………… 206
　　四、资料刊印 ……………………………………………………………… 207
　　五、资料归档 ……………………………………………………………… 209

第十章　档案信息管理 …………………………………………………………… 210

第一节　概述 ……………………………………………………………………… 210
　　一、水利档案的概念和分类 ……………………………………………… 210
　　二、水利科技档案管理 …………………………………………………… 211
第二节　归档范围与保管期限 …………………………………………………… 213
　　一、建设项目文件材料归档范围与保管期限 …………………………… 214
　　二、运行管理文件材料归档范围与保管期限 …………………………… 220
第三节　档案整理归档 …………………………………………………………… 223
　　一、档案收集 ……………………………………………………………… 223
　　二、档案分类 ……………………………………………………………… 223

三、档案组卷 ……………………………… 224

四、案卷编目 ……………………………… 225

五、案卷装订 ……………………………… 226

六、归档要求 ……………………………… 226

第四节　档案验收和移交 ………………………… 226

一、档案验收与检查 …………………………… 226

二、档案移交 ……………………………… 227

第五节　档案保管 ………………………………… 227

一、档案室要求 …………………………… 227

二、档案保管要求 ………………………… 228

第六节　档案信息化 ……………………………… 228

一、档案信息化管理系统 ……………………… 228

二、档案信息化管理要求 ……………………… 229

第十一章　泵站经济运行 …………………………… 230

第一节　技术经济指标 …………………………… 230

一、建筑物完好率 ………………………… 230

二、设备完好率 …………………………… 230

三、泵站效率 ……………………………… 231

四、能源单耗 ……………………………… 232

五、供排水成本 …………………………… 232

六、供排水量 ……………………………… 233

七、安全运行率 …………………………… 233

八、财务收支平衡率 ……………………… 234

九、泵站技术经济指标考核结果 …………… 234

第二节　泵站优化运行 …………………………… 235

一、泵站优化运行方式 …………………… 235

二、泵站优化运行方法 …………………… 235

第三节　提高泵站效率的其他方法 ……………… 236

一、提高电动机效率 ……………………… 236

二、提高水泵效率 ………………………… 237

三、提高泵站效率的其他途径 …………… 237

第一章 概论

第一节 国内外泵站发展及运行管理综述

一、国外泵站发展及运行管理

泵是输送液体或使液体增压的机械,最初是作为提水的器具出现的,可以追溯到公元前 17 世纪。公元前 200 年左右,人们发明了一种最原始的活塞泵,但活塞泵只是在 17 世纪出现了蒸汽机之后才得到迅速发展。在 16 世纪出现了回转泵,直到 20 世纪初采用了高速电动机驱动,回转泵才得到迅速发展。更接近于现代离心泵的,则出现在 19 世纪初,但直到 19 世纪末,高速电动机的发明才使离心泵的优越性得以充分发挥。在国际上,泵的广泛应用及泵站的兴建发生在 20 世纪 30 年代后。随着科学技术的进步、各种类型泵的发明和使用,以及国计民生、经济发展的需要,作为国家基础设施建设的重要一环,一大批用于区域性抗旱排涝、跨流域调水的各种规模的泵站兴建而成。

就世界范围来看,许多国家都从本国地形、水利等的特点出发,建设了适用于本国的泵站,并通过先进技术的应用加强管理。在发达国家主要是通过计算机监控技术的应用来加强对泵站的运行管理,这种实时监控能够有效地提高泵站运行的安全系数,从而提高其运行的可靠性和经济性,并且可以有效地解放人力,节约人力成本。

对于泵站的管理,美国从 20 世纪 60 年代便开始使用包括计算机、通信及其电子设备的控制系统来实现对包含诸多泵站的调水工程进行控制,并随时间的推进和技术的发展不断完善该种控制系统;日本通过使用计算机监控系统来实现对泵站的系统管理,并且进行定期的更新以保证管理的有效性,监控设备不断实现高密度化、一些辅助设备实现小型化和大容量化,有助于提升管理自动化水平;荷兰、法国等一些欧洲国家的泵站管理自动化水平相对较高,基本上实现了全自动监控,尤其以荷兰的泵站运行管理为代表,其采用智能的自动化仪表,能够实现对监控对象的长期自动记录。

1. 荷兰

荷兰地势低洼,约有 1/4 的国土面积低于海平面,故其排水问题十分突出。为了解决这些矛盾,荷兰政府兴建了众多大型排水泵站,目前已建成的大型泵站有 600 多座,安装口径 1.2 m 以上的大型水泵机组有 2 400 多台。荷兰泵的转速高,其口径 1.2 m 的泵相当于我国口径 1.8 m 以上的大泵。荷兰排水泵站的特点是扬程低、流量大,如 1973 年兴建的爱茅顿排水泵站,其最大扬程仅 2.3 m,单机流量 37.5 m^3/s,总排水能力 150 m^3/s。

在水泵设计及装置配套方面,荷兰拥有世界著名的水力机械专家,可对水泵装置进行性能测试、水锤计算、模型试验等;在机械方面可进行振动测量和计算,以及性能和噪声的监测等。荷兰比较注重对科研的投入,技术力量较强,研究机构齐全,设施非常完善,对水泵及其进、出水流道均有系统的研究。完善的设计和制造,提高了其机组的性能指标,增加了泵站运行的安全性和稳定性。

欧洲国家的泵站自动化程度较高,基本上都实现了全自动监控。荷兰泵站采用的自动化仪表多为智能型,功率表、水位表、水位计等仪器本身能长期进行自动记录。

2. 日本

日本是一个岛国,国土面积大部分为山地、丘陵,人均拥有的耕地面积较少。为了获得土地面积,日本大规模填海造地,同时兴建了一批排水泵站,以解决易涝地区的排涝问题。

公元前3世纪前后,日本为种植水稻修建了许多简易的水渠和小型池塘。19世纪前后,围绕大河流域的水田开发取得进展,灌溉排水设施得到广泛建设并不断发展和提升。1970年前后,日本政府开始推行调整农林产业结构的政策,灌溉排水设施的建设从原来以水田为中心转入以旱地为中心。1990年以后,以大河下游沼泽为中心积极推行了旨在提高生产率的排水设施建设。目前,日本全国共有排灌泵站7 200多座,其中93%为中小型泵站,总排灌水流量达11 000多 m^3/s。在众多的大型泵站中,新川河口和三乡排水泵站最具有代表性。新川河口排水泵站于1973年建成,共装有6台直径为4.2 m的贯流式水泵,设计扬程2.6 m,单台流量40 m^3/s,排水受益面积30万亩[①];三乡排水泵站于1975年建成,装有直径为4.6 m的混流泵,设计扬程6.3 m,单台流量50 m^3/s。

现如今的日本灌排事业,已远远超过了因种植水稻而必须具备的功能。所到之处,灌溉排水设施与自然密切共存,相依相伴。它们在贮存地下水、防洪、防污治污、国土治理的生态与环境保护中,发挥着极为重要的作用,维护和创造了日本优美的农村景观和人文文化。

日本的水管理几乎全部实现了计算机监控系统管理。工程设施和自动化设备均有明确的使用期限,一般规定10~20年更新一次。所以,于20世纪六七十年代兴建的水利工程和安装的设备,现已完成更新改造、扩建和安装新的计算机监控系统。计算机监控系统大都采用集中管理的分层分布式结构,即在一个水系上设有中央管理站,采用计算机和遥测、遥控装置对各种泵站、水工建筑物及渠道等进行集中监控,以达到水资源综合利用的目的。各分站和中央管理站之间采用无线电进行联系,也有采用国家专用电话线进行联系,20世纪七八十年代新装的设备大多采用微波通信。随着通信技术的不断发展、通信设施的不断建设,现大多的集控已采用专用光纤网络。

3. 美国

以美国西部的灌排业发展为例。1902年,美国国会通过《灌溉法案》,拉开了西部17个州水利建设的序幕。20世纪30年代初遭遇经济大萧条后,罗斯福总统提出"新政",把

---

①亩:是我国历史上惯用的土地面积单位,1亩≈666.7 m^2。

以水利设施为主的公共工程建设作为刺激经济的重要手段之一。大批水力发电、防洪、灌溉、调水等综合性工程纷纷上马,经过近百年的努力,这些用于水资源开发利用的骨干工程的建设和建成,为美国社会和经济的发展奠定了坚实的基础。

美国拥有的多为高扬程、大流量的灌溉泵站,其装机容量很大,已建成的大型调水工程有 10 多处。但就工程规模、调水量、调水距离、工程技术和综合效益等方面进行均衡考虑,最具代表性的是加利福尼亚州的北水南调工程,它是全美最大的多目标开发工程。工程共建大型泵站 12 座,利用 99 台水泵将加利福尼亚州北部的水送到洛衫矶。年调水量为 52.2 亿 m^3,干线抽水总扬程为 1 154 m。

美国加州北水南调工程中的埃德蒙斯顿泵站是世界上流量和扬程最大的泵站。它位于美国加州中部圣华金河谷地区的贝克斯菲尔德市南郊,是全长 864 km 的加州北水南调工程干渠上的 22 座大型泵站之一。埃德蒙斯顿泵站装有 14 台泵,每台泵的流量为 9 m^3/s,净扬程为 587 m,水泵与电动机直联,机组总高近 20 m,重 420 t,工程总投资约 1.75 亿美元。

美国加州的调水工程于 1964—1974 年安装了控制系统,包括计算机、通信和电子设备,可对 17 座泵站和电厂、71 座节制闸的 198 个闸门和其他各种设备设施实行计算机通信、监控、检测和调度。为便于工程的控制和运用,除在萨克拉门托市设置中央控制室外,还在奥洛维尔、三角洲、圣路易斯、圣华金和南加州等 5 个区域设置分控制中心。整个控制系统的投资为 1 350 万美元,其中中央控制系统为 260 万美元。

二、国内泵站发展及运行管理

1. 大型低扬程水泵的主要形式

我国自 1961 年兴建第一座大型泵站——江都排灌站第一抽水站,随后湖北、湖南、江苏、安徽、广东、江西、山西、山东等省均建成了数十座大型泵站。随着南水北调工程的兴建,依托泵站工程建设,对水泵、泵站装置进行了多科目系统的探索和研究,在不同扬程、流量的泵型、进出水流道优化、水泵效率与气蚀性能等方面均取得了重大科研成果;兴建了不同类型的泵站工程,如轴流泵、混流泵、贯流泵等泵站,更显示出我国的大型水泵技术应用已接近或达到世界先进水平。这些大型泵站在区域性抗旱排涝、跨流域调水、保障人民生命财产安全和国民经济的持续发展方面发挥了关键作用。

大型水泵按轴线形式可分为立式、卧式、斜式和贯流泵机组。

立式人型机组水泵的叶轮直径为 1.6~5.7 m,扬程为 3~9.5 m,单泵流量为 8.0~100 m^3/s,单机功率为 800~7 000 kW。

卧式机组有平面 S 形轴流泵、水平轴伸式轴流泵、双向泵。卧式机组的最大单机功率为 8 000 kW。

斜式机组有斜 15°轴流泵、斜 30°轴流泵和斜 45°轴流泵。

贯流泵机组有灯泡式贯流泵机组和竖井式贯流泵机组。灯泡式贯流泵机组有前置灯泡式和后置灯泡式。

2. 泵站的主要形式

随着科学技术的发展和制造能力的提高,根据工程作用以及设计指标的需要等,泵站形式已分为多种类型,典型形式如下。

(1)立式金属弯管式机械全调节轴流泵,虹吸出水流道真空破坏阀断流泵站,如江都排灌站第一抽水站,主要结构如图 1-1 所示。

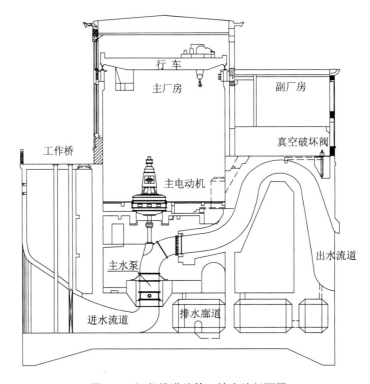

图 1-1 江都排灌站第一抽水站剖面图

(2)立式混凝土弯管式液压全调节轴流泵,屈膝式出水流道拍门断流泵站,如樊口泵站,主要结构如图 1-2 所示。

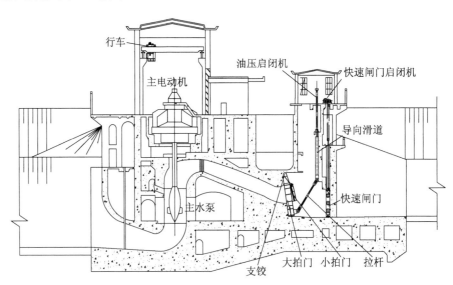

图 1-2 樊口泵站剖面图

（3）立式井筒插入式液压全调节轴流泵，虹吸出水流道真空破坏阀断流泵站，如江都排灌站第四抽水站，主要结构如图 1-3 所示。

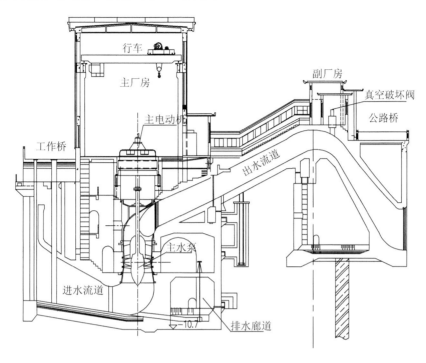

图 1-3　江都排灌站第四抽水站剖面图

（4）立式轴流泵，X形双向进出水流道卷扬式启闭快速闸门断流泵站，如常熟泵站，主要结构如图 1-4 所示。

（5）立式液压全调节混流泵，蜗壳式进水、平直管出流液压启闭快速闸门断流泵站，如皂河抽水站，主要结构如图 1-5 所示。

（6）立式井筒插入式液压全调节混流泵，虹吸出水流道真空破坏阀断流泵站，如宝应泵站，主要结构如图 1-6 所示。

（7）大型卧式单级双吸离心泵，变频调速缓闭蝶阀断流泵站，如惠南庄泵站，主要结构如图 1-7 所示。

（8）斜15°轴伸泵，齿轮传动液压启闭快速闸门断流泵站，如太浦河泵站，主要结构如图 1-8 所示。

（9）斜30°液压全调节轴伸泵，齿轮传动液压启闭快速闸门断流泵站，如三堡泵站，主要结构如图 1-9 所示。

（10）液压全调节后置灯泡式贯流泵，液压启闭快速闸门断流泵站，如金湖泵站，主要结构如图 1-10 所示。

（11）液压全调节竖井式贯流泵，齿轮传动液压启闭快速闸门断流泵站，如邳州泵站，主要结构如图 1-11 所示。

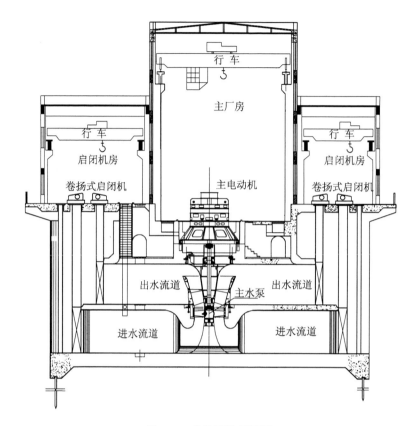

图 1-4 常熟泵站剖面图

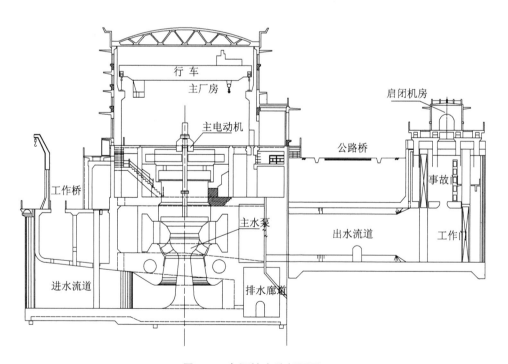

图 1-5 皂河抽水站剖面图

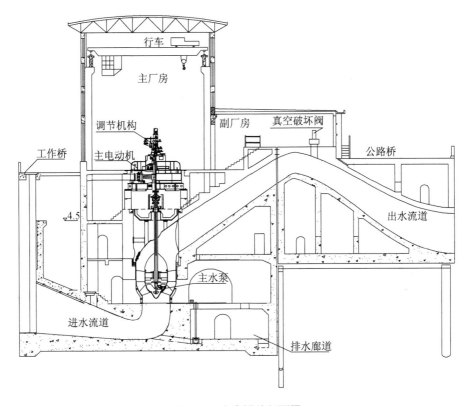

图 1-6　宝应泵站剖面图

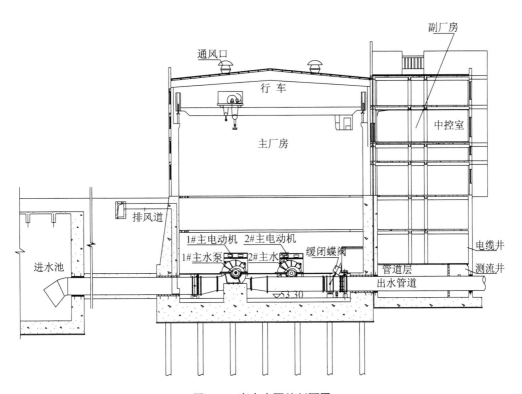

图 1-7　惠南庄泵站剖面图

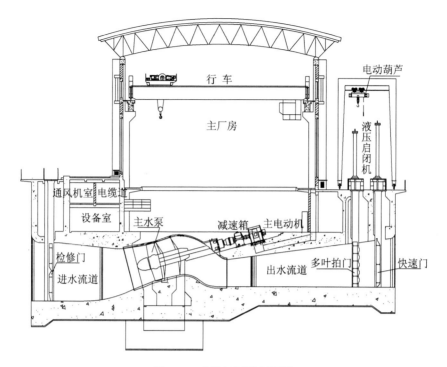

图 1-8　太浦河泵站剖面图

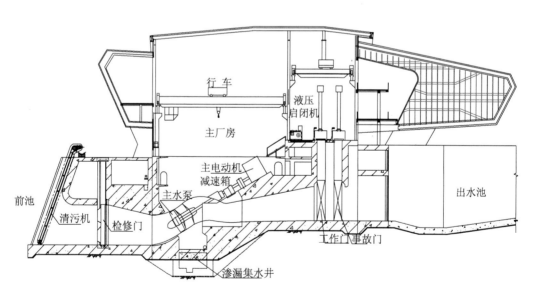

图 1-9　三堡泵站剖面图

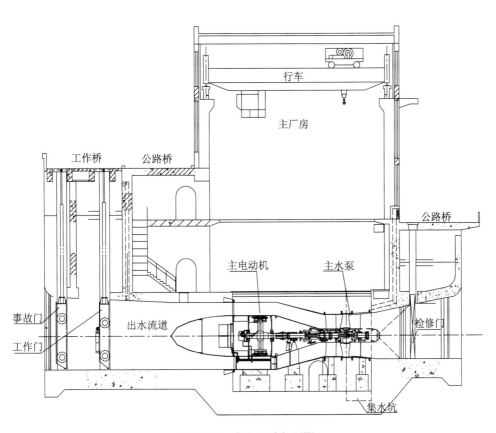

图 1-10　金湖泵站剖面图

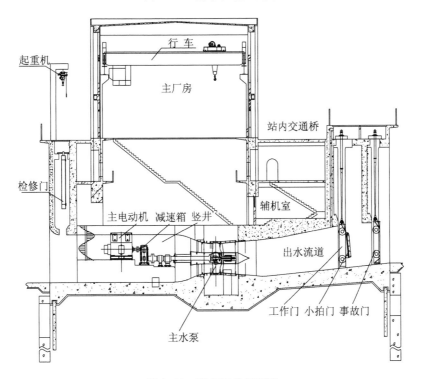

图 1-11　邳州泵站剖面图

3. 泵站运行管理的现状

随着国家经济和科学技术的发展,我国在水泵、泵站的科研、设计、制造、建设和管理等方面均取得了令世界瞩目的巨大成就。

在 20 世纪 80 年代之前,大中型泵站的管理基本采用计划管理模式。随着国家改革开放和市场经济的发展,泵站管理模式已变得多样化,如市场化管理、管养分离等,可有效地促进和提高泵站管理水平和管理效率。

在 20 世纪 90 年代之后,国内泵站开始实施计算机监控系统运行管理。计算机监控系统具有实时数据采集、处理、计算、显示与报警功能;历史运行数据、事件记录、统计记录等存贮与查询功能;设备自动控制与调节功能;运行状态识别、故障自检与系统诊断功能;参数在线修改与生产管理功能;视频监视图像自动切换、跟踪和存贮等功能。计算机监控系统与上级调度控制管理系统通过网络连接。多级调水和跨流域调水泵站工程则采用了集中计算机调度、控制系统进行运行管理,实现远程集中调度、控制和运行监视。计算机监控系统和远程集中调度、控制系统极大地提高了泵站管理的安全性和运行效益。

进入 21 世纪后,全国已建成一大批大中型泵站工程,管理水平参差不齐。南水北调一期工程建成后,按照国家标准体系要求,基于东线泵站管理特点,制定出"工作标准＋管理标准＋技术标准"的规范化管理标准架构,全面推行泵站工程的标准化管理,为确保南水北调全线泵站工程安全高效地运行和全面提高工程管理水平奠定了坚实的基础。

第二节　泵站的运行管理

一、泵站运行管理的目的和意义

泵站工程的兴建,尤其是大型区域性、跨流域调水泵站工程的兴建,为农田灌排和城乡供水等创造了一个良好的基础条件。更为重要的是,随着国民经济的发展,泵站已成为提高国家和地区水资源的配置效率、促进经济社会环境的可持续发展、改善生态环境状况和人民群众饮水质量、促进城市化进程等的重要战略性基础工程。因此,严格科学地管理好泵站工程,确保工程安全高效运行,充分发挥工程效益,对促进国民经济和社会的持续发展与稳定,必将产生重要的支撑和促进作用。

二、泵站运行管理的内容

泵站工程运行管理的内容主要包括:
(1) 调度管理。
(2) 设备运行管理。
(3) 设备维护与检修管理。
(4) 计算机监控系统管理。
(5) 建筑物管理。
(6) 安全管理。

（7）水土保持与环境管理。

（8）档案信息管理。

三、提高泵站运行管理质量

泵站工程具有土工建筑物及主水泵、主电动机、变压器、其他电气设备、辅助设备、金属结构和计算机监控系统等设备，工程设备种类多、技术复杂、管理要求高，要保证安全可靠运行，必须加强泵站全面管理工作，提高泵站运行管理质量，主要措施如下：

（1）按照国家、行业规程规范，以及设计要求和生产厂家技术文件建立完善的泵站运行、维护、检修及安全等方面的技术规程和规章制度。

（2）按照泵站工程规模、设备技术要求，组建技术结构和层次合理的管理队伍，建立健全岗位责任制，并在运行管理中不断提高管理人员技术业务素质。

（3）加强泵站的机电设备、工程设施、供水、排水等运行和维修管理工作，提高运行、维修质量。

（4）加强泵站技术改造、技术革新和科学试验，应用和推广新技术。

（5）推广和完善泵站市场化管理和管养分离。

（6）制定泵站管理标准，实现泵站规范化管理。

（7）按照泵站技术经济指标的要求，考核泵站管理工作。

泵站管理人员应及时、准确地执行上级调度指令。在运行过程中，管理人员应能及时发现故障隐患，将故障消除在萌芽状态，保障设备完好，保证运行质量，确保安全运行。如若在运行中不能及时发现故障、及时进行检修，则会扩大故障损坏程度和范围，导致检修费用增加，影响工程效益的发挥。

泵站运行质量除了与设备的设计、制造、安装等方面的质量和技术水平有关，还与泵站的管理水平有关。因此，提高泵站管理水平必须从多方面入手，提高运行质量，针对泵站运行中存在的各类技术问题开展广泛的理论研讨和试验研究，寻找切实可行的解决方法。

随着南水北调泵站工程全面投入运行，为确保工程运行的安全高效，促进沿线城乡国民经济的发展，泵站工程全面推进标准化管理。标准化管理的全面开展使管理方式由粗放型向精细化转变，管理态度由被动向主动转变，管理机制从突击管理向长效管理转变，提高了全线泵站工程管理水平和运行质量。

第二章 泵站运行操作

第一节 运行基本条件

泵站工程主要由土工建筑物、主机组、高低压电气设备、辅助设备、金属结构和计算机监控系统等组成。为了保证泵站工程安全、可靠和高效运行,泵站运行管理必须具备必要的基本条件。

一、管理组织

1. 建立泵站管理机构。一般情况下,泵站设置站负责人和技术负责人,全面负责全站行政和技术管理工作;设置技术管理和综合管理部门,技术管理部门负责泵站建筑物、机电设备管理和运行管理等工作,综合管理部门负责后勤、财务及保卫管理等工作。

2. 配备满足工程管理需要的业务技术人员。专业一般主要有:土建、机电、自动化、安全、档案等。根据泵站设备运行管理需要,配备合理的运行管理人员和维修人员。泵站运行期间,一般情况下,配 4 个运行班和 1 个检修班,每班具有独立工作的人员至少在 2 人以上。

3. 人员岗位分工和职责明确。上岗前应经泵站运行、安全等业务培训,并考试合格。在岗期间应定期开展技术业务培训,提高泵站技术管理能力。特种作业人员必须按照国家有关规定经专门的安全作业培训,取得相应资格,方可上岗作业。

4. 技术管理人员具备基本的业务技术能力。其基本要求如下。

(1) 技术负责人一般应具有 5 年以上泵站运行管理经验,具备工程师及以上技术职称,熟练掌握水利相关法律、法规,特别是泵站工程运行管理规章制度、技术标准,指导泵站安全运行和维修工作,具备在发生事故和重大故障时,组织、指挥运行、维修人员进行事故应急处理和故障抢修的能力。

(2) 运行值班长一般应具有至少 3 年以上泵站运行管理经验,具备中级及以上技能岗位资质,熟悉泵站机电设备技术性能,熟练掌握设备运行操作规程和流程,具有事故应急处理和一般故障排除能力。

(3) 运行值班员一般应具有至少 2 年以上泵站运行管理经验,具备初级及以上技能岗位资质,基本熟悉泵站机电设备技术性能,掌握运行操作规程和安全规程,具有独立巡视机电设备和在值班长指导下的故障处理能力。

(4) 维修班长应具有 3 年以上泵站机电设备维修经验,具备中级及以上技能岗位资质,熟悉泵站机电设备技术性能,并应熟练掌握设备维修技术要求,具有排除设备常见故障的业务能力。

(5) 维修班员应至少具有 2 年以上泵站机电设备维修经验,具备初级及以上技能岗位资质,基本熟悉泵站机电设备技术性能,掌握设备维修的一般技术要求,具有在维修班长指导下进行排除设备常见故障的业务能力。

二、规章制度

建立完善的泵站管理规章制度、运行规程、安全规程和综合应急预案,并经上级主管部门批准后执行。规章制度建立后,及时和经常性组织泵站员工认真学习、熟练掌握,并在运行和维修工作中认真执行和落实。在规章制度执行过程中,应根据设备改造、运用管理经验等,定期进行修改和完善。规章制度主要如下。

1. 综合管理制度:大事记制度、考勤制度、工作总结制度、培训制度、考核制度、物资管理制度、档案管理制度、环境卫生制度、治安保卫制度等。

2. 工程管理制度:运行交接班制度、运行操作制度、运行巡查制度、设备管理与检修制度、建筑物管理与维护制度、安全管理制度、工程检查与安全监测制度等。

3. 应急预案:防汛预案、反事故预案、防突发事件预案等。

4. 管理规程:运行规程、检修规程、安全规程等。

三、标志标牌

为了保证泵站水工建筑物及机电设备有效管理,有利于运行中安全操作、巡视检查、设备维护和检修,防止事故发生,泵站在投入运行前,应根据国家、行业有关规定和运行管理需要,在泵站建筑物、主机组、高低压电气设备、辅助设备、金属结构和计算机监控设备等处,进行颜色标志和悬挂标示牌。

所有机电设备均应有制造厂铭牌。同类设备应按顺序编号,并应将序号固定在明显位置。

油、气、水管道、闸阀及电气线排等应按规定涂刷明显的颜色标志。与设备配套的辅助设备应有相应标志或编号,以指明其所属系统。

旋转机械应有指示旋转方向的标记。滑动轴承或需要显示油位的应有油面指示计(或液位监视器)。

标志标牌分安全类、导视类、设备类和宣传类。

1. 安全类

(1) 安防标识,如:警示带、隔离带、限制类和禁止类警示牌等。

(2) 消防标识,如:消防位置布设、消防使用示意牌等。

(3) 危险源标识,如:禁止类危险警示牌等。

主要安全标识如图 2-1 所示。

2. 导视类

(1) 导向及指示标识,如:方向、巡视点、巡视路线导示牌等。

(2) 功能间标识,如:控制室、开关室、档案室、仓库名称牌等。

（3）建筑物标识，如：里程桩、标识桩、观测桩等。

主要导向标识如图 2-2 所示。

（a）限速牌　　　（b）禁止类警示牌　　　（c）消防使用示意牌　　　（d）危险源警示牌

图 2-1　安全标识图例

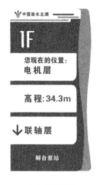 

（a）导示牌　　　　（b）功能间名称牌　　　　（c）里程桩

图 2-2　导向标识图例

3. 设备类

（1）电气设备色标，如：设备外壳颜色、电气母线色标等。

（2）主机组色标，如：设备外壳过流面、转动部件颜色等。

（3）辅助设备色标，如：供水泵、排水泵、联轴器外壳颜色等。

（4）管道及附件色标，如：阀件颜色、油气水管道色标等。

（5）金属结构色标，如：行车、启闭机、清污机、拦污栅外表颜色等。

（6）设备编号，如：主辅设备编号、闸阀编号、接地线编号、开关编号等。其中高低压主接线开关应为双编号。

（7）方向指示，如：设备旋转方向指示、管道液体介质流动方向指示等。

机械设备涂色规定见表 2-1，电气设备涂色规定见表 2-2，主要设备标识如图 2-3 所示。

表 2-1　机械设备涂色规定

序号	设备名称	颜色	序号	设备名称	颜色
1	泵壳、叶轮、叶轮室、导叶等过流表面	红	10	技术供水进水管	天蓝
2	水泵外壳	兰灰或果绿	11	技术供水排水管	绿
3	电动机轴和水泵轴	红	12	生活用水管	蓝
4	水泵、电动机脚踏板、回油箱	黑	13	污水管及一般下水道	黑
5	电动机定子外壳，上机架、下机架外表面	米黄或浅灰	14	低压压缩空气管	白
6	栏杆(不包括镀铬栏杆)	银白	15	高、中压压缩空气管	白底红色环
7	附属设备、压油罐、储气罐	兰灰或浅灰	16	抽气及负压管	白底绿色环
8	压力油管、进油管、净油管	红	17	消防水管及消火栓	橙黄
9	回油管、排油管、溢油管、污油管	黄	18	阀门及管道附件	黑

注：设备涂色若与厂房装饰不相称，除管道涂色外，可作适当变动。
　　阀门手轮应涂红色，应标明开关方向，铜阀门不涂色，阀门应编号。
　　管道应用白色箭头(气管用红色)表明介质流动方向。

表 2-2　电气设备涂色规定

常用不同等级母线的涂色(模拟主接线)					
序号	电压等级(kV)	颜色	序号	电压等级(kV)	颜色
1	交流 0.40	黄褐	4	交流 35	浅黄
2	交流 6	深蓝	5	交流 110	朱红
3	交流 10	绛红	6	交流 220	紫
母线不同相序的涂色					
序号	相序	颜色	序号	相序	颜色
1	交流 A 相	黄色	5	直流正极	赭色
2	交流 B 相	绿色	6	直流负极	蓝色
3	交流 C 相	红色	7	直流接地中线	淡蓝色
4	零线或中性线	淡蓝色	8	保护地线	黄绿相间条纹

注：在连接处或支持件边缘两侧 10 mm 以内不涂色。

（a）泵站电机层

（b）10 kV 开关室

（c）设备编号	（d）开关编号	（e）开关编号	（f）闸阀编号

（g）进油管介质流动方向指示

（h）回油管介质流动方向指示

（i）进水管介质流动方向指示

（j）回水管介质流动方向指示

图 2-3　设备标识图例

4. 宣传类

（1）法律法规，如：水政宣传、水政安全等。

（2）文明宣传，如：绿化文明、安全文明宣传等。

（3）工程介绍，如：工程概况、主厂房剖面图和立面图、管理制度、设备检修揭示图、电气主接线图、油气水系统图、巡视检查路线图等。

主要宣传标识如图 2-4 所示。

（a）水法宣传

（b）文明宣传

（c）工程简介

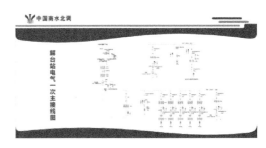

（d）电气主接线图

图 2-4　宣传标识图例

四、工器具、备品件、资料

1. 根据工程运行管理和一般性故障处理需要,需配备运行工具、操作工具、安全用具、仪器仪表、观测工具以及维修养护工具等。

（1）运行工具,如:对讲机、电筒等。

（2）操作工具,如:高压柜小车、摇把和接地刀闸扳手等。

（3）安全用具,如:接地线、绝缘靴、绝缘手套、验电器和高压令克棒等。

（4）仪器仪表,如:兆欧表、万用表、充放电仪、活化仪、红外测温仪、测声仪和测振仪等。

（5）观测工器具,如:全站仪、测深仪、GPS、电子水准仪、水位计、三向测缝计和测量船等。

（6）维修养护工具,如:电焊机、电钻、砂轮机、切割机、吸尘器、滤油机、手拉葫芦、扳手、管子钳、绝缘钳、锉刀、起子、钢锯、锤子、撬棍、剪刀、电烙铁、丝锥、扳牙、塞尺、行灯、千斤顶、钢丝绳、吊带和常用测量工具等。

2. 根据工程、设备运行管理需要,配备相应的备品件。

（1）主水泵,如:轴承、密封填料、橡胶圆、橡胶板等。

（2）主电机,如:滑环、碳刷、轴瓦、汽轮机油等。

（3）电气设备,如:仪表、熔断器、断路器、接触器、继电器、开关线圈、绝缘导线等。

（4）励磁装置,如:可控硅、风机、各种插件板等。

（5）辅助设备,如:叶轮、泵轴、压力表、闸阀、密封填料、密封件、剪断销、液压油等。

（6）消耗性材料,如:各种螺栓、电焊条、焊锡丝、绝缘胶带、生胶带、砂纸、相色带、毛刷、润滑油、润滑油脂、油漆、酒精、清洗剂等。

3. 泵站运行应具备必要技术资料。

（1）设备使用说明书和随机供应的产品图纸。

（2）电气设备原理图和接线图。

（3）设备安装、检查、交接试验的各种记录。

（4）设备运行、检修、试验记录。

（5）设备缺陷和事故记录。

（6）主要设备维护、运行、修试、评级揭示图表。

（7）消防器材及其布置图。

（8）运行操作规程。

（9）反事故预案。

五、建筑物、设备完好（整）性

泵站管理单位应定期对泵站工程水工建筑物、机电设备进行全面检查,机电设备应定期检修,检修质量应符合要求,机电设备应按规定进行必要的试验。检查情况、检修资料及试验资料应完整记录。安全生产工具、消防设施等应定期检查、检测,并试验合格。

泵站管理单位应根据泵站定期检查和检修结果按工程设备评级标准评定类别,评定周期为 2 年。在发生重大险情、重大设备事故或超标准运行时,当年应进行 1 次。

水工建筑物评级范围包括主泵房、进出水池、流道(管道)等建筑物。设备评级范围包括主机组、电气设备、辅助设备、金属结构和计算机监控系统等设备。

泵站各类建筑物、设备的评级应符合《南水北调泵站工程管理规程(试行)》(NSBD16)的规定。建筑物完好率应达到 85% 以上,其中主要建筑物的状况不应低于二类建筑物标准。设备完好率不应低于 90%,其中主要机电设备的状况不应低于二类设备标准。安全运行率不应低于 98%。

第二节　运行前检查

泵站投入运行前,运行人员应对泵站机电设备、计算机监控系统和建筑物进行全面认真的检查。

一、机电设备一般检查内容及要求

1. 检查现场应无影响运行的检修及试验工作,有关工作票应终结并全部收回,拆除不必要的遮拦设施。

2. 检查主变压器、供电线路(电缆)和泵站所有高压设备上应无人工作,接地线应拆除。

3. 长期停用的变压器投运前,应用 2 500 V 兆欧表测量绝缘电阻,其值在同一温度下不应小于上次测得值的 60%;吸收比在 10~30 ℃ 的温度下,对于 60 kV 及以下变压器不应小于 1.2,110 kV 及以上变压器不应小于 1.3,否则应进行干燥或进一步试验,合格后方可投运。

4. 测量高压主电机定子、高压母线和站用变压器的绝缘电阻值,采用 2 500 V 兆欧表测量,绝缘电阻应分别≥10 MΩ,主电机绝缘吸收比不应小于 1.3;测量高压主电机转子、低压主电机绝缘电阻值,采用 500 V 兆欧表测量,绝缘电阻应分别≥0.5 MΩ。否则应进行干燥或进一步试验,合格后方可投运。

5. 检查气体绝缘全封闭组合电器(以下简称 GIS)各气室气体压力正常;GIS 各开关、刀闸、接地刀闸位置指示正确,控制、信号灯指示正常,电气闭锁装置在闭锁位置;电动操作机构正常。

6. 高压断路器试合、分闸及保护联动试验。

7. 主电动机高压断路器与断流装置、励磁装置等联动试验。

8. 立式机组,开机前应按规定要求将电动机转子顶起,使润滑油进入推力瓦和镜板之间。使用巴氏合金推力瓦机组停机 48 h 以上,使用弹性金属塑料推力瓦的机组停机 30 d 以上,开机前应将电动机转子顶起,转子落下后应检查顶车装置是否复位,使用油润滑轴承的水泵并应检查油位应正常。

9. 立式开敞式电动机检查电动机空气间隙中应无杂物。

10. 检查主电动机上、下油缸及油润滑轴承的主水泵的油位、油色应正常。

11. 检查主水泵轴承、填料函应完好。

二、辅助设备及金属结构一般检查内容及要求

1. 叶片液压调节、液压启闭机、齿轮箱及稀油站等压力油系统,油质、油位应符合要求;油泵及电机运行平稳,压力符合要求;电气控制、信号回路正常,控制可靠,无不正常报警,显示仪表指示值正确;蓄能器、控制阀组与阀件管路、阀件、油泵及附件完好,密封良好,无渗漏油。

2. 空气压缩机表计完好,指示准确;润滑油油位、油色正常;电气控制、信号正常,自动投入、切出可靠;冷却水系统管路及附件密封良好,无泄漏现象。

3. 供水泵、排水泵填料密封良好,自动控制和安全装置动作可靠;运行平稳,无异常;无杂物堵塞,出水压力符合要求。

4. 冷水机组设置符合要求,控制可靠,无报警,机组运行声音、振动正常,制冷效果良好。

5. 闸门止水橡皮无破损、变形,止水良好,吊耳、卸扣完好,固定螺栓无锈蚀脱落;闸门周围无漂浮物卡阻,门体无歪斜,门槽无堵塞;闸门启闭灵活,无卡阻,联动可靠;滚轮转动灵活;双吊点闸门同步完好。

6. 液压启闭机液闭杆表面无损伤、锈蚀,无过多积垢,无明显渗漏油;卷扬式启闭机钢丝绳无锈蚀、断丝;控制可靠,运行平稳。

7. 缓闭蝶阀开关阀慢开、快关、慢关时间、角度与设定相符;缓闭蝶阀阀体、传动机构完整,开、关动作灵活,无卡阻,无渗漏,控制可靠、联动正常。

8. 拦污栅、齿耙、传动机构、皮带输送机、机架等部件结构完好;清污机电机、电气控制系统及皮带输送机运行平稳、可靠,无异常声响、振动等。

9. 所有设备配套电机绝缘合格,电气设备外壳接地良好。

三、计算机监控系统一般检查内容及要求

1. 检查工控机、服务器、现地控制单元、不间断电源、打印机等设备运行正常,无不正常报警。

2. 检查系统数据采集、操作控制、监视报警、报表打印等功能运行正常。

3. 检查视频系统硬盘录像主机、分配器、大屏、摄像机等设备运行正常。

4. 检查视频图像监视、球机控制、录像、回放等功能运行正常。

5. 检查交换机、防火墙、路由器等通信设备运行正常。

四、建筑物一般检查内容及要求

1. 检查上下游河道拦河设施完好,无船只滞留,无影响安全运行的漂浮物。

2. 检查上下游水位和扬程满足主机组运行技术要求。

3. 检查主机组进出水管等部件与混凝土接合面应无渗漏。

第三节　操作基本要求

一、设备操作主要形式

泵站设备操作可分为现地操作、自动操作、远方操作、联动操作、流程操作以及操作限制。

1. 现地操作是在开关设备柜上由电气控制开关或按钮进行的操作,也称手动操作。

常见的现地操作电气控制开关和按钮外形如图 2-5 所示。主电气设备高压断路器本体上一般设有机械分合闸按钮,主要用于断路器检修、调试时使用;在控制电路故障情况下可用于断路器紧急分闸。高压断路器机械分合闸按钮外形如图 2-6 所示。

　　　　　（a）控制开关　　　　　　　　　（b）分合闸按钮

图 2-5　电气控制开关和按钮外形图

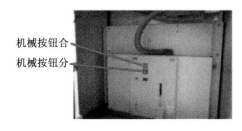
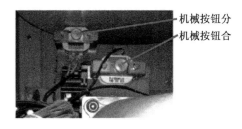

　　（a）10 kV 高压开关机械分合闸按钮　　　（b）110 kV GIS 开关机械分合闸按钮

图 2-6　高压断路器机械分合闸按钮外形图

2. 自动操作是某一设备或某一系统由自身电气控制系统或以 PLC 为主体进行的自动启、停操作。

在泵站,励磁装置、直流装置、叶片液压调节装置、液压启闭机液压系统和稀油站等均具有自动操作功能。

自动操作的设备或系统一般也具有现地操作、远方操作功能,以 PLC 为主体控制系统并具有智能控制、报警及与泵站计算机监控系统通信的功能。

3. 远方操作是由电气控制开关或按钮进行的远方操作,也可是在计算机监控系统上位机或现地单元进行的远方操作。现远方操作一般是指在计算机监控系统上位机或现地单元 LCU 进行的操作。

计算机监控系统上位机主机开机操作由操作票形式进行,如图 2-7 所示。

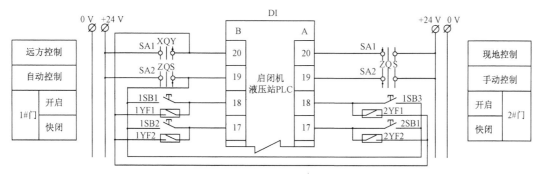

图 2-7 计算机监控系统上位机主机开机操作画面

4. 联动操作是多设备、系统之间相互联锁、顺序联动进行的操作。

在泵站,联动操作主要为:主机组开停机时与励磁装置、齿轮箱稀油站、工作闸门、事故闸门或真空破坏阀等的联动控制,以及工作闸门拒动时事故闸门的联动,辅助设备中主泵故障时备泵的联动。

其中主机组开停机与液压工作闸门、事故闸门联动电路如图 2-8 所示,当 SA1(现地/远方转换开关)在远方位置,1♯主机组断路器位置接点经计算机监控系统主机组 PLC 控制出口继电器 1YF1、1YF2,联动 1♯主机组液压工作闸门、事故闸门的开启和关闭。可由计算机监控系统操作流程自动操作,也可由上位机手动进行单步操作。

SA1—现地/远方转换开关;SA2—自动/手动转换开关;DI—液压系统 PLC 输入模块;SB1、1SB2、2SB1、2SB2—现场手动按钮;1YF1、1YF2、2YF1、2YF2—计算机监控系统 PLC 控制输出

图 2-8 主机组断路器开停机与工作闸门、事故闸门联动电路图

联动操作可由电气控制系统独立进行,也可与现地设备或系统与泵站计算机监控系统共同配合进行。为确保联动控制的可靠性,联动操作一般应尽可能由电气控制回路直接完成。

5. 流程操作是泵站按主辅设备操作顺序和条件要求编制的流程方式进行的操作。

操作顺序和条件是保证泵站主辅设备安全投入运行的最基本要求。早期泵站流程操作要求主要是以运行操作规程和操作票所体现,在实施计算机监控系统以后,操作顺序和条件是由计算机监控系统在事先编制的程序中所体现。

在计算机监控系统上位机主要设备的操作一般采用操作票形式或类似于操作票的流程操作,但与早期传统的操作票已有明显的本质上的不同。早期传统的操作票有操作条件、操作项目及操作前的检查和操作后的核查,由运行人员按操作票所列内容逐项进行。而计算机监控系统的操作票一般仅为操作项目,开机条件的检查、操作指令的自动执行、操作前的检查和操作后的核查由计算机监控系统自动进行,当发生不符合操作要求的故障时,由计算机监控系统自动进行识别、判断、报警和自动中止操作。

计算机监控系统操作票与手动操作票区别如图 2-9 所示,其中监控系统操作票操作项目已明显简化,除第一项为人工确认,其余均为开关位置状态回讯由计算机监控系统自动确认,当开关位置状态未收到动作回讯,则由计算机监控系统自动发出报警并中止操作。而传统的手动操作票,每一项的操作均需由人工进行确认。

1#主变投入操作票(监控系统操作)			1#主变投入操作票(手动操作)		
序号	操作项目	确认栏	序号	操作项目	确认栏
1	1#主变绝缘合格		1	检查控制、保护装置电源应正常	
2	1#主变联锁/解除转换开关在联锁位置		2	检查保护装置应正常	
3	1#主变现地/远方转换开关在远方位置		3	检查1#主变绝缘应合格	
4	中性点闸刀现地/远方转换开关在远控位置		4	检查GIS相关气室气体压力应正常	
5	已拉开1#主变进线70114接地闸刀		5	检查1#主变GIS联锁/解除转换开关在联锁位置	
6	已拉开10 kV Ⅰ 段进111开关		6	检查10 kV Ⅰ 段进线11开关在分闸位置	
7	合上1#主变中性点7010接地闸刀		7	置中性点闸刀现地/远方转换开关在现地位置	
8	合上1#主变进线7011隔离闸刀		8	合上1#主变中性点7010接地闸刀	
9	1#主变进线701开关已储能		9	检查1#主变中性点7010接地闸刀在合闸位置	
10	合上1#主变进线701开关		10	检查1#主变进线701开关在分闸位置	
11	根据要求拉开1#主变中性点7010接地闸刀		11	检查1#主变进线70114接地闸刀在分闸位置	
12			12	置1#主变现地/远方转换开关在现地位置	
13			13	合上1#主变进线7011隔离闸刀	
14			14	检查1#主变进线7011隔离闸刀在合闸位置	
15			15	检查1#主变进线701开关已储能	
16			16	合上1#主变进线701开关	
17			17	检查1#主变进线701开关在合闸位置	
18			18	根据要求拉开1#主变中性点7010接地闸刀	

图 2-9 计算机监控系统操作票与手动操作票对比图

6. 操作限制是指泵站主辅设备、电气设备等操作中,为防止人为操作失误而在设备控制电路和设备之间设置的联锁、闭锁、操作权限、操作顺序和条件等限制措施。

(1) 主辅设备联锁主要有:GIS 组合开关中断路器与隔离刀闸、接地刀闸的联锁;主机组合闸与事故门全开位、励磁装置工作位的联锁,等等。

GIS 组合开关中断路器与隔离刀闸、接地刀闸之间的联锁如图 2-10 所示。

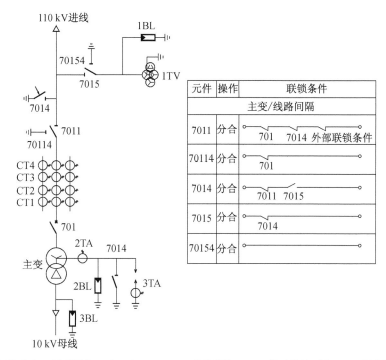

7011、7015—隔离开关;70114、70154、7014—接地开关;7014—快速接地开关;701—断路器。

图 2-10 GIS 组合开关间隔操作联锁电路图

其中进线隔离开关 7011 合闸,断路器 701、快速接地开关 7014 必须在分闸状态;快速接地开关 7014 合闸,进线隔离开关 7011 必须在分闸状态、隔离开关 7015 必须在合闸状态;依此类推。GIS 组合开关之间的设备操作从而实现以下联锁限制:

1) 当断路器处于合闸状态时,隔离开关不能操作。

2) 当隔离开关处于合闸位置时,接地开关不能操作。

3) 当接地开关处于合闸位置时,隔离开关不能操作。

主机组合闸与事故门全开位、励磁装置工作位的联锁如图 2-11 所示。其中,事故门全开位 SSW 与励磁装置工作位 LZW 为主机组断路器 1QF 合闸的限制条件。

(2) 电气设备联锁主要有:110 kV(或 35 kV)两路电源进线单母线分段制主接线中,1#进线、2#进线断路器及母联断路器"三合二"联锁;0.4 kV 接线中,所变出线、站变出线与自备发电机电源出线断路器"三合二"联锁;等等。

进线断路器及母联断路器"三合二"联锁电路如图 2-12 所示。

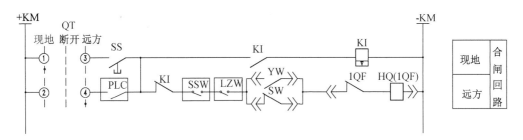

QT—控制转换开关;SS—按钮;KI—防跳继电器;PLC—监控系统 PLC 输出接点;YW—断路器手车工作位限位开关接点;SW—断路器手车试验位限位开关接点;HQ—断路器合闸线圈;1QF—1# 主机组断路器;SSW—事故门全开位限位;LZW—励磁装置工作位。

图 2-11　主机组断路器合闸联锁电路图

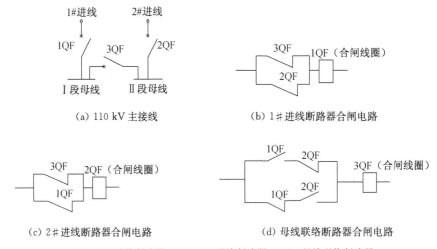

1QF—1# 进线断路器;2QF—2# 进线断路器;3QF—母线联络断路器。

图 2-12　两路进线开关与母联开关"三合二"联锁电路图

1# 进线 1QF 断路器允许合闸条件为 2# 进线 2QF 断路器与母线联络 3QF 断路器均未合闸或仅其中之一在合闸状态,如图 2-12(b)所示。

母线联络 3QF 断路器允许合闸条件为 1# 进线 1QF、2# 进线 2QF 两个断路器其中之一在合闸状态时方可合闸。当 1# 进线 1QF 断路器或 2# 进线 2QF 断路器均合闸或均未合闸,则母线联络 3QF 断路器不能合闸,如图 2-12(d)所示。

由此,在电气控制回路限制了两路进线或两段母线的并列。

(3) 电气设备闭锁主要有:GIS 组合开关 SF_6 气体压力过低与断路器的闭锁;10 kV(6 kV)开关柜"五防"的闭锁;辅助设备电动机正反转的闭锁,等等。

电气设备的闭锁有机械闭锁和电气闭锁两种形式,如 10 kV(6 kV)开关柜"五防"的闭锁形式主要为机械闭锁,但部分开关柜同时也有电气闭锁;如所变出线、站变出线开关安装于同一配电柜中,既有机械闭锁也有电气闭锁。

(4) 操作权限主要有:各控制柜现地/远方控制转换开关;远程调度时站控制级计算机监控系统上位机的操作权限释放;计算机监控系统上位机操作员、管理员权限和登录设置等。

主机组合闸现地/远方控制电路如图 2-13 所示,其中当现地/远方控制转换开关 QT 在远方位置时,在计算机监控系统上位机方可进行合闸操作。

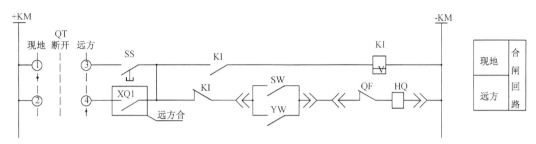

QT—控制转换开关;SS—按钮;KI—防跳继电器;XQ1—PLC 出口继电器接点;YW—断路器手车工作位限位开关接点;SW—断路器手车试验位限位开关接点;HQ—断路器合闸线圈;QF—断路器接点。

图 2-13　主机组合闸现地/远方控制电路图

计算机监控系统上位机操作员登录画面如图 2-14 所示,其中在控制室运行人员只有在登录后,以及开关、设备的现地/远方控制转换开关 QT 在远方位置时,方可在计算机监控系统上位机进行开关或设备等的操作,或由计算机监控系统进行自动操作。

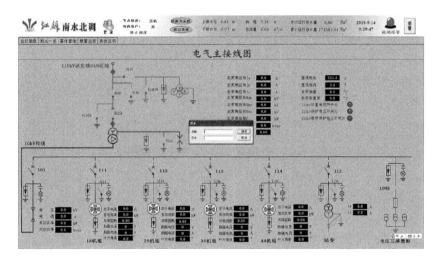

图 2-14　计算机监控系统上位机操作员登录画面

其中现地、远方和远程调度三方操作为唯一性操作,且现场的操作权限为最高,远程调度的操作权限为最低。

(5)操作顺序和条件主要有:主要设备操作顺序,如电源切换、主变压器投入和切出、主机组开机和停机等。操作条件主要有:母线送电和停电操作条件、主变压器投入和切出操作条件、站用变压器投入和切出操作条件、开机和停机操作条件等。

泵站主要设备的操作票规定了设备操作的基本顺序要求,泵站计算机监控系统典型主机组开机操作票如图 2-15 所示,其中大部分前后顺序是必须顺延不能改变的。

1#机组开机操作票

当前操作员：None　　　　　　　　　　　　　　　　编号（　　　）号

序号	操作项目	设备状态	操作	操作时间
1	1#主机具备开机条件	具备/不具备	判断	
2	1#主电机绝缘已检测，符合要求	合格/不合格	确认	
3	1#主机技术供水电动阀控制方式在远方位置	远方/现地	回讯	
4	开启1#主机技术供水电动阀	关闭/开启	确认	
5	1#主电机冷却水示流信号正常	正常/不正常	回讯	
6	1#水泵润滑水示流信号正常	正常/不正常	回讯	
7	1#主机工作闸门在全关位	0.00 m	判断	
8	1#主机叶片调节装置控制方式在远方位置	远方/现地	回讯	
9	1#主机励磁装置控制开关在工作位置	调试/工作	回讯	
10	1#电机冷却风机控制方式在远方位置	远方/现地	回讯	
11	1#主机111开关控制方式在远方位置	远方/现地	回讯	
12	1#主机111开关已储能	储能/未储能	回讯	
13	1#主机111开关手车至工作位置	试验/工作位	操作	
14	1#主机事故闸门提升至全开位	0.00 m	操作	
15	调节1#主机叶片角度小于-6°	-0.0°	自动	
16	合1#主机开关111开关	分闸/合闸	确认	
17	1#主机111开关合闸4s后，工作门自动提升	0.00 m	自动	
18	1#主机工作门提升至全开位	0.00 m	判断	

发令人：_____　　　　　　　　操作人：_____

受令人：_____　　　　　　　　监护人：_____

发令时间：_____　　　　　　　完成时间：_____

图 2-15　计算机监控系统主机组开机操作票

泵站计算机监控系统典型主机组开机条件如图 2-16 所示，其中主机组开机条件主要有：10 kV 母线电压正常，保护装置正常，励磁装置正常，主要油、气、水系统准备完毕等。

泵站设备操作时，受到操作顺序和条件的限制，早期是通过运行人员严格执行事先编制的操作票来实现，现在大中型泵站均是由计算机监控系统程序自动去完成，大大简化了操作的步骤，提高了操作的安全性。

7. 泵站主设备操作正常应在计算机监控系统上位机进行操作，当计算机监控系统出现故障时，为保证主机组能继续投入运行，泵站应具备现场手动操作和运行监测条件。

综上所述，泵站开停机应有两种基本操作形式：

(1)正常状态下的计算机监控系统操作。

(2)故障状态下的现场手动操作。

8. 计算机监控系统上位机的操作，辅助设备一般采用单步操作，主设备可按操作要求实行流程操作，同时主设备一般也具有单步操作功能，但无特别情况，泵站主设备操作应在计算机监控系统上位机用流程方式进行操作。

9. 计算机监控系统上位机因故障不能进行流程操作，此时需进行的主设备操作：上位机的单步操作及现场手动操作，应制定各主要设备专用操作票，并严格执行。

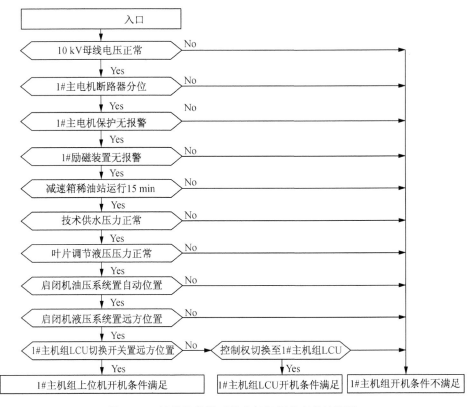

图 2-16　计算机监控系统主机组开机条件流程图

二、设备操作主要流程

1. 开机流程

（1）操作电源投入。

（2）保护装置投入。

（3）计算机监控系统投入。

（4）主电源投入。其中包括：泵站主电源送电、主变压器投入、10 kV（或 6 kV）母线送电、站用变压器投入、所用变压器切出。

（5）辅助设备、电气设备电源投入。其中包括：油系统、气系统、水系统、清污机、励磁装置等。

（6）辅助设备、电气设备投运。

（7）主机组开机。

2. 停机流程

（1）主机组停机。

（2）辅助设备、电气设备停运。

（3）辅助设备、电气设备电源切出。

（4）主电源切出。其中包括：站用变压器切出、所用变压器投入、10 kV（或 6 kV）母线停电、主变压器切出、泵站主电源停电。

（5）计算机监控系统切出。一般为操作权限的切出。

（6）操作电源切出。一般为部分设备操作电源的切出。

3. 变压器投入和切出流程

（1）变压器投入：先高压侧，后低压侧。

（2）变压器切出：先低压侧，后高压侧。

4. 倒闸流程

（1）送电：先合隔离刀闸（或手车），后合断路器。

（2）停电：先分断路器，后分隔离刀闸（或手车）。

三、设备操作一般规定

1. 泵站低压配电设备、辅机系统设备的操作可由值班长口头命令执行，高压设备或主设备的操作必须执行操作票制度。

2. 泵站下列运行操作应执行操作票制度。

（1）投入、切出主变压器。

（2）投入、切出站用变压器。

（3）开、停主机。

（4）高压母线带电情况下试合闸。

（5）投入、切出高压电源。

（6）投入、切出高压移相（无功补偿）电力电容器。

（7）高压设备倒闸操作。

3. 泵站运行操作应由值班长命令，操作票由操作人填写、监护人复核，每张操作票只能填写一个操作任务。

4. 使用操作票的操作应由两人执行，其中对设备较为熟悉者为操作监护人。

5. 操作前应核对设备名称、编号和位置，操作中应认真执行监护复诵制，必须按操作顺序操作，每操作完一项，做一个记号"√"，全部操作完毕后监护人应进行复查。

6. 操作中发生疑问时，不应擅自更改操作票，应立即向值班长或泵站负责人报告，确认无误后再进行操作。

7. 计算机监控系统上位机对泵站主设备不能进行流程操作，需进行的主设备操作，应按专用操作票程序严格执行。

8. 用绝缘棒分、合刀闸或经传动机构分、合刀闸和开关，操作人员应戴绝缘手套。雨天操作室外高压设备时，绝缘棒应有防雨罩，操作人员应穿绝缘靴。

9. 雷电时，禁止进行倒闸操作。

10. 操作票应按编号顺序使用。作废的操作票应注明"作废"字样，已操作的操作票应注明"已操作"字样，操作票保存一年。

11. 下列操作可由值班长口头命令。

（1）事故处理。

（2）运行中的单一操作。

（3）辅机操作。

12. 泵站高压电气设备接地刀闸(除 110 kV 主变中性点接地刀闸)在设备检修、试验时,按工作票安全措施、供电部门调度指令及紧急情况下工程管理单位技术负责人口头命令等进行合、分操作。

13. 泵站设备投入和切出操作应在值班日志上详细记录。

第四节　开停机操作

一、开机前准备

接到开机命令后,值班人员应及时就位,准备所需工具和记录纸等。由值班长根据运行指令及时与供电公司调度室进行用电联络。

二、直流电源投入

1. 直流电源系统基本形式和功能

直流电源系统主要由微机控制器、高频开关电源模块、阀控式密封铅酸蓄电池组和配电开关组成。具有自动控制、自诊断、报警、通信、蓄电池组智能化和自动管理功能,实时完成蓄电池组的状态检测、单体电池检测,并根据检测结果进行均充、浮充转换、充电限流、充电电压的温度补偿、定时补充充电和电池活化等。泵站直流系统原理如图 2-17 所示。

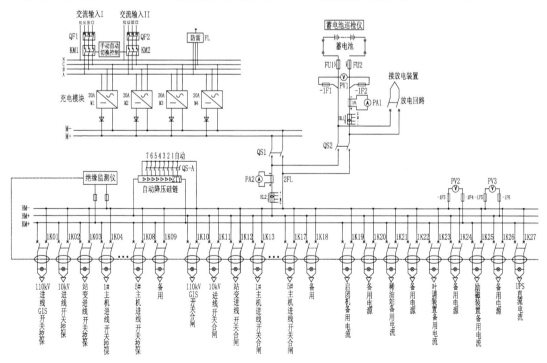

图 2-17　直流系统图

直流电源系统为泵站高压电气设备控制、保护、信号、测量及自动化装置等提供安全、稳定、可靠的控制负荷和备用负荷。

其输出电源有两种:控制电源和合闸电源。

控制电源电压为 220 V±2.5%,主要供给泵站控制、保护及部分辅助设备智能控制元器件等小容量电源。

合闸电源电压,直流装置在浮充状态时为 240~243 V,在均充状态时为 250~254 V,主要供给泵站电气高压开关分合闸、卷扬式启闭机制动及事故照明等较大容量电源。浮充电压和均充电压由蓄电池生产厂家确定,蓄电池更换后应按生产厂家要求重新设定浮充或均充电压。

直流电源系统、计算机监控系统不间断电源(简称 UPS)早期各自独立运行,各配备一套蓄电池组。现部分泵站采用由直流电源系统提供 UPS 直流电源,该直流装置具有将直流 220 V 转为交流 220 V 电源的专用逆变功能,采用专门逆变装置并与直流装置共用一组蓄电池,可取代传统的 UPS 电源,简化了设备结构,便于设备的维护管理,提高设备可靠性和降低运行成本。

2. 操作方式和范围

直流电源操作一般为现地操作,与上位机具有传输功能,主要为电气参数、运行状态、报警的上传以及部分定值的远方设置。

装置安装结束投入运行后,不再退出,仅在维修和容量核对充放电时短时退出运行;运行操作仅限馈电停送电,现泵站带智能设备的保护装置、微电脑控制器及自动化等设备投入运行后一般再退出,馈电停送电范围较小,泵站开机运行前直流电源投入主要是部分馈电回路开关的操作和装置的检查。

3. 操作顺序和检查内容

直流电源投入应顺序进行下列操作和检查。

(1)检查直流电源装置控制器、充电模块、绝缘监视、电池电压巡检等处于正常工作状态,无不正常报警。

(2)检查电源总开关在合闸状态。

(3)检查线路(母线)、主变压器、站用变压器、主电机控制保护电源开关在合闸状态,或合上线路(母线)、主变压器、站用变压器、主电机控制保护电源开关。

(4)合上高压断路器合闸电源开关。

(5)合上计算机监控系统装置备用电源开关,或检查在合闸状态。

(6)合上励磁装置、液压装置等电源开关,或检查在合闸状态。

(7)如事故照明为直流电源,合上事故照明电源开关。

三、计算机监控系统投入

1. 计算机监控系统基本形式和功能

泵站计算机监控系统包含站控制级工控机、现地控制级 LCU 以及网络通信交换机、数据库服务器、视频监视主机、视频摄像头、GPS 时间同步钟等,以及由保护装置、励磁装置、温度巡测装置、直流装置和智能仪表等配合组成。泵站计算机监控系统拓扑结构如图

2-18 所示。

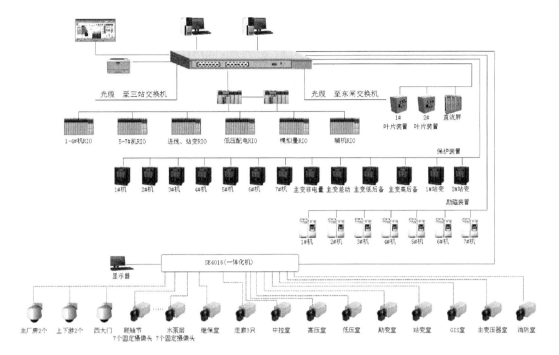

图 2-18　计算机监控系统拓扑图

泵站计算机监控系统具有主、辅设备的数据采集与处理、运行监视和事故报警、控制与调节、数据通信、优化调度等功能。

2. 操作方式和范围

泵站计算机监控系统根据运行管理要求,在第一次投运以后,一般可不再切出。泵站开机运行前计算机监控系统投入,主要为操作人员的登录取得控制权限以及计算机监控系统所有设备的检查。

泵站计算机监控系统对泵站设备或系统的控制与调节,需现场设备或系统的控制方式在远方位置。

为保证计算机监控系统正常运行,在泵站开机运行前计算机监控系统投入时,监控主机宜进行重启。

3. 操作顺序和检查内容

计算机监控系统投入应顺序进行下列操作和检查。

(1)检查交流不间断电源装置已处于逆变状态,电源电压、运行方式等运行正常,无不正常报警。

(2)检查现地监控单元、上位机工控机、服务器等电源开关应在合闸位置,或合上现地监控单元、上位机工控机、服务器等电源开关。

(3)合上显示器电源开关,重启或启动上位机监控主机,并检查监控主机运行状态正常。

(4)检查上位机监控各画面,通信、时间、数据正常,音响信号、故障报警信号等应正常。

（5）检查"泵站电气主接线"画面中隔离刀闸、接地刀闸、高压断路器,断路器手车位置应在断开位置并与现场一致。

（6）计算机监控系统登录,输入操作员姓名、密码,进入计算机监控系统控制状态。

泵站计算机监控系统电气主接线监控画面如图2-19所示。

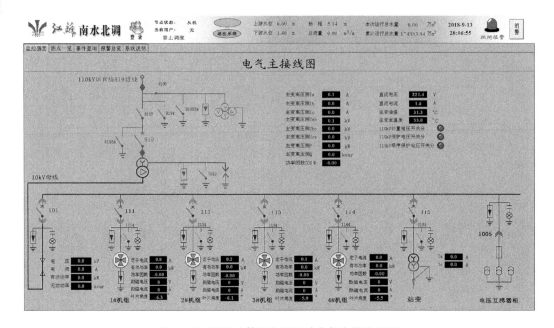

图2-19　泵站计算机监控系统电气主接线画面

四、主电源投入和备用电源切出

（一）概述

1. 变配电主接线基本形式和功能

泵站变配电主接线由主电源和备用电源组成。主电源为泵站主机组、辅助设备等提供动力电源,备用电源在泵站停运期间为检修、照明、排水、消防等提供电源。

泵站变配电主接线通常由各种电气设备符号连接组成,如主变压器、断路器、隔离刀闸、母线、站用变压器、主电动机、电流互感器、电压互感器、过电压保护器等,以单线图形式形成主接线图。泵站主接线图是泵站运行人员进行各种操作和事故处理的主要依据。

泵站变配电主接线现一般采用一路电源供电的"站/变合一"单母线制和两路电源供电的"站/变合一"分段单母线制。供电电源电压为110 kV或35 kV,主机组电源电压一般为10 kV或6 kV。

一路电源供电的单母线制主接线一般采用1台主变压器、1台站用变压器和1台备用电源变压器(也称所用变压器),泵站单母线制主接线如图2-20所示。

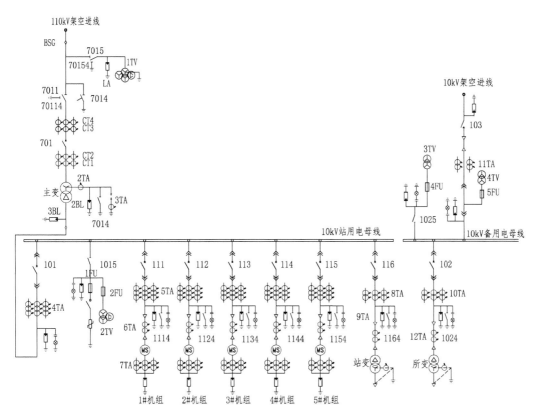

图 2-20　单母线制主接线图

两路电源供电的分段单母线制主接线一般采用 2 台主变压器、2 台站用变压器和 1 台所用变压器,分段单母线制主接线如图 2-21 所示。

为保证供电可靠性和运行经济性,备用电源变压器一般为 10 kV 单独线路供电。

2. 操作方式和范围

主电源投入和备用电源切出操作一般为现地操作、远方操作。

现地操作也称手动操作,是在现场开关柜由专用操作工具或通过盘面上的电气按钮或控制转换开关进行的操作。

远方操作现一般均指在计算机监控系统上位机由鼠标进行的操作。主电源投入和备用电源切出的上位机操作一般为流程操作,流程操作有操作票或流程图两种形式,部分泵站也可由单步方式进行操作。

主电源投入和备用电源切出操作,主要为 110 kV 主变压器中性点接地刀闸、隔离刀闸、手车和断路器等的操作。其中 110 kV GIS 组合开关中隔离刀闸、主变压器中性点接地刀闸及所有高压断路器可现地和远方操作;其他隔离刀闸、手车等为现地手动操作。

所有接地刀闸按检修工作票执行分合操作,即接地刀闸不在正常运行操作范围之内。

3. 操作基本要求

(1)主电源投入和备用电源切出为泵站主要高压电气设备的运行操作,其操作必须执行操作票制度。

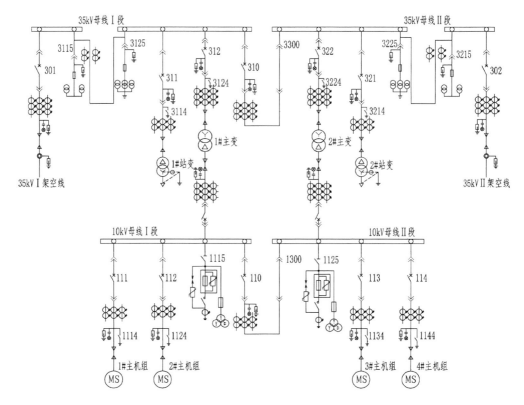

图 2-21　分段单母线制主接线图

（2）泵站有单母线制和分段单母线制两种主接线方式，其操作内容和要求略有差别，但操作的基本要求是相同的，以下泵站主/备电源切换操作以 110 kV 单母线制主接线为例，如图 2-20 所示，采用分段单母线制主接线的泵站可依此类推。

（3）如前所述，泵站开停机操作有两种基本操作形式——正常状态下的计算机监控系统操作和故障状态下的现场手动操作，两种操作方式之间有明显差别。同时由于存在设计、设备构成和计算机监控系统开发上的差别，针对不同泵站，两种操作方式也不完全一致，但仍然是大同小异，操作要点基本不变，下面分别就两种操作方式进行介绍，各泵站设备操作可依据实际设备情况作参照修改。

（4）关于计算机监控系统上位机操作，在各泵站建设期间，由于设计单位的设计及计算机监控系统实施单位的开发要求的不同，现一般有操作票或操作流程图两种形式，两种形式在操作执行上又有单步操作和自动操作两种方法，因此各个泵站的操作方式也不尽相同，但无论是那一种操作方式，其基本的操作顺序和要求不变。

（二）计算机监控系统操作

1. 主电源投入和备用电源切出计算机监控系统操作应顺序进行下列操作和检查。

（1）值班长在接到开机命令后，随即通知值班员进行主电源投入及备用电源切出操作。

（2）由值班员填写主电源投入和备用电源切出操作票，其中主要有：

1）主变压器投入操作票。

2）10 kV 母线送电操作票。

3）站用/备用电源切换操作票。

如监控系统上位机操作为操作票形式，可按其执行。

（3）在现场进行下列操作：

1）检查 GIS 汇控柜 110 kV GIS 联锁/解锁控制转换开关在联锁位置，钥匙已拔出并妥善保存。

2）将 GIS 汇控柜 110 kV GIS 远方/现地控制转换开关旋至远方位置。

3）将主变压器中性点接地刀闸控制箱远方/现地控制转换开关旋至远方位置。

4）合上 10 kV 母线电压互感器柜电压互感器 1015 隔离刀闸。

5）将 10 kV 母线进线柜进线 101 断路器手车推至工作位置，并将远方/现地控制转换开关旋至远方位置。

6）将 10 kV 站用变压器进线柜站变 116 断路器手车推至工作位置，并将远方/现地控制转换开关旋至远方位置；

7）检查 10 kV 所用变压器进线柜远方/现地控制转换开关在远方位置。

8）检查所用变压器 0.4 kV 进线柜远方/现地控制转换开关在远方位置。

9）将站用变压器 0.4 kV 进线柜进线 401 断路器手车推至工作位置，并将远方/现地控制转换开关旋至远方位置。

（4）进行 110 kV 电源送电操作，在上位机调出主变压器投入操作票或操作流程，依次进行下列操作：

1）合上 110 kV 电压互感器进线 7015 隔离刀闸。

2）按供电部门要求，电话联系供电部门调度，申请送电。

3）来电后，检查 110 kV 电压应正常。

（5）进行主变压器投入操作，继续由主变压器投入操作票或操作流程，在上位机依次进行下列操作：

1）合上主变压器中性点 7014 接地刀闸。

2）合上 110 kV 进线 7011 隔离刀闸。

3）合上主变压器 110 kV 进线 701 断路器。

4）检查主变压器运行状态应正常。

5）主变压器投运后，根据上级变电所指令，进行主变压器中性点 7014 接地刀闸操作，并将操作结果电话通知上级变电所。

（6）进行 10 kV 母线送电操作，在上位机调出 10 kV 母线送电操作票或操作流程，依次进行下列操作：

1）合上 10 kV 母线进线 101 断路器。

2）检查母线电压，开机电压不应低于主电机额定电压的 95%。特殊情况应经泵站技术负责人同意，可在较低电压下启动主机组。

（7）进行站用/备用电源切换操作，在上位机调出站用/备用电源切换操作票或操作流程，依次进行下列操作：

1) 合上 10 kV 站用变压器进线 116 断路器。

2) 分开所用变压器 0.4 kV 侧 402 断路器。

3) 合上站用变压器 0.4 kV 侧 401 断路器,站用电改由站用变压器供电。

4) 将所用变压器 0.4 kV 侧 402 断路器手车拉至试验位置。如站用电、备用电具有自动投切功能,可不拉出。

5) 分开 10 kV 所用变压器进线 102 断路器,并将 102 断路器手车拉至试验位置。如站用电/备用电具有自动投切功能,可不停用所用变压器。

(8) 依次合上清污机、闸门启闭液压系统、叶片调节液压系统、压缩空气系统、技术供水系统、主电动机冷却风机及励磁装置等辅助设备电源开关。

2. 注意事项及说明

(1) 操作票的填写,一般限于现场手动操作。

(2) 操作票项目中,开关操作后的状态检查不在操作票执行内容之内,一般由监控系统自动完成。

(3) 计算机监控系统操作流程,先在现场一步完成现场操作,后在控制室上位机一步完成监控操作。

(4) 110 kV 及以上中性点直接接地系统,规程规定在变压器进行投入和切出操作时,变压器中性点应接地,目的是防止操作时产生的过电压损坏主变压器绝缘。同时,110 kV 及以上中性点直接接地系统在运行时,系统中性点应为接地状态,但当一个系统有多台变压器时,为了提高保护的灵敏度,一般仅将其中一台变压器中性点接地运行,其他变压器为不接地运行。但在一个系统具体选择哪一台变压器中性点进行接地,由供电部门调度根据系统变压器投运状况进行确定。

(5) 泵站 0.4 kV 配电系统主接线通常有两种形式:单母线制和分段单母线制,如图 2-22、图 2-23 所示。0.4 kV 进线一般均为双电源供电,分列运行,单母线制为两进线开关,分段单母线制为两进线开关及 I 段、II 段母线联络开关共三只开关,开关之间均有互锁电路,部分泵站也另有机械互锁装置。

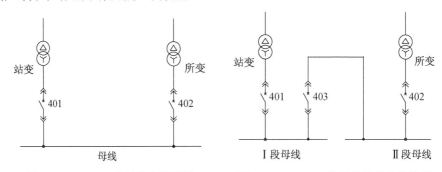

图 2-22 0.4 kV 单母线主接线图   图 2-23 0.4 kV 分段单母线主接线图

(三) 现场手动操作

1. 主电源投入和备用电源切出现场手动操作应顺序进行下列操作和检查。

(1) 值班长在接到开机命令后,随即通知值班员进行主电源投入及备用电源切出操作。

（2）由值班员填写主电源投入和备用电源切出操作票，其中有：

1）主变压器投入现场手动操作票。

2）10 kV 母线送电现场手动操作票。

3）站用/备用电源切换现场手动操作票。

（3）进行 110 kV 电源送电操作，按主变压器投入现场手动操作票依次进行下列操作：

1）检查 GIS 汇控柜 110 kV GIS 联锁/解锁控制转换开关在联锁位置，钥匙已拔出并妥善保存。

2）将 GIS 汇控柜 110 kV GIS 远方/现地控制转换开关旋至现地位置。

3）用 7015 隔离刀闸分/合控制转换开关，合上 110 kV 电压互感器进线 7015 隔离刀闸。

4）检查 110 kV 电压互感器进线 7015 隔离刀闸在合闸位置。

5）按供电部门要求，电话联系供电部门调度，申请送电。

6）来电后，检查 110 kV 电压应正常。

（4）进行主变压器投入操作，继续按主变压器投入现场手动操作票依次进行下列操作：

1）将主变压器中性点接地刀闸控制箱远方/现地控制转换开关旋至现地位置。

2）用中性点 7014 接地刀闸分/合控制转换开关，合上主变压器中性点 7014 接地刀闸。

3）检查主变压器中性点 7014 接地刀闸在合闸位置。

4）在 GIS 汇控柜上，用 7011 隔离刀闸分/合控制转换开关，合上 110 kV 进线 7011 隔离刀闸。

5）检查 110 kV 进线 7011 隔离刀闸在合闸位置。

6）合上主变压器 110 kV 进线 701 断路器。

7）检查主变压器 110 kV 进线 701 断路器在合闸位置。

8）检查主变压器运行状态应正常。

9）主变压器投运后，根据上级变电所指示，进行主变压器中性点 7014 接地刀闸操作，并将操作结果电话通知上级变电所。

（5）进行 10 kV 母线送电操作，按 10 kV 母线送电现场手动操作票依次进行下列操作：

1）合上 10 kV 母线电压互感器柜电压互感器 1015 隔离刀闸。

2）检查 10 kV 母线电压互感器柜电压互感器 1015 隔离刀闸在合闸位置。

3）检查 10 kV 母线进线柜进线 101 断路器在分闸位置。

4）将 10 kV 母线进线柜进线 101 断路器手车推至工作位置，并将远方/现地控制转换开关旋至现地位置。

5）合上 10 kV 母线进线 101 断路器。

6）检查 10 kV 母线进线 101 断路器在合闸位置。

7) 检查 10 kV 母线电压,开机电压不应低于主电机额定电压的 95%。特殊情况应经泵站技术负责人同意,可在较低电压下启动主机组。

(6) 进行站用/备用电源切换操作,按站用/备用电源切换现场手动操作票依次进行下列操作:

1) 检查 10 kV 站用变压器进线柜站用变压器进线 116 断路器在分闸位置。

2) 将 10 kV 站用变压器进线柜站用变压器进线 116 断路器手车推至工作位置,并将远方/现地控制转换开关旋至现地位置。

3) 合上 10 kV 站用变压器进线 116 断路器。

4) 检查 10 kV 站用变压器进线 116 断路器在合闸位置。

5) 将所用变压器 0.4 kV 进线柜远方/现地控制转换开关旋至现地位置。

6) 分开所用变压器 0.4 kV 侧 402 断路器。

7) 检查所用变压器 0.4 kV 侧 402 断路器在分闸位置。

8) 将所用变压器 0.4 kV 侧 402 断路器手车拉至试验位置。如站用电、备用电具有自动投切功能,可不拉出。

9) 检查站用变压器 0.4 kV 进线柜 401 断路器在分闸位置。

10) 将站用变压器 0.4 kV 进线 401 断路器手车推至工作位置,并将远方/现地控制转换开关旋至现地位置。

11) 合上站用变压器 0.4 kV 侧 401 断路器。

12) 检查站用变压器 0.4 kV 侧 401 断路器在合闸位置,站用电改由站用变压器供电。

13) 将 10 kV 所用变压器进线柜远方/现地控制转换开关旋至现地位置。

14) 分开 10 kV 所用变压器进线 102 断路器。如站用电、备用电具有自动投切功能,可不停用所用变压器。

15) 检查 10 kV 所用变压器进线 102 断路器在分闸位置。

16) 将 102 断路器手车拉至试验位置。

17) 依次合上清污机、闸门启闭液压系统、叶片调节液压系统、压缩空气系统、技术供水系统、主电动机冷却风机及励磁装置等辅助设备电源开关。

2. 注意事项及说明

(1) 现场手动操作流程为早期传统操作票的一般基本要求,为各个设备依次进行操作。

(2) 计算机监控系统操作与现场手动操作相比较,操作流程和项目是不完全相同的。针对此种情况,各泵站应根据设计、设备和计算机监控系统软件开发上的要求分别制定相应的现场手动操作票。

五、辅助设备投运

(一)排水系统投入操作

1. 排水系统基本形式和功能

排水系统主要用于排除站房内的各种冷却水、渗漏水、清洁用水及检修时主泵内积水。早期建设的泵站排水系统配备2台排水泵;现在建设的泵站排水系统分为渗漏排水和检修排水。渗漏排水主要用于排除设备的各种冷却水、渗漏水和站房清洁用水等,排水流量较小;检修排水主要用于主泵检修时排除主泵内积水,排水流量较大。渗漏排水、检修排水各配备2台排水泵,1用1备。

关于排水系统排水泵,早期建设的泵站一般采用离心泵,现部分泵站也采用潜水泵。渗漏排水系统如图2-24所示。

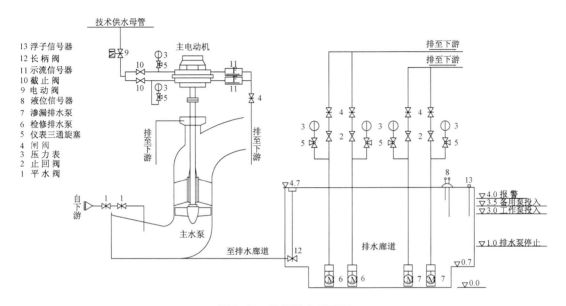

13 浮子信号器
12 长柄阀
11 示流信号器
10 截止阀
9 电动阀
8 液位信号器
7 渗漏排水泵
6 检修排水泵
5 仪表三通旋塞
4 闸阀
3 压力表
2 止回阀
1 平水阀

图 2-24　渗漏排水系统图

2. 操作方式和范围

排水系统渗漏排水可现地、自动和远方控制操作;检修排水一般为现地操作。

渗漏排水在安装投运后正常置于自动运行状态,不再停运,泵站开机运行时一般不再进行运行操作,但应进行运行状态的检查。其自动操作一般由排水廊道浮子继电器经电气控制回路实现渗漏排水泵自动启停操作,也可由泵站计算机监控系统根据排水廊道水位传感器信号经远方操作功能实现渗漏排水泵自动启停操作。

渗漏排水泵主/备泵应定时进行切换运行。关于主/备泵的切换,部分泵站渗漏排水泵电气控制回路具备切换功能,但大部分泵站一般不具备此功能,此时可由浮子继电器或由计算机监控系统定期进行切换调整。

检修排水仅在主机组检修时用于排除主泵内积水,泵站开机运行正常时不进行运行操作。

排水系统投入操作控制一般通过排水泵电气柜盘内开关、盘面转换开关和按钮进行。

3. 操作顺序和检查内容

以离心泵为例,渗漏排水系统投运应顺序进行下列操作和检查。

(1)检查1♯、2♯渗漏排水泵控制柜主回路电源应正常。

(2)检查离心泵底阀密封及补水应完好,始终保持泵内充满余水。

（3）将1♯、2♯渗漏排水泵远方/现地控制转换开关旋至现地位置。

（4）按下1♯渗漏排水泵启动按钮，启动1♯渗漏排水泵。

（5）按下2♯渗漏排水泵启动按钮，启动2♯渗漏排水泵。

（6）检查1♯、2♯渗漏排水泵运转声音、振动正常，出口压力正常。

（7）运行正常后，将1♯和2♯渗漏排水泵自动/手动控制转换开关旋至自动位置，检查水位达下限时应自动停止。

（二）技术供水系统投入操作

1. 技术供水系统基本形式和功能

技术供水系统一般共有2台供水泵，1用1备。

供水方式有间接、直接和冷水机组循环供水三种。早期建设的泵站一般采用间接供水方式；现在建设的泵站一般均采用直接供水方式，少量泵站也有采用冷水机组循环供水方式。

供水泵电动机一般采用工频运行方式，部分泵站供水泵电动机也有采用变频器调频运行方式。

直接供水方式如图2-25所示，水源取自下游，在供水泵出口处一般装有滤水器，以滤除进水中的水草杂物。

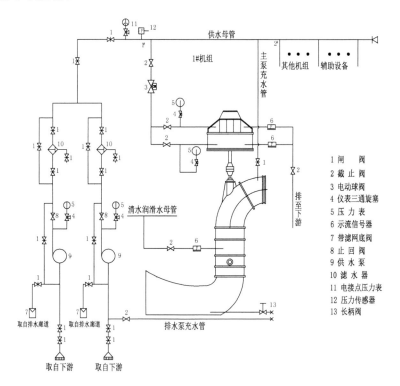

图 2-25 直接供水系统图

冷水机组循环供水方式如图2-26所示，其中冷水机组仅供主机组冷却用水，主水泵填料润滑用水一般为短时供水,可由市政生活用水供给。

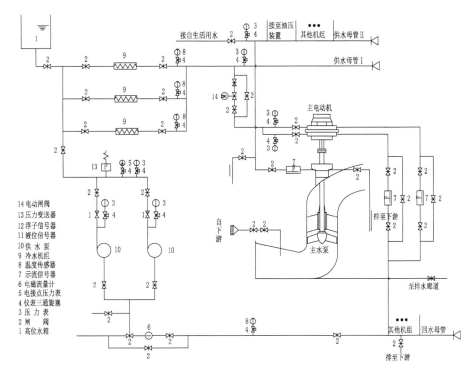

图 2-26 冷水机组循环供水系统图

2. 操作方式和范围

技术供水系统直接供水方式一般为现地、远方控制操作,部分泵站也有由主机组进行联动控制。间接供水方式一般为现地、自动、远方控制操作。

技术供水系统间接供水方式的自动控制由水塔浮子继电器经电气控制回路实现供水泵自动启停操作,也可由供水母管电接点压力表经电气控制回路实现供水泵自动启停操作。

直接供水方式在泵站开机运行后,其供水泵不再切出运行,直至所有主机组停止运行。

冷水机组循环供水方式在投运时,应先启动供水泵,后启动冷水机组;切出时,先停冷水机组,后停供水泵。

技术供水系统中的滤水器可现地、自动控制操作。

供水泵主/备泵应定时进行切换运行。主/备泵的切换,一般可由计算机监控系统定期进行切换调整,也可由现场手动进行切换运行。

技术供水系统投入操作控制一般通过供水泵电气柜盘内开关、盘面转换开关和按钮进行。

3. 操作顺序和检查内容

以直接供水、工频运行方式为例,技术供水系统投运应顺序进行下列操作和检查。

(1) 开启 1#、2#供水泵进水口闸阀。

(2) 将 1#、2#供水泵远方/现地控制转换开关旋至现地位置。

（3）投入 1♯、2♯供水泵主回路电源。

（4）投入滤水器主回路电源，并将手动/停止/自动控制转换开关旋至自动位置。

（5）按下 1♯供水泵启动按钮，启动 1♯供水泵。

（6）检查供水泵运转声音、振动正常，供水压力、示流正常，出水压力一般为 0.3～0.4 MPa。

（7）如为上位机开机操作，将 1♯、2♯供水泵远方/现地控制转换开关旋至远方位置。

（三）压缩空气系统投入操作

1. 压缩空气系统基本形式和功能

泵站压缩空气系统一般为低压系统，简称低压气系统。低压气系统一般共有 2 台空压机，1 用 1 备，可现地、自动、远方控制，主要为泵站断流真空破坏阀、主水泵水导密封空气围带等提供低压动作压力气能。其中，主水泵水导密封空气围带的供气方式有两种，一种是主机组在停机状态时，另一种是主机组在水导检修时。

低压气系统如图 2-27 所示。

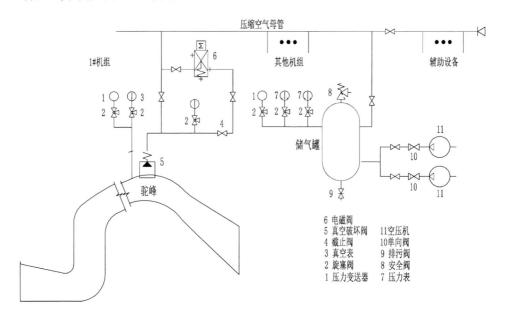

图 2-27　低压气系统图

2. 操作方式和范围

泵站空压机现一般采用成套装置，具备微电脑控制、报警功能，可手动、自动及远方控制操作。

空压机启动为轻载启动，由空压机控制电路经电磁阀自动完成，一般设定为 10 s，至设定时间自动转为带载运行。

压缩空气系统投入操作控制、参数设置一般通过空压机电气柜盘内开关、空压机盘面触摸开关进行。

3. 操作顺序和检查内容

压缩空气系统投入应顺序进行下列操作和检查。

（1）检查空压机出口闸阀在打开位置。

（2）如为水冷开启冷却水进水闸阀，检查冷却水管路应畅通。

（3）采用真空破坏阀断流的泵站，检查真空破坏阀管路闸阀应在自动状态。

（4）投入1#、2#空压机主回路电源。

（5）检查控制系统状态、参数、通信等显示应正常，无不正常报警。

（6）按下启动按钮，启动空压机。

（7）检查空压机为轻载启动，延时自动转为加载运行。

（8）检查空压机、冷却风机（如为风冷方式）运转声音、振动正常，压力升至设定值时应自动停机。

（四）叶片调节液压系统投入操作

1. 叶片调节液压系统基本形式和功能

叶片调节液压系统主要为液压全调节主水泵提供叶片调节压力油。系统一般配2套液压装置，每套供2~3台主机组，系统压力一般为3.6~4 MPa。2套液压装置之间由闸阀相连接，正常为关断隔离状态。每套液压装置配2台油泵，1用1备。

叶片调节液压系统如图2-28所示，其中储能器内装有充氮胶囊，不需另配气源补气。

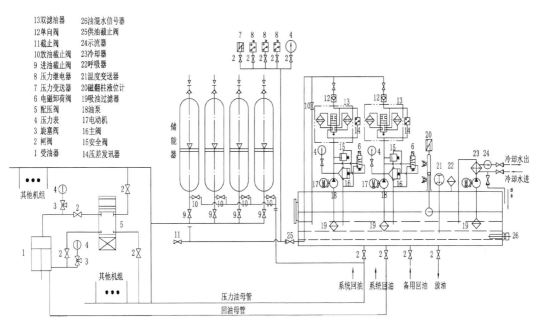

图 2-28　叶片调节液压系统图

2. 操作方式和范围

叶片调节液压系统为成套装置，具有油泵和叶片调节智能控制操作功能，油泵及叶片调节均可现地、自动和远方控制操作。

液压装置配有PLC，可实现自动控制、报警和远程通信功能，系统油泵运行有"连续"和"断续"两种运行方式，控制系统可对主机组叶片调节进行现地和自动控制，并可在泵站计算机监控系统上位机实现远方设定、控制和调节。

叶片调节液压系统投入操作控制、参数设置和信息查询一般通过叶片调节液压装置电气控制柜盘内开关、盘面触摸屏和转换开关进行。

3. 操作顺序和检查内容

叶片调节液压系统投入应顺序进行下列操作和检查。

（1）检查回油箱油位应正常。

（2）检查油压系统闸阀应在工作位置。

（3）检查控制电源、备用电源已投入。

（4）检查 PLC 控制系统状态、参数、通信等显示应正常，无不正常报警。

（5）选择主态泵在 1♯泵或 2♯泵位置；运行方式在断续或连续位置；主水泵叶片调节控制在自动或现地位置。

（6）检查现地控制柜，1♯、2♯油泵手动/自动/停止控制转换开关在停止位置。

（7）投入 1♯、2♯油泵主回路电源。

（8）将现地控制柜系统远方/现地控制转换开关旋至现地位置，将手动/自动/停止控制转换开关旋至手动位置，启动 1♯、2♯油泵。

（9）检查油泵运转声音、振动应正常，压力至设定值，并自动停止。

（10）将手动/自动/停止控制转换开关旋至自动位置。如为计算机监控系统上位机开机操作，将远方/现地控制转换开关旋至远方位置。

（五）闸门启闭液压系统投入操作

1. 闸门启闭液压系统基本形式和功能

主机组闸门启闭液压系统一般配 1～2 套液压装置，主要为液压启闭机启闭提供压力油。系统设置为 1 套液压装置，为全站共用；设置为 2 套液压装置，则 1 套用于主机组工作门，另 1 套用于主机组事故门。每套液压装置一般配 2 台(套)油泵，1 用 1 备。

闸门启闭液压系统如图 2-29 所示，其中油泵启动、系统建压、闸门启闭等功能，由液压系统 PLC 程序自动或手动经出口继电器控制液压系统电磁阀组去实现。

2. 操作方式和范围

闸门启闭液压系统现均为成套装置，具有油泵和闸门启闭智能控制操作功能，油泵及闸门启闭均可现地、自动、远方和联动控制操作。

液压装置控制一般均具有 PLC 自动控制、报警和远程通信功能。由于各生产厂家的控制原理及操作方法有所不同，其 PLC 开发软件控制程序存在一定的差别，但主要功能均基本相似。

（1）油泵和闸门控制由液压装置 PLC 控制系统完成，并与主机组开停机实现联动控制。

（2）油泵启停可现地、自动控制，主/备态泵可手动切换，也可自动切换。

（3）闸门启闭，开启由液压系统油泵启动建压后提升，关闭一般为自重落门。部分液压系统也有反压关闭闸门功能，闸门关闭一般先由自重落门，在设定时间内闸门未完全关闭，侧转为反压关门。液压系统启门压力一般为 10～15 MPa，反压闭门压力一般为 1～

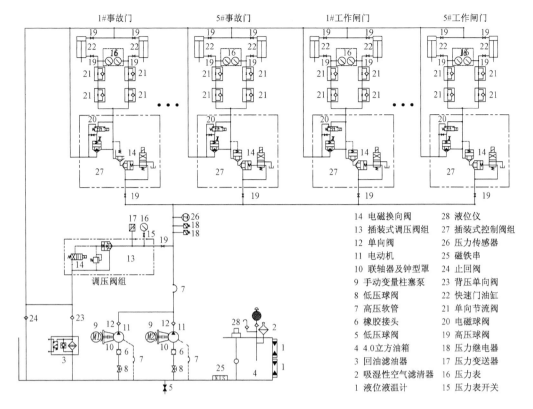

图 2-29　闸门启闭液压系统图

图中标注说明：

14 电磁换向阀	28 液位仪
13 插装式调压阀组	27 插装式控制阀组
12 单向阀	26 压力传感器
11 电动机	25 磁铁串
10 联轴器及钟型罩	24 止回阀
9 手动变量柱塞泵	23 背压单向阀
8 低压球阀	22 快速门油缸
7 高压软管	21 单向节流阀
6 橡胶接头	20 电磁球阀
5 低压球阀	19 高压球阀
4 4.0立方油箱	18 压力继电器
3 回油滤油器	17 压力变送器
2 吸湿性空气滤清器	16 压力表
1 液位液温计	15 压力表开关

2 MPa。

（4）闸门启闭控制方式可现地、自动、联动控制。开机前,事故门由泵站计算机监控系统进行远方或流程控制开启,也可在现地手动开启。开机时,工作门由主机组开关合闸位经泵站计算机监控系统及液压装置 PLC 自动开启,特别情况下也可在现地手动开启。停机时,由主机组开关分闸位经泵站计算机监控系统及液压系统 PLC 自动关闭工作门,当工作门在设定时间内未及时关闭,则即联动事故门关闭;也有设计为工作门、事故门同时联动关闭的控制方式。

（5）主机组在运行状态下,当闸门下滑至设定值时并可实现闸门的自动复位和报警等功能。

（6）闸门启闭液压系统投入操作控制、参数设置和信息查询一般通过闸门启闭机液压装置电气控制柜盘内开关、盘面触摸屏和转换开关进行。

3. 操作顺序和检查内容

闸门启闭液压系统在主机组开停机时,以联动方式实现闸门的自动开启和关闭。正常情况下,由闸门启闭液压装置 PLC 控制系统、主机组电气控制系统及泵站计算机监控系统按设定流程共同配合自动完成。当上述设备或软件程序发生故障时,主机组的开停机与闸门的启闭之间配合,应按专用开停机操作票的操作流程严格执行。

液压系统投运应顺序进行下列操作和检查。

（1）检查回油箱油位应正常。

（2）检查交流控制电源、直流控制电源已投入。

（3）检查 PLC 控制系统状态、参数、通信等显示应正常，无不正常报警。

（4）检查液压系统自动/停止/手动控制转换开关在停止位置。

（5）检查液压系统远方/停止/现地控制转换开关在停止位置。

（6）投入 1♯、2♯油泵主回路电源。

（7）将液压系统远方/停止/现地控制转换开关旋至现地位置，自动/停止/手动控制转换开关旋至手动位置。

（8）用油泵启动按钮卸荷启动 1♯泵或 2♯泵。

（9）按下系统建压按钮，检查油泵运转声音、振动和系统压力应正常。

（10）按下系统泄压按钮，系统泄压后，用油泵停止按钮停止 1♯泵或 2♯泵运行。

（11）如为计算机监控系统上位机进行开机操作，将液压系统自动/停止/手动控制转换开关旋至自动位置，远方/停止/现地控制转换开关旋至远方位置。

（六）稀油站投入操作

1. 稀油站基本形式和功能

稀油站为大型主机组齿轮箱、卧式或斜式机组推力轴承提供循环冷却和润滑油。每台主机组齿轮箱或滑动轴瓦配 1 套稀油站，每套稀油站配 1 台或 2 台油泵，1 用 1 备。系统压力一般在 0.4～0.8 MPa 之间。

稀油润滑站油系统如图 2-30 所示。

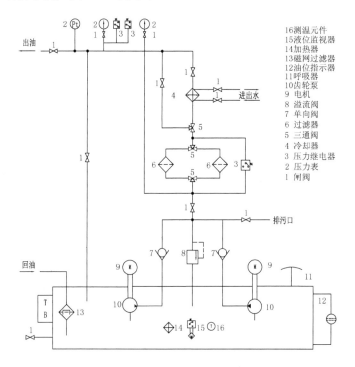

16 测温元件
15 液位监视器
14 加热器
13 磁网过滤器
12 油位指示器
11 呼吸器
10 齿轮泵
9 电机
8 溢流阀
7 单向阀
6 过滤器
5 三通阀
4 冷却器
3 压力继电器
2 压力表
1 闸阀

图 2-30　稀油润滑站油系统图

2. 操作方式和范围

稀油站可现地、自动、远方控制。稀油站一般具有 PLC 自动控制、报警和远程通信功能。

稀油站先于主机组投入运行，后于主机组切出运行，尤其是齿轮箱，开机前应使齿轮箱得到充分润滑，停机时应待齿轮箱冷却。稀油站投运，是监控系统远方开机的必备条件；部分泵站，也是主机组断路器合闸允许条件；同时，稀油站故障停运，联动主机组停止运行。

稀油站投入操作控制、参数设置和信息查询一般通过稀油站电气控制柜盘内开关、盘面触摸屏和转换开关进行。

3. 操作顺序和检查内容

稀油站投运应顺序进行下列操作和检查。

(1) 检查回油箱油位应正常。

(2) 开启冷却水进水闸阀，检查冷却水管路应畅通。

(3) 检查控制电源已投入。

(4) 检查 PLC 控制系统状态、参数、通信等显示应正常，无不正常报警。

(5) 检查手动/自动/停止控制转换开关在停止位置。

(6) 投入稀油站油泵主回路电源。

(7) 将稀油站远方/现地控制转换开关旋至现地位置。

(8) 启动压力油泵，检查油泵运转声音、振动、压力正常。

(9) 将手动/自动/停止控制转换开关旋至自动位置。如为上位机开机操作，将稀油站远方/现地控制转换开关旋至远方位置。齿轮箱在稀油站运行 15 min 后或按齿轮箱生产厂家规定时间方可投入主机组运行。

(七) 清污机的投入操作

1. 清污机基本形式和功能

泵站清污机主要用于清除泵站进水河道来水中杂草、杂物。泵站清污机结构一般有旋转式和耙斗式两种，现主要使用旋转式。旋转式清污机如图 2-31 所示，耙斗式清污机如图 2-32 所示。根据泵站规模配 8～10 台清污机和 1 台皮带输送机。

图 2-31　旋转式清污机外形图

图 2-32　耙斗式清污机外形图

2. 操作方式和范围

清污机可现地、自动控制。为防止大型杂物损坏清污机，运行时一般在现场进行现地控制。

运行时根据进水池杂草、杂物情况投入清污机和皮带输送机运行。

清污机投入操作一般通过清污机电气控制柜盘内开关、盘面按钮和转换开关进行。

3. 操作顺序和检查内容

清污机投运应顺序进行下列操作和检查。

（1）检查清污机前应无大型杂物，如有应清除。

（2）投入清污机、皮带输送机电动机主回路电源。

（3）将清污机、皮带输送机远方/现地控制转换开关旋至现地位置。

（4）用启动按钮启动皮带输送机，检查声音、运转正常。

（5）用启动按钮启动清污机，检查声音、运转正常，无卡滞、碰撞等异常现象。

六、开机操作

（一）概述

1. 主机组基本形式和功能

泵站主机组形式和结构种类较多。主机组主要有立式机组、斜式机组、卧式机组和贯流机组四种类型；主水泵主要有轴流泵、混流泵、离心泵和贯流泵；主电机主要有同步电动机和异步电机；主水泵与主电动机联接有直联、经减速器和共轴式三种方式；断流方式主要有真空破坏阀、液压快速闸门、卷扬式快速闸门和缓闭蝶阀；全调节水泵叶片调节主要有液压调节和机械调节；主水泵轴承主要有水润滑轴承、稀油润滑轴承和润滑脂润滑轴承；主电动机轴承主要有稀油润滑轴承和润滑脂润滑轴承；主水泵密封有填料密封、组合密封和机械密封等。

泵站主机组主要用于城乡工农业生产、生活用水及排除涝水，根据泵站不同用途、运行工况要求和设计选择。泵站主机组设备组成不尽相同，相应各种泵站运行操作也就有不同的要求。

2. 开机操作基本要求

（1）主机组操作在泵站所有设备中最为复杂和频繁。开机操作可由计算机监控系统进行，也可由现场手动进行，但因主机组及辅助设备结构形式不同，其运行技术要求、操作顺序限制和主/辅设备联动要求也不完全相同。为防止误操作，避免引发故障和事故，正常情况下应在计算机监控系统上位机采用流程操作，如在计算机监控系统上位机不能进行流程操作，此时需进行的开机操作，应按专用开机操作票流程严格执行。

（2）由于不同泵站主机组及与其配套的辅助设备构成不同，其操作流程和要求也不尽相同，但操作要点基本类似。下面以立式同步电动机、液压快速门、水润滑轴承水泵和叶片液压调节为例介绍开机操作要求，各泵站设备操作可依据实际工程状况作相应改变。

（二）计算机监控系统操作

1. 主机组开机监控系统操作应顺序进行下列操作和检查。

（1）在各项开机条件具备以后，值班长随即通知值班员准备开机。

（2）值班员填写开机操作票，如计算机监控系统上位机操作为操作票形式，可按其执行。

（3）在现场进行下列操作：

1）如主机组技术供水为电动闸阀控制，将电动闸阀控制箱远方/现地控制转换开关旋至远方位置；如主机组技术供水为普通闸阀控制，开启主电机冷却水、主水泵润滑水进水闸阀，并检查示流信号正常，进水压力为 0.15～0.2 MPa。

2）开启叶片液压调节受油器压力油进油闸阀。如为长时间停机后开机，将叶片调节远方/现地控制转换开关旋至现地位置，应全行程来回调节叶片角度 1 次，并检查和排空回油管内空气，结束后将远方/现地控制转换开关旋至远方位置。

3）断开主电机干燥电源开关。

4）合上主电动机冷却风机电源开关，将远方/现地控制转换开关旋至远方位置。

5）如事故闸门无远方控制自动开启功能，则将启闭机液压装置闸门远方/现地控制转换开关旋至现地位置。

6）开启事故闸门至全开位，并将启闭机液压装置闸门远方/现地控制转换开关旋至远方位置；

7）如主水泵水导有空气围带密封，并在投入位置，应关闭空气围带进气闸阀，打开放气闸阀，并检查水泵水导密封漏水应正常。

8）合上励磁装置电源开关，在盘面由触摸屏和按钮调试励磁装置，检查励磁电压、电流、冷却风机及灭磁检测应正常，灭磁后，将励磁装置置入运行状态。

9）将主机组高压开关柜主机组断路器手车推至工作位置，并将远方/现地控制转换开关旋至远方位置。

（4）在上位机调出主机组开机操作票或操作流程，依次进行下列操作：

1）如技术供水为电动闸阀控制，开启主电机冷却水、主水泵润滑水进水闸阀。

2）调节主水泵叶片角度至设定启动角度。

3）如事故闸门具有远方自动开启功能，则开启事故闸门至全开位。

4）合上主机组断路器，启动主机组。

5）由主机组断路器联动工作闸门延时自动开启至全开位和励磁装置自动投励。

（5）启动过程中，检查工作闸门应可靠工作；励磁装置应可靠投入，励磁电压和电流应正常；主机组运行声音、振动应正常，无火花、异味等异常情况。

（6）主机组正常运行后，应根据水情、调度要求调节水泵叶片角度，根据电网需要调整功率因数，或根据经济运行要求选择相应运行方式。

（7）待主机组运行稳定后再启动下一台主机组。

（8）同一台主机组停机后再启动应间隔 15 min 以上。

2．注意事项及说明。

（1）计算机监控系统流程操作，当在操作过程中出现故障，监控系统一般具有自动中止操作功能，自动停止操作并报警；当出现异常时，此时值班操作人员应检查监控系统应能自动中止操作，主机组工作闸门、励磁装置应在关断状态或自动关断。如再重新开机，则按操作流程重新开始进行操作。

（2）各泵站设备构成不同，设备控制要求不同，监控操作范围也不尽相同，但计算机监控系统上位机可进行操作的设备正常不应在现场进行。

（三）现场手动操作

1. 主机组开机现场手动操作应顺序进行下列操作和检查。

（1）在各项开机条件具备以后，值班长随即通知值班员准备开机。

（2）值班员填写开机现场手动操作票。

（3）进行开机操作，按主机组开机现场手动操作票依次进行下列操作：

1）如技术供水为电动闸阀控制，将电动闸阀控制箱远方/现地控制转换开关旋至现地位置。

2）开启主电机冷却水、主水泵润滑水进水闸阀；检查示流信号正常，进水压力为 0.15～0.2 MPa。

3）开启叶片液压调节受油器压力油进油闸阀，将叶片调节远方/现地控制转换开关旋至现地位置。如为长时间停机后开机，应全行程来回调节叶片角度 1 次，并检查和排空回油管内空气。

4）调节主水泵叶片角度至启动角度。

5）断开主电机干燥电源开关。

6）合上主电动机冷却风机电源开关，将远方/现地控制转换开关旋至现地位置。

7）将启闭机液压装置闸门远方/现地控制转换开关旋至现地位置，开启事故闸门至全开位。

8）如主水泵水导有空气围带密封，并在投入位置，应关闭空气围带进气闸阀，打开放气闸阀，并检查水泵水导密封漏水应正常。

9）合上励磁装置电源开关，调试励磁装置，检查励磁电压、电流、冷却风机及灭磁检测应正常，灭磁后，将励磁装置置入运行状态。

10）检查主机组高压开关柜主机组断路器在分闸位置。

11）将主机组断路器手车推至工作位置。

12）将主机组断路器远方/现地控制转换开关旋至现地位置。

13）合上主机组断路器，启动主机组。

14）检查主机组断路器在合闸位置。

（4）启动过程中，检查工作闸门、励磁装置应由主机组断路器辅助接点联动延时可靠开启和可靠投入；检查励磁电压和电流应正常，主机组运行声音、振动应正常，无火花、异味等异常情况。

（5）主机组正常运行后，应根据水情、调度要求调节水泵叶片角度，根据电网需要调整功率因数，或根据经济运行要求选择相应励磁运行方式。

（6）待主机组运行稳定后再启动下一台主机组。

（7）同一台主机组停机后再启动应间隔 15 min 以上。

（8）根据主电机温度，手动启动主电机冷却风机。

2. 注意事项及说明

（1）主机组与辅助设备联动操作，如由计算机监控系统自动完成的，在现场手动操作时,应有应对措施,在运行操作规程和现场手动操作票中应有明确规定。

（2）针对计算机监控系统操作与现场手动操作流程的差别,应分别制定计算机监控系统操作票与现场手动操作票。

（3）主机组与辅助设备联动操作,如工作闸门的开启和励磁装置的投入,一般应由电气控制回路自动完成,当计算机监控系统出现故障,在现场手动操作时,能继续保持联动操作的控制功能,降低现场运行管理人员出错的可能性,避免故障和事故的发生。但也有部分泵站是由计算机监控系统自动完成的,在现场手动操作时,在运行操作规程中应有应对处理措施,在现场手动操作票中应有明确规定,运行管理人员并应熟练掌握。

七、停机操作

（一）操作基本要求

1. 同前,主机组停机应在计算机监控系统上位机采用操作票或流程操作,如计算机监控系统不能进行流程操作,此时需进行停机操作,应按停机现场手动操作票要求进行停机操作。

2. 主机组停机操作与开机操作相比较,其操作项目和要求相对简单。下面仍以开机设备条件介绍停机操作要求,各泵站设备操作可依据实际工程状况作相应改变。

（二）计算机监控系统操作

1. 主机组停机监控系统操作应顺序进行下列操作和检查。

（1）值班长在接到停机命令后,随即通知值班员准备停机。

（2）值班员填写停机操作票,如监控系统上位机操作为操作票形式,可按其执行。

（3）在上位机调出主机组停机操作票或操作流程,依次进行下列操作:

1）调节主水泵叶片角度至设定停机角度。

2）分开主机组断路器,停止主机组运行。

3）由主机组断路器辅助接点联动励磁装置自动灭磁和工作闸门自动关闭。如工作闸门未能及时关闭,由启闭机控制系统按设定程序和时间立即自动关闭事故闸门。

4）如技术供水为电动闸阀,关闭主电机冷却水、主水泵润滑水进水闸阀。

5）停止主电动机冷却风机。

（4）在现场进行下列操作:

1）停机过程中,观察快速闸门应可靠关闭,励磁电流、电压应迅速回零。如快速闸门未及时关闭,励磁电流、电压未迅速回零,应紧急采取措施予以处理。

2）将主机组高压开关柜主机组断路器手车拉至试验位置。

3）检查励磁装置交流电源空气开关应在断开位置,并置励磁装置为停运状态。

4）关闭主水泵叶片液压调节受油器进油闸阀。

5）如技术供水为普通闸阀,关闭主电机冷却水、主水泵润滑水等进水闸阀。

6）如主水泵水导有空气围带密封并需在投入位置,应关闭空气围带放气闸阀,打开进气闸阀,并检查水泵水导密封应基本无漏水。

7）根据运行需要及天气情况确定是否合上主电机干燥电源开关。

2. 注意事项及说明。

（1）停机操作基本是开机操作的逆向操作。

（2）监控系统停机操作，基本顺序是先监控系统操作，后现场手动操作。

（三）现场手动操作

1. 主机组停机现场手动操作应顺序进行下列操作和检查。

（1）值班长在接到停机命令后，随即通知值班员准备停机。

（2）值班员填写现场手动停机操作票。

（3）进行停机操作，按现场手动停机操作票依次进行下列操作：

1）将叶片调节远方/现地控制转换开关旋至现地位置；调节主水泵叶片角度至设定停机角度。

2）将主机组断路器远方/现地控制转换开关旋至现地位置。

3）分开主机组断路器，停止主机组运行。

4）停机过程中，检查快速闸门应可靠关闭；励磁电流、电压应迅速回零。如快速闸门未及时关闭和励磁电流、电压未迅速回零，应紧急采取措施予以处理。

5）检查主机组断路器在分闸位置。

6）将主机组断路器手车拉至试验位置。

7）停止主电动机冷却风机。

8）检查励磁装置交流电源空气开关应在断开位置，并置励磁装置为停运状态。

9）关闭主水泵叶片液压调节受油器进油闸阀。

10）如技术供水为电动闸阀，将电动闸阀控制箱远方/现地控制转换开关旋至现地位置，关闭主电机冷却水、主水泵润滑水进水闸阀。如技术供水为普通闸阀，手动关闭主电机冷却水、主水泵润滑水等进水闸阀。

11）如主水泵水导有空气围带密封并需在投入位置，应关闭空气围带放气闸阀，打开进气闸阀，并检查水泵水导密封应基本无漏水。

12）根据运行需要及天气情况确定是否合上主电机干燥电源开关。

2. 注意事项及说明。

（1）主机组与辅助设备联动操作，如由监控系统自动完成的，在现场手动操作时，应有应对措施，在操作规程和现场手动操作票中应作出明确规定。

（2）主机组断路器分/合闸操作一般受远方/现地控制转换开关位置限制，停机操作时，必须置远方/现地控制转换开关为现地位置；也有部分泵站分闸操作不受远方/现地控制转换开关位置限制，可直接进行停机操作。

八、主电源切出和备用电源投入

（一）计算机监控系统操作

主电源切出和备用电源投入监控系统操作应顺序进行下列操作和检查。

（1）值班长在接到泵站全站停运命令后，随即通知值班员按前述"七、停机操作"中的操作要求，停止所有运行主机组。

（2）依次停止清污机、闸门启闭液压系统、叶片调节液压系统、压缩空气系统、技术供水系统等辅助设备运行。

（3）依次分开清污机、闸门启闭液压系统、叶片调节液压系统、压缩空气系统、技术供水系统、主电动机冷却风机及励磁装置等辅助设备电源开关。

（4）全站所有主辅设备停止运行后，值班长随即通知值班员准备主电源切出和备用电源投入切换操作。

（5）由值班员填写主电源投入和备用电源切出操作票，其中主要有：

1）站用/备用电源切换操作票。

2）10 kV 母线停电操作票。

3）主变压器切出操作票。

如监控系统上位机操作为操作票形式，可按其执行。

（6）在现场进行下列操作：

1）将 10 kV 所用变压器进线柜所变进线 102 断路器手车推至工作位置，并检查远方/现地控制转换开关在远方位置。

2）将所用变压器 0.4 kV 进线柜进线 402 断路器手车推至工作位置，并检查远方/现地控制转换开关在远方位置。

（7）进行站用/备用电源切换操作，在上位机调出站用/备用电源切换操作票或操作流程，依次进行下列操作：

1）合上 10 kV 所用变压器进线 102 断路器。

2）分开站用变压器 0.4 kV 侧 401 断路器。

3）合上所用变压器 0.4 kV 侧 402 断路器，站用电改由所用变压器供电。

4）分开 10 kV 站用变压器进线 116 断路器。

（8）进行 10 kV 母线停电操作，在上位机调出 10 kV 母线停电操作票或操作流程，分开 10 kV 母线进线 101 断路器。

（9）进行主变压器切出操作，在上位机调出主变压器切出操作票或操作流程，在上位机依次进行下列操作：

1）合上主变压器中性点 7014 接地刀闸。

2）分开主变压器 110 kV 进线 701 断路器。

3）分开 110 kV 进线侧 7011 隔离刀闸。

4）分开主变压器中性点 7014 接地刀闸。

5）按供电部门要求，电话联系供电部门调度，申请停电。

6）110 kV 停电后，分开电压互感器进线 7015 隔离刀闸（可不切出）。

（10）在现场进行下列操作。

1）将站用变压器 0.4 kV 进线柜进线 401 断路器的手车拉至试验位置。

2）将 10 kV 站用变压器进线柜进线 116 断路器的手车拉至试验位置。

3）将 10 kV 母线电压互感器柜电压互感器的 1015 手车拉至试验位置（可不切出）。

4）将10 kV母线进线柜进线101断路器的手车拉至试验位置。

（二）现地手动操作

主电源切出和备用电源投入现地手动操作应顺序进行下列操作和检查。

（1）值班长在接到泵站全站停运命令后，随即通知值班员按前述"七、停机操作"中的操作要求，停止所有运行主机组。

（2）依次停止清污机、闸门启闭液压系统、叶片调节液压系统、压缩空气系统、技术供水系统等辅助设备运行。

（3）依次分开清污机、闸门启闭液压系统、叶片调节液压系统、压缩空气系统、技术供水系统、主电动机冷却风机及励磁装置等辅助设备电源开关。

（4）全站所有主辅设备停止运行后，值班长随即通知值班员准备主电源切出和备用电源投入切换操作。

（5）由值班员填写主电源投入和备用电源切出现场手动操作票，其中主要有：

1）站用/备用电源切换现场手动操作票。

2）10 kV母线停电现场手动操作票。

3）主变压器切出现场手动操作票。

（6）进行站用/备用电源切换操作，按站用/备用电源切换现场手动操作票依次进行下列操作：

1）检查10 kV所用变压器进线柜所变进线102断路器在分闸位置。

2）将所变102断路器手车推至工作位置，并检查远方/现地控制转换开关在现地位置。

3）合上10 kV所用变压器进线102断路器。

4）检查10 kV所用变压器进线102断路器在合闸位置。

5）检查所用变压器0.4 kV进线柜进线402断路器在分闸位置。

6）将所用变压器0.4 kV侧进线402断路器手车推至工作位置，并检查远方/现地控制转换开关在现地位置。

7）分开站用变压器0.4 kV进线柜进线401断路器。

8）检查站用变压器0.4 kV侧进线401断路器在分闸位置。

9）将站用变压器0.4 kV侧进线401断路器手车拉至试验位置。

10）合上所用变压器0.4 kV侧402断路器。

11）检查所用变压器0.4 kV侧402断路器在合闸位置，站用电改由所用变压器供电。

12）分开10 kV站用变压器进线柜站用变压器进线116断路器。

13）检查10 kV站用变压器进线116断路器在分闸位置。

14）将10 kV站用变压器进线柜站变进线116断路器手车拉至试验位置。

（7）进行10 kV母线停电操作，按10 kV母线停电现场手动操作票依次进行下列操作：

1）分开10 kV母线进线柜进线101断路器。

2）检查10 kV母线进线柜进线101断路器在分闸位置。

3）将 10 kV 母线进线柜进线 101 断路器手车拉至试验位置。

4）拉开 10 kV 电压互感器柜电压互感器 1015 隔离刀闸（可不切出）。

（8）进行主变压器切出操作，按主变压器切出现场手动操作票依次进行下列操作：

1）检查主变压器中性点 7014 接地刀闸控制箱远方/现地控制转换开关在现地位置。

2）合上主变压器中性点 7014 接地刀闸。

3）检查主变压器中性点 7014 接地刀闸在合闸位置。

4）将 GIS 汇控柜 110 kV GIS 远方/现地控制转换开关旋至现地位置。

5）分开主变压器 110 kV GIS 进线 701 断路器，主变压器切出运行。

6）检查主变压器 110 kV GIS 进线 701 断路器在分闸位置。

7）分开 110 kV GIS 进线侧 7011 隔离刀闸。

8）检查 110 kV GIS 进线侧 7011 隔离刀闸在分闸位置。

9）分开主变压器中性点 7014 接地刀闸。

10）检查主变压器中性点 7014 接地刀闸在分闸位置。

11）按供电部门要求，电话联系供电部门调度，申请停电。

12）110 kV 停电后，分开 110 kV 进线电压互感器进线 7015 隔离刀闸（可不切出）。

13）检查 110 kV 进线电压互感器进线 7015 隔离刀闸在分闸位置。

第五节　试运行

一、主要类型

泵站试运行一般分为四种类型：
（1）设备安装或改造后试运行。
（2）长期停运时定期试运行。
（3）模拟试运行。
（4）主机组大修后试运行。

二、设备安装或改造后试运行

（一）试运行范围

泵站设备安装或改造后的泵站试运行一般包括主机组、电气、辅助等设备及计算机监控系统的试运行，目的是检验泵站所有机电设备的设计、制造和安装质量。

（二）实施准备

设备安装或改造后的试运行是泵站设备安装工程质量验收的一个组成部分，一般由建设单位主持，施工安装单位实施，运行管理参加或配合进行。

试运行前由施工安装单位编制试运行实施方案，内容包括人员组织、操作规程、操作票和技术要求等,经建设单位组织审查后实施。

（三）主机组试运行应具备的条件

1. 与主机组启动试运行有关的建筑物基本完成,满足主机组启动试运行要求。

2. 与主机组启动试运行有关的金属结构及启闭设备安装完成,并经过调试合格,满足机组启动试运行要求。

3. 过水建筑物已具备过水条件,满足主机组启动试运行要求。

4. 压力容器、压力管道以及消防系统等已通过有关主管部门的检测或验收。

5. 主机组、电气设备,以及油、气、水等辅助设备安装完成,经调试并经分部试运行合格,满足机组启动试运行要求。

6. 必要的输配电设备安装调试完成,并经过电力部门组织的安全性评价或验收,送（供）电准备工作已就绪,通信系统满足机组启动试运行要求。

7. 主机组启动试运行的测量、监测、控制和保护等电气设备已安装完成并调试合格。

8. 有关主机组启动试运行的安全防护措施已落实,并准备就绪。

9. 按设计要求配备的仪器、仪表、工具及其他机电设备已能满足主机组启动试运行的需要。

10. 主机组启动试运行操作规程已编制,并得到批准。

11. 运行管理人员的配备可满足主机组启动试运行的要求。

12. 水位和引水量满足主机组启动试运行最低要求。

13. 主机组已按要求完成空载试运行。

（四）主机组带负荷连续试运行要求

1. 单台主机组试运行时间应在 7 d 内累计运行时间为 48 h 或连续运行 24 h（均含全站主机组联合运行小时数）。全站主机组联合运行时间宜为 6 h,且主机组无故障停机 3 次,每次无故障停机时间不宜超过 1 h。

2. 受水位或水量限制,执行全站主机组联合运行时间（包括单机试运行时间）确有困难时,可由主机组启动验收委员会根据具体情况适当减少,但不应少于 2 h。

（五）主机组试运行中的检查和测试内容

1. 全面检查站内外土建工程和机电设备、金属结构的运行状况,鉴定机电设备的安装质量。

2. 检查主机组在启动、停机和持续运行时各部位工作是否正常,站内各种设备工作是否协调,停机后检查主机组各部位有无异常现象。

3. 测定主机组在设计和非设计工况（或调节工况）下运行时的主要水力参数、电气参数和各部位温度等是否符合设计和制造商的要求。

4. 对于高扬程泵站,宜进行一次事故停泵后有关水力参数的测试,检验水锤防护设施是否安全可靠。

5. 测定泵站主机组的振动,振动限值应符合表 2-3 的规定。

表 2-3　主机组振动限值表　　　　　　　　　　　　　　　单位:mm

项目	额定转速 n(r/min)			
	$n \leqslant 100$	$100 < n \leqslant 250$	$250 < n \leqslant 375$	$375 < n \leqslant 750$
立式机组带推力轴承支架的垂直振动	0.08	0.07	0.05	0.04
立式机组带导轴承支架的水平振动	0.11	0.09	0.07	0.05
立式机组定子铁芯部位水平振动	0.04	0.03	0.02	0.02
卧式机组各部轴承振动	0.11	0.09	0.07	0.05
灯泡贯流式机组推力支架的轴向振动	0.10	0.08		
灯泡贯流式机组各导轴承的径向振动	0.12	0.10		
灯泡贯流式灯泡头的径向振动	0.12	0.10		

注:振动值指机组在额定转速、正常工况下的测量值。

(六) 试运行操作

1. 变配电设备充电试运行

大中型泵站主接线类型一般为单母线制或分段单母线制,供电电压一般为 110 kV 或 35 kV。下面以 110 kV 供电电压、分段单母线制为例,介绍变配电设备的充电试运行,典型分段单母线制主接线如图 2-33 所示。

(1)调试内容

1) 110 kV 母线及母线设备充电试运行。

2) 主变压器冲击试运行。

3) 10 kV 母线及母线设备充电试运行。

4) 主变压器核相和并列试运行。

5) 站用变压器冲击试运行。

6) 0.4 kV 站用电相序核定。

7) 主变压器差动保护带负荷校核和投运。

(2)启动条件

1) 变配电设备安装或改造工程结束,并经供电部门验收合格。

2) 由供电部门和安装单位编制调度方案和试运行方案,并经审核批准。

3) 110 kV 油浸式变压器已静止 24 h 以上。

4) 泵站所有机电设备按投运前检查要求完成全面检查,具备投运条件。

5) 主接线系统所有高压断路器保护定值已按设计整定通知书整定。

6) 单母线分段制主接线两台变压器有并列条件并有并列要求时,两台变压器分接开关档位应一致。

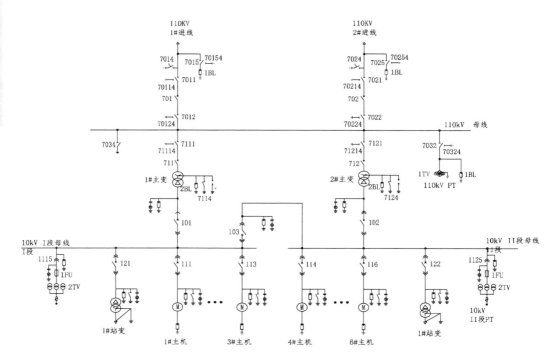

图 2-33　典型分段单母线制主接线图

（3）调试要求

1）线路充电、主变压器、站用变压器投入后以及变压器并列前应进行核相。如110 kV线接入相序与主变压器相序一致，可不进行核相。

2）变配电系统调试完成后经连续带电试运行时间不少于24 h，并对新主变压器进行5次空载冲击合闸试验。110 kV供电线路如为新建线路，并对线路以额定电压冲击合闸3次。

3）由于设备制造缺陷，不能达到规定要求，应由制造厂负责消除设备缺陷，施工安装单位配合处理。试运行完成后，发现设备存在的缺陷和异常情况，应由设备制造厂及施工安装单位共同配合进行消缺处理。设备缺陷处理应详细记录并存档。

4）所有电气设备试运行操作一般可在现地先行进行，当试运行正常并计算机监控系统具备控制操作条件后，可在监控系统进行操作。

（4）操作前准备

1）运行班长在接到变电设备充电试运行命令后，随即通知班员按试运行方案、操作规程及操作票要求进行变电设备充电操作。

2）由值班员填写变电设备充电操作票，并按操作票要求依次进行操作和检查。

3）将110 kV 1♯进线、2♯进线、1♯主变、2♯主变及PT等间隔GIS汇控柜联锁/解锁控制转换开关旋至联锁位置，并拔出钥匙，妥善保存。

（5）110 kV母线及母线设备充电试运行

1）110 kV 1♯进线充电试运行，依次进行下列检查和操作：

①检查110 kV 1♯进线7011、7012隔离刀闸，702断路器在分闸位置。

②检查 110 kV 2♯进线 7021、7022 隔离刀闸,702 断路器在分闸位置。

③检查 1♯主变进线 7111、2♯主变进线 7112 隔离刀闸在分闸位置。

④将 110 kV 1♯进线 GIS 汇控柜远方/现地控制转换开关旋至现地位置。

⑤分开 110 kV 母线 7034 接地刀闸。

⑥分开 110 kV 母线 70124 接地刀闸。

⑦分开 110 kV 母线 70114 接地刀闸。

⑧合上 110 kV 母线电压互感器 7032 隔离刀闸。

⑨用 110 kV 1♯进线 GIS 汇控柜带钥匙调度按钮和 1♯进线 7014 快速接地刀闸分/合控制转换开关,分开 110 kV 1♯进线 7014 快速接地刀闸,并拔出调度按钮钥匙,妥善保存。

⑩合上 110 kV 1♯进线避雷器 7015 隔离刀闸。

⑪合上 110 kV 1♯进线 7012 隔离刀闸。

⑫合上 110 kV 1♯进线 7011 隔离刀闸。

⑬合上 110 kV 1♯进线 701 断路器。

⑭按供电部门要求,电话联系供电部门调度,申请 110 kV 1♯线路送电。

⑮来电后,检查 110 kV1♯进线、母线设备等充电正常,110 kV 电压正常。

⑯在 110 kV 1♯进线 GIS 汇控柜电压互感器二次侧出线处用相序表进行相序检测,应为正相序。

⑰110 kV 供电线路如为新建线路,由供电部门对线路再冲击合闸 2 次,并检查 110 kV 1♯进线、母线设备等充电正常,110 kV 电压正常。

⑱分开 110 kV 1♯进线 701 断路器。

⑲分开 110 kV 1♯进线 7011 隔离刀闸。

⑳分开 110 kV 1♯进线 7012 隔离刀闸。

2)110 kV 2♯进线充电试运行,依次进行下列检查和操作:

按照以上 110 kV 1♯进线充电试运行操作流程和检查项目,完成 110 kV 2♯进线充电试运行。

(6)主变压器冲击试运行

1)1♯主变压器冲击试运行,依次进行下列检查和操作:

①检查 10 kV Ⅰ段母线进线 101 断路器手车在试验位置。

②合上 1♯主变压器中性点 7114 接地刀闸。

③合上 1♯主变压器 110 kV 进线 7111 隔离刀闸。

④合上 110 kV 1♯进线 7012 隔离刀闸。

⑤合上 110 kV 1♯进线 7011 隔离刀闸。

⑥合上 110 kV 1♯进线 701 断路器。

⑦检查 1♯主变压器第 1 次冲击正常,110k 1♯进线及 1♯主变压器保护装置正常。第 1 次冲击后持续时间不应少于 10 min,其后冲击后持续时间不应少于 5 min。

⑧分开 1♯主变压器 110 kV 进线 711 断路器。

⑨合上 1♯主变压器 110 kV 进线 711 断路器。

⑩检查 1♯主变压器第 2 次冲击正常,保护装置正常。

⑪分开 1♯主变压器 110 kV 进线 711 断路器。

⑫合上 1♯主变压器 110 kV 进线 711 断路器。

⑬检查 1♯主变压器第 3 次冲击正常,保护装置正常。

⑭分开 1♯主变压器 110 kV 进线 711 断路器。

⑮合上 1♯主变压器 110 kV 进线 711 断路器。

⑯检查 1♯主变压器第 4 次冲击正常,保护装置正常。

⑰分开 1♯主变压器 110 kV 进线 711 断路器。

⑱分开 1♯主变压器 110 kV 进线 7111 隔离刀闸。

⑲分开 110 kV1♯进线 701 断路器。

⑳分开 110 kV1♯进线 7011 隔离刀闸。

㉑分开 110 kV1♯进线 7012 隔离刀闸。

2) 2♯主变压器冲击试运行,依次进行下列检查和操作:

按照 110 kV 2♯进线及以上 1♯主变压器冲击试运行操作流程和检查项目,完成 2♯主变压器冲击试运行。

(7) 10 kV 母线及母线设备充电试运行

1) 合上 110 kV1♯进线 7012 隔离刀闸。

2) 合上 110 kV1♯进线 7011 隔离刀闸。

3) 合上 110 kV1♯进线 701 断路器。

4) 10 kV Ⅰ 段母线及母线设备充电试运行,依次进行下列检查和操作:

①检查 10 kV Ⅰ 段母线主机组 111～113 断路器手车、母线联络 103 断路器手车、站用变压器 10 kV 进线 121 断路器手车在试验位置。

②将 10 kV Ⅰ 段母线电压互感器柜 1115 电压互感器手车推至工作位置。

③将 10 kV Ⅰ 段母线进线柜进线 101 断路器手车推至工作位置,并将远方/现地控制转换开关旋至现地位置。

④合上 10 kV Ⅰ 段母线进线 101 断路器。

⑤合上 1♯主变压器 110 kV 进线 7111 隔离刀闸。

⑥合上 1♯主变压器 110 kV 进线 711 断路器。

⑦检查 1♯主变压器第 5 次冲击正常,110 kV1♯进线、1♯主变压器、10 kV Ⅰ 段母线进线保护装置正常,10 kV Ⅰ 段母线及母线设备充电正常,10 kV 电压正常。

⑧在 10 kV Ⅰ 段母线电压互感器柜电压互感器二次侧出线处用相序表进行相序检测,应为正相序。

⑨分开 10 kV Ⅰ 段母线进线 101 断路器。

⑩将 10 kV Ⅰ 段母线进线 101 断路器手车拉至试验位置。

5) 10 kV Ⅱ 段母线及母线设备充电试运行,依次进行下列检查和操作:

按照 110 kV 1♯进线及以上 10 kV Ⅰ 段母线充电试运行操作流程和检查项目,完成 10 kV Ⅱ 段母线充电试运行,以及 2♯主变压器第五次冲击试运行。

（8）主变压器并列试运行

1）将 10 kV 母联 103 断路器手车推至工作位置,并将远方/现地控制转换开关旋至现地位置。

2）合上 10 kV 母联 103 断路器。

3）将 10 kV Ⅰ段母线进线 101 断路器手车推至工作位置。

4）合上 10 kV Ⅰ段母线进线 101 断路器。

5）检查 10 kV Ⅰ段、Ⅱ段母线及母线设备充电正常。

6）在 10 kV Ⅰ段母线、Ⅱ段母线电压互感器柜电压互感器二次侧出线处用相序表和万用表进行核相,相序应一致,同相电压应为零。

7）分开 10 kV Ⅰ段母线进线 101 断路器。

8）将 10 kV Ⅱ段母线进线 102 断路器手车推至工作位置。

9）合上 10 kV Ⅱ段母线进线 102 断路器。

10）检查 10 kV Ⅰ段、Ⅱ段母线及母线设备充电正常。

11）在 10 kV Ⅰ段母线、Ⅱ段母线电压互感器柜电压互感器二次侧出线处用相序表和万用表进行核相,相序应一致,同相电压应为零。

12）分开 10 kV Ⅱ段母线进线 102 断路器。

13）分开 10 kV 母联 103 断路器。

14）将 10 kV 母联 103 断路器手车拉至试验位置。

15）合上 10 kV Ⅰ段母线进线 101 断路器。

16）合上 10 kV Ⅱ段母线进线 102 断路器。

17）在 10 kV Ⅰ段母线、Ⅱ段母线电压互感器二次侧出线处用相序表和万用表进行核相,相序应一致,同相电压差值不超过±0.5%。

18）核相正确后,将 10 kV 母联 103 断路器手车推至工作位置。

19）将 10 kV Ⅰ段母线、Ⅱ段母线和母联断路器联锁/解锁控制转换开关插入钥匙并旋至解锁位置。

20）合上 10 kV 母联 103 断路器,两台主变并列试运行。

21）检查 1♯主变、2♯主变、保护装置,以及 10 kV Ⅰ段母线、Ⅱ段母线和母线设备等运行正常。

22）并列运行正常后,分开 10 kV 母联 103 断路器,两台主变解列。

23）将 10 kV 母联 103 断路器手车拉至试验位置。

24）分开 10 kV Ⅰ段母线进线 101 断路器。

25）分开 10 kV Ⅱ段母线进线 102 断路器。

26）将 10 kV Ⅰ段母线、Ⅱ段母线和母联断路器联锁/解锁控制转换开关旋至联锁位置,拔出钥匙并妥善保存。

（9）10 kV 站用变压器冲击试运行

1）1♯站用变压器冲击试运行,依次进行下列检查和操作:

①检查 1♯主变保护装置高后备保护、瓦斯保护正常后,临时退出 1♯主变差动保护。

②检查 0.4 kV Ⅰ段母线进线柜进线 401 断路器手车在试验位置。

③将 10 kV 1♯站用变压器进线柜站变进线 121 断路器手车推至工作位置,并将远方/现地控制转换开关旋至现地位置。

④合上 10 kV 1♯站用变压器进线 121 断路器。

⑤合上 10 kV Ⅰ段母线进线 101 断路器。

⑥检查 10 kV 1♯站用变压器第 1 次冲击正常,保护装置正常。第 1 次充电后持续时间不应少于 10 min,其后冲击后持续时间不应少于 5 min。

⑦分开 10 kV 1♯站用变压器进线 121 断路器。

⑧合上 10 kV 1♯站用变压器进线 121 断路器。

⑨检查 10 kV 1♯站用变压器第 2 次冲击正常,保护装置正常。

⑩分开 10 kV 1♯站用变压器进线 121 断路器。

2) 2♯站用变压器冲击试运行,依次进行下列检查和操作:

按照以上 10 kV 1♯站用变压器冲击试运行操作流程和检查项目,完成 10 kV 2♯站用变压器冲击试运行。

(10) 站用变压器并列试运行

0.4 kV 配电主接线如图 2-34 所示。

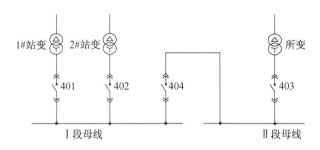

图 2-34　0.4 kV 配电主接线图

1) 分开 0.4 kV Ⅱ段母线(所用变压器 0.4 kV 出线)进线 403 断路器。

2) 将 0.4 kV Ⅱ段母线进线 403 断路器手车拉至试验位置。

3) 将 0.4 kV Ⅰ段母线进线柜进线 401 断路器手车推至工作位置,并将远方/现地控制转换开关旋至现地位置。

4) 合上 0.4 kV Ⅰ段母线进线 401 断路器。

5) 合上 10 kV 1♯站用变压器进线 121 断路器。

6) 检查 10 kV1♯站用变压器第 3 次冲击正常,保护装置正常,0.4 kVⅠ段母线电压正常。

7) 0.4 kV 段母线核相,应为正相序,并与所用变压器一致。

8) 核相正确后,分开 0.4 kV Ⅰ段母线进线 401 断路器。

9) 将 0.4 kV Ⅰ段母线进线 401 断路器手车拉至试验位置。

10) 将 0.4 kV Ⅰ段母线进线柜进线 402 断路器手车推至工作位置。

11) 合上 0.4 kV Ⅰ段母线进线 402 断路器。

12) 合上 10 kV 2♯站用变压器进线 122 断路器。

13) 检查 10 kV 2♯站用变压器第 3 次冲击正常,保护装置正常,0.4 kV Ⅰ段母线电压正常。

14）0.4 kV 段母线核相，应为正相序，并与所用变压器一致。

15）将 0.4 kV Ⅰ段母线进线柜进线 401 断路器手车推至工作位置。

16）在 0.4 kVⅠ段母线进线柜进线 401 断路器上下出线处进行核相，相序应一致，同相电压差值不超过±0.5%。

17）核相正确后，合上 0.4 kV Ⅰ段母线进线 401 断路器，两台站变并列试运行。

18）检查 1♯站变、2♯站变、保护装置、0.4 kV Ⅰ段母线及母线设备等运行正常。

2. 主机组试运行

（1）主机组试运行的操作和检查

1）运行班长在接到主机组试运行命令后，随即通知班员按试运行方案、操作规程及操作票要求进行主机组试运行操作。

2）由值班员填写主机组试运行操作票。

3）主电动机如有差动保护，检查其他保护正常后，临时退出主电动机差动保护。

4）辅助设备电源投入。

5）按前述"本章第四节　开停机操作"中"五、辅助设备投运"要求投入辅助设备运行。

6）按试运行方案及前述"第四节　开停机操作"中"六、开机操作"主机组操作和检查要求投入主机组试运行。

（2）差动保护的检查和投入

1）主机组投入运行后，由保护装置检查主电动机差动保护的差流应基本为零，差动保护检验正确后，投入主电动机的差动保护。

2）主变负荷达到约 1/3 以上后，由保护装置检查主变差动保护的差流应基本为零，差动保护检验正确后，投入主变的差动保护。

（3）主机组试运行要求

1）主机组试运行过程中加强设备的运行巡视检查，主机组投入运行初期一般半小时巡视检查 1 次，主机组运行稳定后可延长到 1 h 巡视检查 1 次，特殊情况应增加巡视检查次数。

2）主机组试运行过程中按试运行方案及根据需检测的项目、内容等制成的专用表格进行记录，一般每半小时记录 1 次，特殊情况应增加记录次数。

3）条件具备时，单台主机组试运行时间应在 7 d 内累计运行时间为 48 h 或连续运行24 h（均含全站主机组联合运行小时数）。全站主机组联合运行时间宜为 6 h，且主机组无故障停机 3 次，每次无故障停机时间不宜超过 1 h。

4）单台主机组试运行和全站主机组联合运行达到以上要求后，按前述"第四节　开停机操作"中"七、停机操作"中要求停止所有主机组运行；按前述"第四节　开停机操作"中"八、主电源切出和备用电源投入"中要求停止辅助设备运行，切出站用变压器、主变压器运行。

3. 注意事项及说明

（1）试运行过程中发现的设备故障、缺陷和损坏等应由项目法人或监理工程师根据工程合同及有关法规,分清责任,由相关单位及时处理。

(2)试运行过程中产生的运行资料由泵站试运行实施单位整理,作为泵站设备安装验收签证资料一并交于建设管理单位,测试资料由测试单位整理盖章后交于委托单位。

(3)变压器核相

变压器核相分为两种,变压器并列前的核相和向负载供电前的核相。

1)变压器并列前的核相

核相范围:

①新装或大修后投入,或易地安装。

②变动过内外接线,或接线组别。

③电缆线路或电缆接线变动,或架空线走向发生变化。

目的:变压器或不同电源线路并列运行时,必须先做好核相工作,两台变压器的二次侧相序和相位相同无电压差才能并列。如果有相位差即有电压差则会形成环流,相当于短路。

方法:变压器二次侧电压为高压,可在两段母线电压互感器副边出线处用相序表和万用表进行核相。变压器二次侧电压为低压,可直接在变压器二次侧出线处用相序表和万用表进行核相。

2)向负载供电前的核相

目的:无并列要求的单台变压器或多台变压器单独对一母线供电,其核相是为了母线相序符合负载电器相序要求,如使电动机转向符合要求。

方法:母线电压为高压,可在母线电压互感器副边出线处用相序表进行核相。母线电压为低压,可直接在母线处用相序表进行核相。

(4)变压器并列运行

1)变压器并列运行的作用

为了使变压器安全经济运行及提高供电的可靠性和灵活性,在运行中通常将2台或2台以上变压器并列运行。

提高变压器运行的经济性。可根据使用负荷投入1台或2台变压器,以尽量减少变压器本身的损耗,达到经济运行的目的。

提高供电可靠性。当并列运行的变压器中有1台发生故障或需检修时,另1台仍可正常供电,从而减少了故障和检修时的停电范围和次数,提高供电可靠性。

2)变压器并列运行应满足的条件

①极性相同,接线组别相同。

②电压比相同,允许有±0.5的差值,也就是变压器的额定电压相等。

以上两个条件为保证变压器空载时绕组内不会有环流。环流会影响变压器容量的合理利用,如果环流几倍于额定电流,甚至会损坏变压器。

③阻抗电压值偏差小于10%,以保证负荷分配与容量成正比。

④容量比不宜超过3:1,以限制变压器的短路电压值相差不致过大。

（5）变压器的冲击试验

新安装或大修后的变压器在正式投运前需做冲击试验的目的是检验变压器绝缘强度、机械强度及保护装置的可靠性。

变压器全电压冲击分合闸，有可能产生操作过电压。在电力系统中性点不接地时或经消弧线圈接地时，过电压幅值可达 4～4.5 倍相电压；在中性点直接接地时，可达 3 倍相电压。通过变压器的冲击试验，可检验变压器绝缘强度能否承受全电压和操作过电压。

冲击合闸时，会产生励磁涌流，其值可达 6～8 倍额定电流，其产生的电动力可检验变压器的机械强度，同时励磁涌流可检验保护定值的合理性和保护装置的可靠性。

变压器第一次投入运行时，规程规定应进行 5 次空载全电压冲击合闸，应连续冲击 5 次；变压器大修后投入，应连续冲击 3 次。第 1 次冲击应持续运行 10 min 以上，其后冲击应持续 5 min 以上，再进行下一次冲击。

（6）变压器差动保护带负荷校核和投运

1）变压器差动保护带负荷校核的作用

差动保护是变压器的主保护，10 MVA 及以上容量单独运行的变压器或 6.3 MVA 及以上容量的并联运行变压器，以及 2 MVA 及以上用电流速断保护灵敏度不符合要求的变压器，均应装设纵联差动保护。

变压器差动保护因①变压器一、二次绕组联结组别；②变压器一、二次主接线上电流互感器二次接线方式、变比；③电流互感器特性差异；④变压器励磁电流、励磁涌流等；⑤可能存在的接线差错等原因，均可能形成较大的差流造成差动保护的误动。其中接线组别、接线方式和电流互感器变比等的影响，可以由微机保护装置由内部程序进行补偿处理，其他影响可通过差动保护定值进行消除，但补偿是否到位、接线是否正确及保护定值是否合理，均需在实际运行时进一步进行校核。

2）变压器差动保护校核方法

①变压器冲击试运行结束后，在带负荷前，检查变压器保护装置高后备保护、瓦斯保护，确认正常后，方可退出变压器差动保护，以确保变压器运行安全。

②在变压器负荷较小时，即使保护装置补偿未到位或存在接线错误，形成的差流可能也较小。只有当设备运行负荷达到变压器 1/3 以上负荷，此时由保护装置检查到变压器一次侧 CT 与二次侧 CT 的差流基本为零时，才能完全反映差动保护的校正和接线的正确性。

③差动保护检验正确后，才能投入变压器差动保护。

（7）主电动机差动保护带负荷校核和投运。

差动保护是高压电动机的主保护，2 000 kVA 及以上容量电动机，或当电流速断保护不能满足灵敏度要求时，或有中性线引出的重要电动机，均应装设差动保护。

主电动机差动保护与变压器差动保护相比较，不存在变压器一、二次绕组联结组别、电流互感器二次接线方式及不同变比等的影响，但接线是否正确、保护定值是否合理仍需在主电动机投入运行后进行校核，检验正确后，才能投入差动保护的运行。

三、长期停运时定期试运行

（一）范围及周期

1. 泵站长期停运时定期试运行一般包括主机组、电气、辅助设备及计算机监控系统等设备的试运行。目的是检验泵站所有机电设备完好状态，以便能够随时投入运行。

2. 长期停运时每年可进行 1～2 次，排涝泵站可在汛期前进行，运行时间一般在 1～2 h。

（二）试运行操作

1. 按前述本章"第四节 开停机操作"要求进行开停机操作。

2. 注意事项及说明：

（1）试运行过程中应按设备运行记录要求，对设备操作、运行参数等进行记录，试运行结束后及时整理归档。

（2）试运行过程中发现的设备故障、缺陷应及时修复和处理。

四、模拟试运行

（一）范围及周期

1. 模拟试运行是泵站长期停运时主、辅助设备及计算机监控系统进行的模拟控制操作以及辅助设备试运行，不包括主电源投入和主机组试运行。目的是检验泵站计算机监控系统控制操作及所有辅助设备的完好状态。

2. 长期停运时每年可进行 2～4 次。

（二）基本要求

1. 模拟试运行应在计算机监控系统上位机进行操作，主设备操作应编制模拟试运行操作票，并按操作票使用规定严格执行。

2. 模拟试运行时辅助设备的试运行电源可为备用电源，不再进行电源的切换。

3. 模拟试运行为部分设备的投运，需采取必要的安全和技术措施，以满足试运行操作要求。模拟试运行操作以主机组电压为 10 kV、立式主机组、同步电动机、液压启闭闸门、液压叶片调节等主机组为例。

（1）模拟试运行时，为防止主机组倒流，断流装置工作门、事故门不能同时处全开位。既要满足联动开机条件，又要能防止主机组倒流，可采取降低闸门开度措施，一般设置为 200 mm，试运行结束后应恢复到原位。

（2）模拟试运行时主机组无高压电源，为防止保护动作影响主机组模拟试运行，应断开主机组保护跳闸压板或跳闸出口，试运行结束后应予以恢复。

（3）依照操作安全要求，主机组模拟试运行时，10 kV 母线进线断路器及断路器手车应处断开位置。

（4）在模拟试运行时,为缩短励磁装置投运时间和减少主机组倒流时间,开停机操作可采用一张操作票,模拟开机完成并正常后立即进行停机操作。

（三）模拟试运行开机操作

1. 依次合上清污机、闸门启闭液压系统、叶片调节液压系统、压缩空气系统、技术供水系统、主电动机冷却风机及励磁装置等辅助设备电源开关。

2. 依次投入清污机、闸门启闭液压系统、叶片调节液压系统、压缩空气系统、技术供水系统等辅助设备运行。

3. 在各项模拟试运行开机条件具备以后,值班长即通知值班员准备模拟试运行开机操作。

4. 值班员填写模拟试运行开机操作票,按操作票要求依次进行下列操作和检查。

（1）按前述本章"第四节　开停机操作"中"二、直流电源投入"进行直流电源投入操作和检查。

（2）按前述本章"第四节　开停机操作"中"三、计算机监控系统投入"进行计算机监控系统投入操作和检查。

（3）在现场进行下列操作：

1）设置工作门、事故门全开位(＜200 mm)。

2）断开主机组保护跳闸出口压板。

3）检查 10 kV 进线断路器在断开位置。

4）检查 10 kV 进线开关手车在试验位置。

5）如主机组技术供水为电动闸阀控制,将电动闸阀控制箱远方/现地控制转换开关旋至远方位置;如主机组技术供水为普通闸阀控制,开启主电机冷却水、主水泵润滑水进水闸阀,并检查示流信号正常,进水压力为 0.15～0.2 MPa。

6）开启叶片液压调节受油器压力油进油闸阀,将叶片调节远方/现地控制转换开关旋至现地位置,全行程来回调节叶片角度 1 次,并检查和排空回油管内空气,结束后将远方/现地控制转换开关旋至远方位置;

7）合上主电动机冷却风机电源开关,将远方/现地控制转换开关旋至远方位置。

8）如事故闸门无自动开启功能,则将启闭机液压装置闸门自动/手动控制转换开关旋至手动位置,开启事故闸门至全开位(＜200 mm),并将启闭机液压装置远方/现地控制转换开关旋至远方位置。

9）如主水泵水导有空气围带密封,并在投入位置,应关闭空气围带进气闸阀,打开放气闸阀,并检查水泵水导密封漏水应正常。

10）合上励磁装置电源开关,调试励磁装置,检查励磁电压、电流、冷却风机及灭磁检测应正常,灭磁后,将励磁装置置入运行就绪状态。

11）将主机组高压开关柜主机组断路器手车推至工作位置,并将远方/现地控制转换开关旋至远方位置。

（4）在上位机调出主机组开机操作票或操作流程,依次进行下列操作：

1）如技术供水为电动闸阀控制,开启主电机冷却水、主水泵润滑水进水闸阀。

2）调节主水泵叶片角度至设定启动角度。

3）如事故闸门具有自动开启功能,则开启事故闸门至全开位(<200 mm)。

4）合上主机组断路器。

5）检查主机组断路器联动工作闸门自动开启至全开位(<200 mm)。

6）检查励磁装置自动投励、励磁电压、电流正常。

（四）模拟试运行停机操作

1. 在模拟试运行开机操作完成以后,值班长随即通知值班员进行模拟试运行停机操作。

2. 在上位机调出主机组停机操作票或操作流程,依次进行下列操作。

（1）调节主水泵叶片角度至设定停机角度。

（2）分开主机组断路器。

（3）检查主机组断路器联动励磁装置自动灭磁。

（4）检查工作闸门自动关闭,如工作闸门未能及时关闭,由启闭机控制系统按设定程序和时间立即自动关闭事故闸门。

（5）如技术供水为电动闸阀,关闭主电机冷却水、主水泵润滑水进水闸阀。

（6）停止主电动机冷却风机。

3. 在现场进行下列操作。

（1）停机过程中,观察快速闸门应可靠关闭,励磁电流、电压应迅速回零。如快速闸门未及时关闭,励磁电流、电压未迅速回零,应紧急采取措施予以处理。

（2）将主机组高压开关柜主机组断路器手车拉至试验位置。

（3）检查励磁装置交流电源空气开关应在断开位置,并置励磁装置为停运状态。

（4）关闭主水泵叶片液压调节受油器进油闸阀。

（5）如技术供水为普通闸阀,关闭主电机冷却水、主水泵润滑水等的进水闸阀。

（6）如主水泵水导有空气围带密封并需在投入位置,应关闭空气围带放气闸阀,打开进气闸阀,并检查水泵水导密封应基本无漏水。

（7）依次停止清污机、闸门启闭液压系统、叶片调节液压系统、压缩空气系统、技术供水系统等辅助设备运行。

（8）依次分开清污机、闸门启闭液压系统、叶片调节液压系统、压缩空气系统、技术供水系统、主电动机冷却风机及励磁装置等辅助设备电源开关。

（9）将工作门、事故门全开位设置恢复至原设定开度。

（10）合上主机组保护跳闸出口压板。

4. 注意事项及说明

（1）试运行过程中应对设备操作和运行情况等进行记录。试运行结束后及时整理归档。

（2）试运行过程中发现的设备故障、缺陷应及时修复和处理。

五、主机组大修后试运行

（一）范围和时间

1. 主机组大修后试运行主要包括主机组及其附属于主机组本体上辅助设备的试运行。目的是检验主机组大修质量。

2. 试运行时间宜为带负荷连续运行 6~8 h,但一般不应小于 2 h。

（二）基本要求

1. 机组大修完成后,应进行大修机组的试运行。安装质量应符合规定标准,电气试验应合格。

2. 机组试运行前,由检修单位和运行管理单位共同制定试运行方案。

3. 试运行时,设备检修由检修单位进行开机前检查和操作,以及运行时设备检查、检测和故障处理;运行单位负责泵站主/备电源切换、辅助设备投运及检修机组开停机等的操作。

4. 大修机组开停机指令经检修单位同意,由泵站负责人下达,试运行过程中设备操作、检查、测试、故障和故障处理等应进行详细记录。

（三）试运行操作

按前述本章"第四节　开停机操作"要求进行开停机操作。

（四）注意事项及说明

1. 试运行过程中应按设备运行记录要求,由运行管理单位对设备操作、运行参数等进行记录,由检修单位对检修设备按试运行方案和《泵站设备安装及验收规范》要求进行检测,试运行结束后及时整理,在交接验收时作为设备检修资料移交给运行管理单位。

2. 试运行过程中发现的设备故障、缺陷应由检修单位及时修复和处理。

第三章 设备运行

泵站设备运行管理主要包括:设备投运前检查内容、运行技术要求、巡视检查内容和要求等。

第一节 一般规定

一、运行一般要求

1. 电气设备、仪表等定期试验项目和周期应按《电力设备预防性试验规程》(DL/T—596—2005)和《南水北调泵站工程管理规程(试行)》(NSBD16—2012)规定执行。压力容器、安全阀、起重设备等特种设备检测按质量技术监督部门规定执行。未按规定进行检测或检测不合格的,不应投入运行。

2. 油、气、水系统中的安全装置、自动装置及压力继电器等应定期检验,控制设定值应符合安全运行要求。

3. 停用1年及以上和大修后的机组投入正式运行前,应进行试运行。

4. 对于投运主机组台数少于装机台数的泵站,每年运行期间应轮换开机。

5. 辅机系统有主、备设备,运行期间也应定期轮换运行。

6. 在严寒季节,应对设备采取保温防冻措施,设备停用期间应排净设备及管道内积水。电气设备应在最低环境温度限值以上运行。

7. 设备启动、运行过程中应监视设备的电气参数、温度、声音、振动和其他相关情况。

8. 设备运行参数应每2h记录1次,遇有下列情况之一,应增加记录次数:

(1)设备过负荷。

(2)设备缺陷近期有发展。

(3)新设备、经过检修或改造的设备、长期停用的设备重新投入运行。

二、巡视一般要求

1. 泵站应根据设备系统运行特点,制定巡视检查路线、检查项目、检查周期。巡视检查必须由责任值班人员执行,巡视检查中应认真执行安全规程,注意设备及人身安全。

2. 对运行设备、备用设备应按规定内容和要求定期巡视检查,一般每2h巡视检查1次。遇有下列情况之一,应增加巡视次数:

(1)恶劣天气。

（2）新安装的、经过检修或改造的、长期停用的设备投入运行初期。

（3）设备缺陷有恶化的趋势。

（4）设备过负荷或负荷有显著变化。

（5）运行设备有异常迹象。

（6）有运行设备发生事故跳闸，在未查明原因之前，对其他正在运行设备增加巡视次数。

（7）有运行设备发生事故或故障，而曾发生同类事故或故障的设备正在运行时。

（8）运行现场有施工、安装、检修工作时。

（9）其他需要增加巡视次数的情况。

3. 设备运行过程中发生故障，应立即查明原因并及时处理。当可能发生危及人身安全或损坏设备事故时，应立即停止机电设备的运行并向上级报告。设备的事故、故障及处理等情况应详细记录并存档。

第二节　主机组运行

主机组是泵站主要设备，是主水泵、主电动机及其传动装置的设备统称。在大中型泵站，主机组可分为立式机组、卧式机组、斜式机组和灯泡贯流式机组。

一、主水泵及传动装置运行

（一）常用类型和基本结构

1. 作用

主水泵是将主电动机的机械能传送给水，使水能量增加，驱使水运动的设备。

传动装置在泵站即为齿轮箱，主要用于卧式或贯流式机组。卧式或贯流式机组泵站的齿轮箱可以选用较高转速电动机，以减小电动机体积和造价，利于空间的布置。

2. 类型

（1）主水泵主要类型

1）根据泵站扬程和流量，使用类型主要有：轴流泵、混流泵、离心泵和贯流泵。

①轴流泵主要用于扬程 $2\sim8$ m，单机流量 $5\sim50$ m^3/s 的大中型泵站。

②混流泵主要用于扬程 $5\sim20$ m，单机流量 $5\sim50$ m^3/s 的大中型泵站。

③离心泵主要用于扬程 $5\sim125$ m，单机流量 $0.5\sim10$ m^3/s 的大中型泵站

④贯流泵主要用于扬程 $2\sim4$ m，单机流量 $5\sim50$ m^3/s 的大中型泵站。

2）按其布置方式分为：立式、卧式（贯流式）、斜式。

3）贯流式水泵可分为：灯泡式、竖井式贯流泵。按电动机的布置位置又可分为：前置式、后置式贯流泵。

（2）主水泵主要部件类型

1）按其叶片调节范围可分为：固定式、半调式，全调节式。

2）按其叶片调节方法可分为：液压式、机械式。

3）按其轴承材料可分为：合成类和金属类。合成类有橡胶、聚胺脂、弹性金属塑料、赛龙等；金属类有滑动式、滚动式等。

4）按其轴承润滑方式可分为：水润滑和油润滑。水润滑又可分为：自润滑、他水润滑；油润滑又可分为：稀油润滑、油脂润滑。

5）按其密封方式可分为：水润滑轴承的填料密封、油润滑轴承的平面密封、组合密封和金属密封。

3. 结构

主要由叶轮、转轮室、导叶体、泵轴、轴承、叶片调节机构、轴封装置、填料函、伸缩节等组成。

立式机组结构如图 3-1 所示，卧式机组结构如图 3-2 所示。

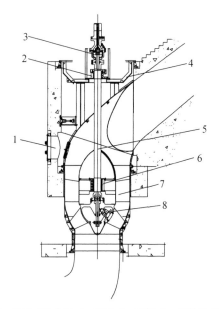

1—检修孔；2—密封填料函；3—中置式接力器；4—泵盖；5—泵轴；6—导轴承；7—导叶体；8—叶轮

图 3-1　立式机组结构图

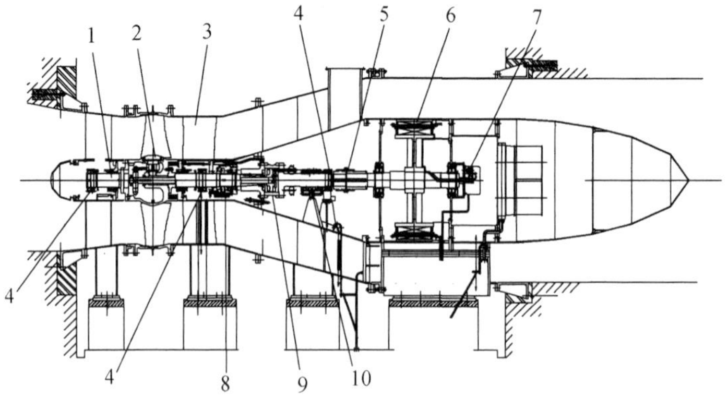

1—短轴；2—叶轮；3—导叶体；4—导向轴承；5—联轴器；6—主电机；7—碳刷架；8—推力轴承；9—接力器；10—受油器

图 3-2　卧式机组结构图

其中,轴封装置有组合填料密封、金属密封;液压调节式叶片调节机构有叶轮内活塞、转叶机构、油管、受油器和反馈部件等,机械调节式叶片调节机构有转叶机构、调节轴、分离器、调节螺杆、轴承、冷却器、摆线针轮减速机和调节电动机等。

叶片液压调节受油器结构如图 3-3 所示,叶片机械调节结构如图 3-4 所示。

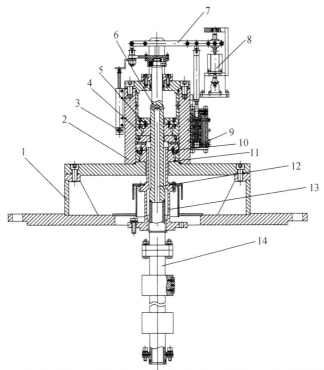

1—底座;2—缸体;3—叶片角度电位计;4—浮动环;5—浮动密封环;6—轴承;7—操作杠杆机构;8—电动操作机构;
9—配压阀;10—浮动密封环;11—浮动套;12—内管;13—外管;14—操作油管

图 3-3 叶片液压调节受油器结构图

(二)投运前主要检查内容及要求

1. 叶片调节机构调节应灵活可靠,叶片角度指示与实际相符。液压调节机构应全行程调节 1 次,并排空受油器内空气。

2. 填料函处填料压紧程度适中。

3. 技术供水正常。

4. 稀油油润滑轴承,润滑油油位、油色正常。

5. 齿轮箱稀油站油位、油色正常。

6. 有空气围带密封水泵,并正常在投入位置,压力空气释放后,渗漏水正常。

7. 安全防护设施完好。

(三)运行主要技术要求

1. 运行中应防止有可能损坏或堵塞水泵的杂物进入泵内。

2. 水泵运行中应监视流量、水位、压力、真空度、温度、振动等技术参数。水泵的汽

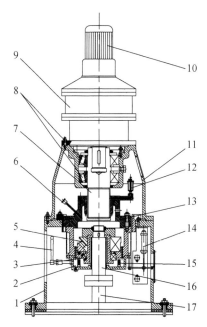

1—下支架;2—油箱;3—反向推力轴承;4—油位计;5—正向推力轴承;6—注油管;7—调节螺栓;8—向心轴承;9—摆线针轮减速器;10—电动机;11—上支架;12—注油油杯;13—分离器;14—位移传感器;15—冷却器;16—上操作杆;17—下操作杆

图 3-4　叶片机械调节结构图

蚀、振动和噪声应在允许范围内。水泵的各种监测仪表应处于正常状态。

3. 轴承、填料函的温度应正常,填料函在运行时应有少量水流出,如温度过高,可适当放松填料压盖。

4. 采用稀油润滑的水泵轴承的油位、油质应符合要求,密封漏水应正常,并对比运行前后油位变化情况。

5. 采用外水润滑的水泵轴承的水质、水压均应符合要求,示流信号正常。

6. 全调节水泵叶片调节机构调节、温度、声响正常,无异常渗漏油或甩油现象。

7. 齿轮箱和推力轴承箱应按制造厂家规定要求定期更换指定牌号的润滑油或润滑脂。

8. 齿轮箱和推力轴承箱运行时应无异常振动和声响,冷却系统应工作正常,油箱油温、轴承温升正常。

9. 齿轮箱一般在稀油站运行 15 min 后方可投入运行;一般在主机组停机 30 min 后或齿轮箱温度已低于 70 ℃时,方可停止稀油站运行。具体要求按生产厂家规定执行。

（四）巡视检查主要内容及要求

运行期间应定期巡视检查,每 2 h 巡视 1 次。主要检查内容及要求:

1. 填料密封和机械密封漏水量正常,填料密封处无偏磨、过热现象,温度不超过 50 ℃。

2. 技术供水水压及示流信号正常。

3. 润滑和冷却用油油位、油色、油温及轴承温度正常。

4. 主水泵汽蚀、振动、声响正常。

5. 叶片调节机构调节、温度、声响正常,无异常渗漏油或甩油现象。

6. 齿轮箱润滑油温升不应超过 35 ℃,轴承温升不应超过 45 ℃,振动、声响无异常。

7. 滑动轴承最高运行温度不应超过 70 ℃,滚动轴承最高运行温度不应超过 95 ℃,并应不超过正常运行温度。

二、主电动机运行

(一)常用类型和基本结构

1. 作用

主电动机是将电能转换成机械能用以拖动主水泵运转的设备。

2. 类型

(1)主电动机主要类型

1)按其工作方式分为:同步电动机、异步电动机。大型泵站主要采用同步电动机。

2)按其布置方式分为:立式、卧式。卧式电动机用于卧式、斜式和贯流式主机组。

3)按启动和运行方式分为:直接启动和运行、变频启动和运行。由于变频启动和运行会给电动机在温升、绝缘强度、冷却条件、轴电流等方面带来一定的影响,所以变频用电机为特别设计专用电动机。

(2)主电动机主要部件类型

1)按励磁方式可分为:自励式、他励式和永磁式。自励式励磁电源取自同步电动机同轴的专用辅助发电绕组,直接与同步电动机励磁绕组相连接;永磁式利用永磁体建立同步电动机的励磁磁场,仅用于变频启动的同步电动机;大部分泵站采用他励方式由可控硅励磁装置进行励磁。

2)按其轴承材料可分为:合成类和金属类。合成类有弹性金属塑料;金属类有滑动式、滚动式等。滑动式可分为:可调整式,自调整式。

3)按其轴承润滑油种类可分为:稀油润滑、油脂润滑。稀油润滑用于滑动式轴承和成套滚动式轴承;油脂润滑用于成套滚动式轴承。

4)按冷却方式可分为:风冷、水冷。风冷也分为固定叶片自风冷和强迫风冷两种方式,容量较小电动机一般采用自风冷,大容量电动机均采用自风冷和强迫风冷。

3. 结构

主要由定子机座、定子铁心、定子绕组、转子体、转子铁心、风叶、导向轴承、推力轴承、冷却器及测温装置等组成。

其中另有:

(1)同步电动机:启动绕组、励磁绕组、滑环及刷握架等。

(2)异步电动机:鼠笼式绕组等。

(3)立式电动机:上机架、下机架、推力头、镜板及顶车装置等。

(4)卧式电动机:电机端盖和轴承端盖等。一般需由主机组另配推力轴承。

立式同步电动机结构如图 3-5 所示。

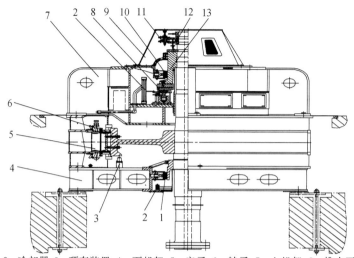

1—下导轴瓦;2—冷却器;3—顶车装置;4—下机架;5—定子;6—转子;7—上机架;8—推力瓦;9—防护罩;
10—上导轴瓦;11—刷架;12—集电环;13—推力头

图 3-5　立式同步电动机结构图

（二）投运前主要检查内容及要求

1. 测量主电动机定子、转子绝缘,定子绝缘电阻应不小于 1 MΩ/kV,绝缘吸收比应不小于 1.3;转子、低压主电机定子绝缘电阻值应不小于 0.5 MΩ。

2. 开敞式主电动机空气间隙中应无杂物。

3. 同步电动机滑环与电刷接触应良好,电刷在刷握内无摇动或卡涩现象,弹簧压力应正常;联接软线应完整、连接良好;电刷边缘应无剥落现象,磨损量不大于原长度的 1/3;滑环、刷握和刷架上无明显积垢。

4. 油缸油位、油色和技术供水正常。

5. 顶车装置正常,顶车活塞杆已复位。

6. 保护装置工作正常,无不正常报警。

（三）运行主要技术要求

1. 三相电源电压不平衡最大允许值为 ±5%。电动机的运行电压应在额定电压的 95%～110% 范围内。当低于额定电压的 95% 时,定子电流不超过额定数值且无不正常现象,可继续运行。

2. 电动机的电流不应超过额定电流,一旦发生超负荷运行,应立即查明原因,并及时采取相应措施。过电流允许运行时间不应超过表 3-1 规定值。

表 3-1　主电机过电流与允许运行时间关系

过电流(%)	10	15	20	25	30	40	50
允许运行时间(min)	60	15	6	5	4	3	2

3. 电动机运行时,其三相电流不平衡之差与额定电流之比不得超过10%。主电机电流三相不平衡程度,满载时最大允许值为15%,轻载时任何一相电流未超过额定数值时,不平衡的最大允许值为10%,如超过上述允许范围,应查明原因。

4. 同步电动机运行时,励磁电流不宜超过额定值。根据电网需要调整功率因数,但定子及转子电流均不应超过额定数值。

5. 发现10 kV(6 kV)中性点不接地系统电源有一相接地时,除及时向总值班汇报外,应立即检查接地原因,运行时间不应超过2 h。

6. 电动机定子线圈的温升不应超过制造厂规定允许值,如制造厂未作规定,则应符合表3-2的规定。

表3-2 主电机定子线圈温升极限值   单位:℃

项目	电动机功率(kW)	绝缘等级								
		B级			F级			H级		
		温度计值	电阻法值	检温计值	温度计值	电阻法值	检温计值	温度计值	电阻法值	检温计值
1	≥5 000	—	80	80	—	100	100	—	125	125
2	<5 000	70	80	80	85	100	100	105	125	125

7. 电动机运行时轴承的允许最高温度、报警温度不应超过制造厂的规定值。如制造厂未作规定,轴承允许最高温度、报警温度应符合表3-3的规定。当电动机各部温度与正常值有很大偏差时,应根据仪表记录检查电动机和辅助设备有无不正常运行情况。

表3-3 轴承允许最高温度、报警温度应符合   单位:℃

序号	轴承类型	允许最高温度	报警温度推荐值
1	滑动轴承	70	55
2	滚动轴承	95	70
3	弹性金属塑料轴承	65	50

8. 电动机运行时的允许振幅应符合表3-4的规定。

表3-4 电动机运行的允许振幅值   单位:mm

序号	项目		额定转速(r/min)				
			100~250	250~375	375~500	500~750	750~1 000
1	立式机组	带推力轴承支架的垂直振动	0.12	0.10	0.08	0.07	—
2		带导轴承支架的水平振动	0.16	0.14	0.12	0.10	—
3		定子铁芯部分机座的水平振动	0.05	0.04	0.03	0.02	—
4		卧式机组各部轴承振动	0.18	0.16	0.14	0.12	0.10

9. 电动机正常,在冷态下允许连续启动 2 次,但每次间隔时间不应少于 15 min;热态下只允许启动 1 次。

热态是指:电动机带负荷运行 0.5 h 以上或铁芯温度 50 ℃ 以上的工作状态。

冷态是指:100 kW 以上的电动机停运 1 h,或 100 kW 及以下的电动机停运 0.5 h,或铁芯温度 50 ℃ 以下的工作状态。

(四)巡视检查主要内容及要求

运行期间应定期巡视检查,每 2 h 巡视 1 次。主要检查内容及要求:

1. 主电机定、转子电流、电压、功率指示正常,无不正常上升和超限现象。

2. 主电机定子线圈、铁芯及轴承温度正常,并应不超过正常运行温度。

3. 瓷瓶外部无破损、裂纹、放电痕迹;电缆接头连接牢固,无发热现象。

4. 主电机滑环和电刷接触良好,无火花、卡滞现象,温度不大于 120 ℃;电刷的磨损量不大于长度的 1/3。

5. 主电机无异常振动、声响和气味。

6. 上下油缸油位、油色、油温正常,无渗油现象;冷却水水压及示流信号正常。

7. 空气冷却器水压、示流显示应正常,无漏水。

8. 主电机冷却风机运行正常。

第三节　电气设备运行

泵站电气设备由用于变送和分配电能的电气主设备和对主设备进行控制、保护、测量、监视和调节的电气辅助设备所组成。电气主设备也称一次设备,主要有供电线路、GIS、主变压器、断路器、隔离开关、站用变压器、自动开关、接触器、互感器、母线、电力电缆、电抗器和电动机等。电气辅助设备也称二次设备,主要有断路器、熔断器、控制开关、按钮、继电器、仪表和控制电缆等。

一、变压器运行

(一)常用类型和基本结构

1. 作用

变压器是用于将供电电网高电压改变为泵站用电设备所需电压等级的电气设备。

2. 类型

(1)按其绝缘方式可分为:油浸式、干式。

(2)按其用途可分为:主变压器、站用变压器、所用(也称备用)变压器。

(3)按其调压方式可分为:无载调压、有载调压。

(4)按其冷却方式可分为:自冷式、风冷式。

(5)按其绕组形式可分为:双绕组变压器、三绕组变压器。

3. 结构

主要有铁芯、绕组、调压装置、冷却风扇、测温装置等。

其中另有：

（1）油浸式变压器：出线套管、压力释放阀、安全气道、气体继电器、油枕、吸湿器、散热器、油箱和变压器油。

（2）干式变压器：出线绝缘子和温控装置。

油浸式变压器结构如图 3-6 所示，油浸式变压器外形如图 3-7 所示，干式变压器外形如图 3-8 所示。

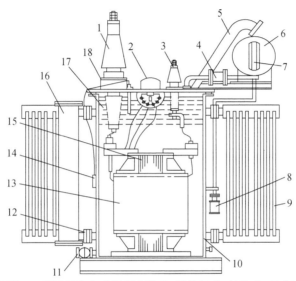

1—高压套管；2—调压开关；3—低压套管；4—气体继电器；5—防爆管；6—油枕；7—油位计；8—呼吸器；9—散热器；10—油箱；11—事故放油阀；12—截止阀；13—绕组；14—温度计；15—铁芯；16—净油器；17—变压器油；18—升高座

图 3-6　油浸式变压器结构图

图 3-7　油浸式变压器外形图

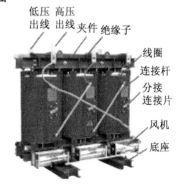

图 3-8　干式变压器外形图

（二）投运前主要检查内容及要求

1. 分接开关位置正确。

2. 停用 3 个月及以上的变压器投运前，应用 2 500 V 摇表测量绝缘电阻，其值在同一温度下不应小于上次测得值的 60%;在 10~30 ℃的温度下,对于 60 kV 及以下变压器吸收比不应小于 1.2,110 kV 及以上变压器吸收比不应小于 1.3,否则应进行干燥或进一步试验,合格后方可投运。

3. 变压器本体及套管油位和油色正常,无渗漏现象。

4. 冷却装置运行正常。

5. 保护装置动作可靠。

6. 各电气连接部位紧固,无松动、发热。

7. 气体继电器内部应无气体。

8. 压力释放阀、安全气道以及防爆系统应完好无损。

9. 呼吸器内硅胶无变色。

(三)运行主要技术要求

1. 变压器不宜在过负荷的情况下运行。事故过负荷情况下,运行时间应符合制造厂规定的允许持续时间;制造厂未作规定的,对于自然冷却和风机冷却油浸式电力变压器,可按表 3-5 的规定执行。

表 3-5　自然冷却和风机冷却油浸式变压器事故过负荷允许持续时间表　　单位:min

事故过负荷对额定负荷之比	1.3	1.6	1.75	2.0	2.4	3.0
过负荷允许的持续时间	120	30	15	7.5	3.5	1.5

2. 油浸风冷自然循环变压器、干式风冷变压器,风扇停止工作时,允许的负载和运行时间应按制造厂的规定执行。如制造厂无规定,油浸风冷自然循环变压器宜按表 3-6 规定执行。当油浸风冷自然循环变压器冷却系统部分故障停风扇后,顶层油温不超过 65 ℃时,允许带额定负载运行。当干式风冷变压器冷却系统故障停风扇后,在不超过表 3-8 规定的允许最高温升值时,可允许正常运行。

表 3-6　油浸风冷自然循环变压器风扇停止工作时的允许运行时间

空气温度(℃)	−10	0	+10	+20	+30	+40
允许运行时间(h)	35	15	8	4	2	1

3. 变压器的运行电压不应高于该运行分接额定电压的 5%。对于特殊使用情况,可在不超过 110%额定电压下运行,当荷载电流为额定电流的 $K(K \leqslant 1)$ 倍时,按 $U(\%) = 110 - 5K^2$ 公式对电压加以限制。

4. 变压器有载分接开关的操作,应逐级调压,同时监视分接位置及电压、电流的变化,并作好记录。

5. 无载调压变压器调压应在停电后进行。在变换分接开关时,应做多次转动。在确认变换分接开关正确并锁紧后,应测量该运行档变压器绕组的直流电阻,三相电阻应平衡,相差≤2%。分接开关变换情况应作记录。

6. 长期不调和有长期不用的分接位置的有载分接开关,至少应在每年预防性试验时,在最高和最低分接间操作几个循环。

7. 油浸式变压器顶层油温的允许值应符合制造厂的规定;制造厂未作规定的,可按表 3-7 的规定执行。当冷却介质温度较低时,顶层油温也可相应降低。自然循环冷却变压器的顶层油温不宜经常超过 85 ℃。

表 3-7 油浸式变压器顶层最高油温值 单位:℃

冷却方式	冷却介质最高温度	顶层最高油温
自冷、风冷	40	95

8. 在 110 kV 及以上中性点有效接地系统中,投运或停运变压器的操作,中性点隔离刀闸应先合上接地。投入后按系统需要决定中性点隔离刀闸是否分开。

9. 站用变压器运行时,中性线最大允许电流不应超过额定电流的 25%;否则,应重新分配负荷。

10. 干式变压器运行时,各部位温度允许值应符合制造厂的规定;制造厂未作规定的,可按表 3-8 的规定执行。

表 3-8 干式变压器各部位的允许最高温升值 单位:℃

变压器部位	绝缘等级	允许最高温升值	测量方法
绕 组	E	75	电阻法
	B	80	
	F	100	
铁芯表面及结构零件表面	最大不应超过接触绝缘材料的允许最高温升		温度计法

(四)巡视检查主要内容及要求

运行期间应定期巡视检查,每班巡视不少于 1 次。主要检查内容及要求:

1. 变压器的油温和温度计应正常,储油柜的油位应与温度相对应,各部位无渗油、漏油。

2. 套管油位应正常,套管外部无破损裂纹、严重油污、放电痕迹及其他异常现象。

3. 变压器声响正常。

4. 油浸式变压器各冷却器手感温度应相近,冷却风扇运转正常。

5. 吸湿器完好,吸附剂干燥。

6. 电缆、母线及引线等接头处应无发热现象。

7. 压力释放器、防爆膜应完好无损。

8. 气体继电器内应无气体。

9. 干式变压器的外部表面应无积污。

二、GIS 运行

(一)常用类型和基本结构

1. 作用

泵站变电所中除主变压器以外的 110 kV 一次电气设备,用以 110 kV 主接线的切换操作。

2. 类型

(1)按组合方式可分为:三相分箱、三相共箱。

(2)按操作结构可分为:电动机构、电动弹簧机构、弹簧储能机构、液压储能机构、手动机构。其中电动机构用于隔离开关、接地开关的分合操作;电动弹簧机构用于快速接地开关的分合操作;弹簧储能机构或液压储能机构用于断路器的分合操作。其中弹簧储能机构使用较为广泛,所有开关和断路器均有手动操作机构。

3. 结构

主要由断路器、隔离开关、接地开关、电压互感器、电流互感器、避雷器、母线、进出线套管、外壳及其操作机构等组成。其中外壳分隔成多个气室,充有一定压力的 SF_6(六氟化硫)气体作为绝缘和灭弧介质。

户内式 GIS 外形如图 3-9 所示。

(a)分箱型 GIS   (b)共箱型 GIS

图 3-9 GIS 组合开关外形图

(二)投运前主要检查内容及要求

1. 电气、机械闭锁装置正常可靠;电气闭锁应在闭锁位置并锁定。

2. 各开关分合位置指示与实际工况相符。

3. 引线的连接部位接触良好,无过热现象。

4. 绝缘子、套管无裂痕、放电痕迹。

5. 各室气体压力正常。

6. 液压操作机构油位正常,无渗漏油。

7. SF$_6$气体浓度自动检测报警装置工作正常,通风装置联动、运行正常。

（三）运行主要技术要求

1. GIS室内应安装空气含氧量或SF$_6$气体浓度自动检测报警装置。GIS室内空气中的氧气含量应大于18%,或SF$_6$气体的浓度不应超过1 000 μL/L(或6 g/m^3)。

2. GIS室内应装有足够的通风排气装置,排风口设置在室内底部。运行人员经常出入的GIS室,每班通风时间不少于15 min;对不经常出入的GIS室,应定期检查通风设施。

3. GIS在正常情况下,断路器、隔离刀闸和接地刀闸的操作可使用远方操作或在现地控制柜上进行手动操作。隔离刀闸和接地刀闸在电动操作失灵时可使用现地操作,现地操作时应戴绝缘手套。

4. GIS开关、隔离刀闸及接地刀闸的操作均设有机械闭锁和电气闭锁装置,电气闭锁回路在运行中应切至联锁位置,不应将电气闭锁回路切至解锁位置。当电气闭锁回路存在某种缺陷无法进行操作时,应汇报值班长组织人员检查处理。

5. GIS设备中SF$_6$气体累积泄漏到一定值时,内部接点接通便发出报警信号,此时值班人员应及时汇报,查找原因,若未能及时补气而继续泄漏,闭锁接点接通,闭锁开关操作回路使开关不能操作。

6. GIS非运行期间的巡视检查,每月3～5次,并应记录巡查情况、SF$_6$气体压力表的指示值及环境温度。

（四）巡视检查主要内容及要求

运行期间应定期巡视检查,每班巡视不少于1次。主要检查内容及要求:

1. 断路器、隔离开关、接地开关及快速接地开关位置应指示正确,并与实际运行工况相符。

2. 断路器、隔离开关的累积动作次数指示应准确、正常。

3. 各种指示灯、信号灯和带电监测装置的指示应正常,控制开关的位置应正确,控制柜内加热器的工作状态应按规定投入或退出。

4. 各种压力表和液面计的指示值应正常。

5. 避雷器的动作计数器指示值、在线检测泄漏电流指示值应正常。

6. 采用液压弹簧操作机构,操作机构油泵启动次数应正常。

7. 裸露在外的接线端子无过热、汇控柜内无异常现象。

8. 无异常声音和特殊气味。

9. 外壳、支架等无锈蚀、损坏,瓷套无开裂、破损或污秽现象,外壳漆膜无局部颜色加深或烧焦、起皮现象。

10. 各类管道及阀门无损伤、锈蚀,阀门的开闭位置应正确,管道的绝缘法兰与绝缘支架应完好。

11. 设备无漏油、漏气现象。

12. 金属外壳的温度应正常。

13. GIS 室内照明、通风设备、防火器具及监测装置应正常、完好。

三、电缆运行

（一）常用类型和基本结构

1. 作用

用于电力输送或电信传输。

2. 类型

（1）按用途可分为：电力电缆、控制电缆、通信电缆。其中通信电缆又可分为：市话电缆、电视电缆、电子线缆、射频电缆、光纤缆、数据电缆、电磁线、电力通信或其他复合电缆等。

（2）按绝缘层材料可分为：油浸纸、聚氯乙烯、聚乙烯、交联聚乙烯、橡皮。

（3）按防保要求可分为：密封护套、保护覆盖层。其中密封护套用于保护绝缘线芯免受机械、水分、潮气、化学物品、光等的损伤；保护覆盖层用以保护密封护套免受机械损伤，一般采用镀锌钢带、钢丝或铜带、铜丝等作为铠甲包绕在护套外（称铠装电缆），铠装层同时起电场屏蔽和防止外界电磁波干扰的作用，为了避免钢带、钢丝受周围媒质的腐蚀，一般在其外面涂以沥青或包绕浸渍黄麻层或挤压聚乙烯、聚氯乙烯套。考虑经济和实际防护需要选用带有保护覆盖层电缆。

（4）按敷设方法可分为：电缆沟、电缆井、电缆架、直埋式敷设。

3. 结构

主要由导电体、绝缘层、密封护套、保护覆盖层等组成。

电缆外形如图 3-10 所示。

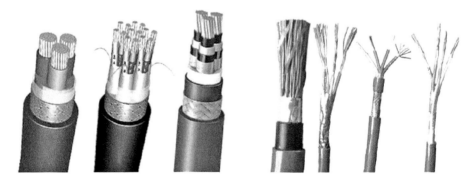

图 3-10 电力电缆、控制电缆、通信电缆

电缆敷设如图 3-11 所示。

（二）投运前主要检查内容及要求

1. 金属桥架整洁，无锈蚀、变形，接地良好。

2. 电气柜、贯穿隔墙、楼板孔洞等处阻火、防小动物的封堵完好。

3. 电缆沟整洁，盖板完整，排水畅通；电缆夹层通风、照明等完好，防火设施完善。

图 3-11 电缆敷设实物图

4. 电缆外表面整洁,无破损,绑扎牢固,编排整齐,标志牌齐整,无异常现象。

5. 电缆终端头完整,连接良好,无发热现象。

(三)运行主要技术要求

1. 电缆的负荷电流不应超过设计允许的最大负荷电流,电缆导体长期允许工作温度不应超过表 3-9 中的规定值(制造厂有规定的按制造厂规定)。

表 3-9　电缆导体长期允许工作温度　　　　　　　　　　　单位:℃

电缆种类	额定电压(kV)				电缆种类	额定电压(kV)				
	3 及以下	6	10	20~35		3 及以下	6	10	20~35	110~330
天然橡皮绝缘	65	65			黏性纸绝缘	80	65	60	50	
聚氯乙烯绝缘	65	65			聚乙烯绝缘		70	70		
交联聚乙烯绝缘	90	90	90	80	充油纸绝缘				75	75

2. 电缆的温度检查,应在夏季或电缆最大负荷时进行,应选择电缆排列最密处或散热情况最差处或有外界热源影响处测量电缆的温度。

3. 电缆不应过负荷运行,即使在处理事故时出现过负荷,也应迅速恢复其正常电流。

4. 直埋电缆在拐弯、接头、交叉、进出建筑物等地段,以及电缆直线段每隔 50~100m 处应设明显的路径标桩。标桩应牢固,标志应清晰,标桩露出地面以 15 cm 为宜,以防电缆受到意外损害。

(四)巡视检查主要内容及要求

1. 对电缆线路及电缆线段应定期巡视,巡视周期应符合下列规定:

(1)敷设在地下以及沿桥梁架设的电缆,至少每 3 个月 1 次。

(2)电缆竖井内的电缆,至少每半年巡视 1 次。

(3)直接敷于河床上的电缆,可每年检查 1 次。条件允许时应派遣潜水员检查电缆情况,条件不允许时可测量河床的变化情况。

（4）电缆沟、电缆井、电缆架及电缆线段,至少每 3 个月 1 次。

（5）对挖掘暴露的电缆,按工程情况,可酌情加强巡视。

2. 电缆线路及电缆线段巡视检查内容及要求:

（1）直埋电缆

1）电缆线路附近地面应无挖掘痕迹。

2）电缆线路标示桩应完好无损。

3）电缆沿线不应堆放重物、腐蚀性物品,不应搭建临时建筑。

4）室外露出地面上的电缆的保护钢管或角钢不应锈蚀、位移或脱落。

5）引入室内的电缆穿墙套管应封堵严密。

（2）沟道内电缆

1）沟道盖板应完整无缺。

2）沟道内电缆支架牢固,无锈蚀。

3）沟道内应无积水,电缆标示牌应完整,无脱落。

（3）电缆头

1）接地线应牢固,无断股、脱落现象。

2）大雾天气,应监视终端头绝缘套管无放电现象。

3）负荷较重时,应检查引线连接处无过热、熔化等现象。

四、高低压配电柜运行

（一）常用类型和基本结构

1. 作用

高低压配电柜是泵站电力供电系统用于进行电能分配、控制、计量以及连接线缆的配电设备。

2. 类型

（1）按安装地点可分为:户内式、户外式。

（2）按断路器安装方式可分为:移开式(手车式或抽屉式)、固定式。

（3）按柜体结构高压柜可分为:金属封闭铠装式、金属封闭间隔式、金属封闭箱式和敞开式开关柜等。

（4）按柜体结构低压柜可分为:固定式、抽屉式。

3. 结构

主要由断路器、刀闸、互感器、电容器、电抗器、避雷器、过电压保护器、母线、进出线套管、转换开关、熔断器、按钮、指示灯、仪表及金属柜体等组成。其中高压开关柜具有"五防"功能。

高压开关柜如图 3-12 所示,低压开关柜如图 3-13 所示。

（二）投运前主要检查内容及要求

1. 高、低压室应通风良好,风机工作正常。

图 3-12　中置式高压开关柜外形图

图 3-13　抽屉式低压开关柜外形图

2. 高、低压柜体整体完好,构架无变形,无明显锈蚀。

3. 开关柜与电缆沟之间防火、防小动物封堵良好。

4. 高、低压室柜内应无杂物、积尘;一次接线牢固整齐,试温片完好;二次接线齐整;绝缘子表面清洁,无损伤,无放电痕迹,无发热现象。

5. 高、低压室柜内开关部件完整、零件齐全;操作机构灵活无卡阻,分合闸可靠;一、二次触头插件接触良好,无发热现象。

6. 开关柜带电显示器、仪表、继电器、指示灯、按钮、熔断器及控制开关等完好;连接、切换压板,位置正确,接触良好。

7. 电流互感器、电压互感器及过电压保护器等设备完整,套管无损伤。

8. 高、低压电缆头应无裂纹或受潮现象,无机械损伤,绝缘符合要求,接线牢固。

9. 高、低压柜电气、机械闭锁可靠;手车式高压柜"五防"闭锁齐全,位置正确,动作可靠。

10. 控制、操作电源供电正常,母线电压值应在规定范围内。

(三)运行主要技术要求

每年应对电气、机械闭锁、手车式高压柜"五防"闭锁进行一次可靠性检查调试。

(四)巡视检查主要内容及要求

运行期间应定期巡视检查,每班巡视不少于1次。主要检查内容及要求:

1. 高、低压室内无异声、异味现象,风机工作正常,温度正常。柜体温度正常。

2. 主接线电压、电流指示数值及三相平衡正常,设备电流、功率、功率因数等正常。

3. 开关柜屏上带电显示器、指示灯指示正确,开关分合闸位置指示器与实际运行方式相符。

4. 柜内照明正常,通过观察窗观察柜内设备应正常。电流互感器、电压互感器、过电压保护器及绝缘子等无破损、放电和过热现象。

5. 油断路器油位、油色正常。真空断路器灭弧室无漏气迹象。SF_6 断路器气体压力正常。

6. 柜内绝缘子及绝缘隔板应完好,无闪络放电痕迹。连接接头、开关接插件及断路器无发热现象。

7. 开关柜封闭性能及防小动物设施完好。

五、隔离开关运行

（一）常用类型和基本结构

1. 作用

（1）用于隔离电源，将检修设备与带电设备断开，使其间有一明显可看见的断开点。

（2）隔离开关与断路器配合，按系统运行方式的需要进行倒闸操作，以改变系统运行接线方式。

（3）用以接通或断开小电流电路。

2. 类型

（1）按其安装方式可分为：户外隔离开关、户内高压隔离开关。

（2）按其绝缘支柱结构可分为：单柱式隔离开关、双柱式隔离开关和三柱式隔离开关。

（3）按电压等级可分为：高压隔离开关、低压隔离开关。

3. 结构

隔离开关主要由绝缘部分、导电部分、支持底座或框架、传动机构和操动机构等组成。户内隔离开关外形如图 3-14 所示，户外隔离开关外形如图 3-15 所示。

（a）隔离开关　　　　　　　　　　　　　　　　（b）接地开关

图 3-14　户内隔离开关外形图

（a）单相隔离开关　　　　　　　　　　　　　（b）三相隔离开关

图 3-15　户外隔离开关外形图

（二）投运前主要检查内容及要求

1. 绝缘子应整洁完好,无裂纹、电晕、放电闪络等现象。

2. 各接头应连接牢固。

3. 刀口应完好平整,完全合入并接触良好,试温片完整。

4. 开关本体、连杆和转轴等机械部分应无损伤、变形、锈蚀,分合操作灵活可靠。

5. 防误闭锁装置完好,电磁锁、机械锁等无损坏现象,辅助开关触点位置正确。

6. 机构外壳接地良好。

7. 户外操动机构箱密封良好,无锈蚀及损伤。

（三）运行主要技术要求

1. 当隔离开关与断路器、接地开关配合使用时,或隔离开关本身具有接地功能时,应有机械或电气联锁以防止误操作。

2. 合闸时,确认断路器等开关设备处于分闸位置上,才能合上隔离开关,合闸动作快结束时,用力不宜太大,避免发生冲击。

3. 分闸时,确认断路器等开关设备处于分闸位置,应缓慢操作,待主刀开关离开静触头时迅速拉开。操作完毕后,应保证隔离开关处于断开位置,并保持操作机构锁牢。

4. 用隔离开关来切断变压器空载电流、架空线路和电缆的充电电流和小负荷电流时,应迅速进行分闸操作,以达到快速有效的灭弧。

5. 隔离开关允许直接操作的项目:

(1) 拉合电压互感器和避雷器。

(2) 拉合电压为 35 kV、长度为 10 km 以内的无负荷运行的架空线路。

(3) 拉合电压为 10 kV、长度为 5 km 以内的无负荷运行的电缆线路。

(4) 拉合电压为 10 kV 以下,无负荷运行的变压器,其容量不超过 320 kVA。

(5) 拉合电压为 35 kV 以下,无负荷运行的变压器,其容量不超过 1 000 kVA。

(6) 拉合母线和直接接在母线上设备的电容电流。

(7) 拉合变压器中性点的接地线,当中性点上接有消弧线圈时,只能在系统未发生短路故障时才允许操作。

(8) 与断路器并联的旁路隔离开关,断路器处于合闸位置时才能操作。

(9) 开合励磁电流不超过 2 A 的空载变压器和电容电流不超过 5 A 的无负荷线路,但在电压为 20 kV 及以下时,必须使用三相联动的隔离开关。

(10) 用室外三相联动隔离开关,开合电压为 10 kV 及以下,15 A 以下的负荷电流和不超过 70 A 的环路均衡电流(或称转移电流)。

(11) 严禁使用室内型三相联动隔离开关拉、合系统环路电流。

7. 当错误操作隔离开关,造成带负荷拉、合隔离开关,应按下列规定处理:

(1) 当错拉隔离开关时,在切口发现有电弧时,应急速合上;若已拉开,不允许再合上。

(2) 当错合隔离开关时,无论是否造成事故,都不允许再拉开。

（四）巡视检查主要内容及要求

运行期间应定期巡视检查,每班巡视不少于 1 次。主要检查内容及要求:

1. 支持绝缘子应整洁完好,无裂纹、电晕、放电闪络等现象。

2. 各接头应无松动、发热现象。

3. 刀口应完全合入并接触良好,试温片应无熔化。

4. 开关本体、连杆和转轴等机械部分应无损伤、变形,操作灵活可靠。

5. 防误闭锁装置完好,辅助开关触点位置正确。

6. 机构外壳接地良好。

7. 户外操动机构箱密封良好。

六、高压断路器运行

（一）常用类型和基本结构

1. 作用

高压断路器用于在正常运行时接通或断开电路,发生故障时在保护装置和自动装置的作用下迅速、自动断开电路。

2. 类型

（1）按操作性质可分为:电动机构、气动机构、液压机构、弹簧储能机构、手动机构。其中弹簧储能机构使用最为广泛,高压断路器一般均有手动操作机构。

（2）按灭弧介质和方法可分为:油断路器、六氟化硫断路器（SF_6 断路器）、真空断路器、空气断路器、磁吹断路器。其中油断路器中的变压器油、六氟化硫断路器中的六氟化硫气体、真空断路器中的真空等具有绝缘作用。

（3）按安装地点可分为:户内式、户外式。

3. 结构

主要由导流部分、灭弧部分、绝缘部分、操作机构等组成。

高压断路器外形如图 3-16 所示,断路器操作机构外形如图 3-17 所示。

（二）投运前主要检查内容及要求

1. 断路器防误闭锁装置正常可靠。

2. 断路器的分合位置指示与实际工况相符。

3. 主回路电气连接良好,示温片齐整。

4. 绝缘子、套管无裂痕、放电痕迹。

5. 引线的连接部位接触良好,无过热现象。

6. 油断路器油位在正常范围内,油色透明无碳黑悬浮物,无渗漏油。

7. SF_6 断路器气体压力正常。

8. 真空断路器灭弧室无异常。

9. 液压操作机构油位正常,无渗漏油。

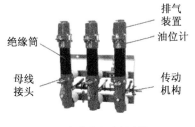

（a）户内式少油断路器

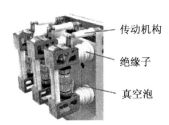

（b）户内式真空断路器

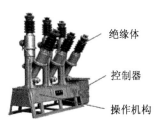

（c）户外式 SF_6 断路器

图 3-16　高压断路器

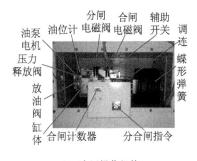

（a）液压操作机构

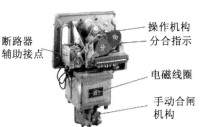

（b）电动操作机构

（c）弹簧储能操作机构

图 3-17　断路器操作机构外形图

10. 加热器正常完好。

11. 长期停运的断路器在正式执行操作前应通过远方控制方式进行试操作 2～3 次，应灵活可靠。

12. 操作机构动作灵活，无卡阻和变形，分合闸线圈、电机无异味、发热现象。

（三）运行主要技术要求

1. 高压断路器应在铭牌规定的额定值内运行。

2. 高压断路器操作交、直流电源电压和液压操作机构的压力，应在规定范围内。

3. 高压断路器的分合，正常应用控制开关进行远方操作，停用 6 个月及以上的高压断路器在正式执行操作前，应通过控制开关方式进行试操作 2～3 次。

4. 正常情况下，禁止用机械操作机构分、合高压断路器，在控制开关失灵的紧急情况下可在操作机构处进行操作。

5. 高压断路器事故跳闸后，应检查有无异味、异物、放电痕迹，机械分合指示应正确。油断路器油位、油色应正常，无喷油现象。油断路器每发生一次短路跳闸后，应做 1 次内部检查，并更换绝缘油。

6. 当高压断路器液压操作机构正在打压时，或储能机构正在储能时，不应进行分合操作。

7. 拒分的断路器未经处理并恢复正常，不应投入运行。

8. 运行中发现液压操作机构油泵启动频繁、压力异常时应及时处理。当压力下降至闭锁信号值以下时,应先采取机械防慢分措施,再行处理或停电检修。

9. 当发现油断路器严重漏油,油位计已无指示,或 SF₆ 断路器 SF₆ 气体压力降至闭锁压力时,或真空断路器出现真空损坏等现象时,应立即断开操作电源,悬挂禁示牌,采取减负荷或上一级断开负荷后再退出故障断路器。

10. 室外 SF₆ 开关设备发生意外爆炸或严重漏气等事故时,值班人员应从上风接近设备;SF₆ 开关设备安装在室内时,在进入室内前必须先行强迫通风 20 min 以上,待开关室内含氧量和 SF₆ 气体浓度符合标准后才可进入。

(四)巡视检查主要内容及要求

运行期间应定期巡视检查,每班巡视不少于 1 次。主要检查内容及要求:

1. 分合闸位置指示正确,柜面仪器、仪表的信号、数据与实际相符,无异常声音。
2. 绝缘子、瓷套管外表清洁,无损坏、放电痕迹。
3. 绝缘拉杆和拉杆绝缘子应完好,无断裂痕迹、零件脱落现象。
4. 导线接头连接处无松动、过热、熔化变色现象。
5. SF₆ 断路器 SF₆ 气体压力、温度正常,无泄漏。
6. 油断路器油位、油色应正常,无渗漏油。
7. 真空断路器灭弧室无异常现象。
8. 弹簧操作机构、储能电机、行程开关接点动作准确,无卡滞变形。
9. 液压操作机构油箱油位、油压及油泵启动次数正常,无渗漏油。
10. 分合线圈无过热、烧损现象。
11. 断路器在分闸备用状态时,合闸弹簧应储能。

七、互感器运行

(一)常用类型和基本结构

1. 作用

互感器又称为仪用变压器,是电流互感器和电压互感器的统称。在泵站中主要用于将高电压变成标准低电压、大电流变成标准小电流,用于测量、保护系统。同时互感器还可用来隔开高电压系统,以保证人身和设备的安全。

2. 分类

(1)按用途可分为:电压互感器、电流互感器。

(2)按绝缘介质可分为:干式、油浸式、气体绝缘式。

(3)按测量精度等级可分为:

1)测量用电流互感器精度:0.1S、0.2S、0.5、1.0、2.0。其中"S"表示特殊用途,一般用于计量。

2)保护用电流互感器精度:5P、10P。其中"P"表示保护用。

3)电压互感器精度:0.2,0.5,3P,6P。其中"P"表示保护用。

3. 结构

主要由一次绕组、二次绕组、铁芯、构架、壳体、一次进线套管、二次接线端子等组成。关于壳体,干式为环氧树脂整体浇铸;油浸式、气体绝缘式为金属外壳。其中油浸式内充有变压器油作为绝缘介质,气体绝缘式内充有一定压力的 SF_6(六氟化硫)气体作为绝缘介质。

电流互感器外形见图 3-18,电压互感器外形见图 3-19。

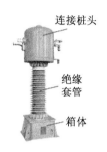

（a）户内干式电流互感器　　（b）户外油浸式电流互感器　　（c）户外气体式电流互感器

图 3-18　电流互感器外形图

（a）户内干式电压互感器　　（b）户外油浸式电压互感器　　（c）户外气体式电压互感器

图 3-19　电压互感器外形图

（二）投运前主要检查内容及要求

1. 一、二次接线端子与引线连接良好,无松动、发热现象。
2. 绝缘套管应清洁,无裂纹、破损及放电痕迹。

（三）运行主要技术要求

1. 电压互感器应装设熔断器保护,高压电压互感器熔断器应使用专用熔断器。
2. 电压互感器二次侧不应短路,不应超过其最大容量运行。
3. 不应使用隔离开关停用故障的电压互感器。
4. 电流互感器不应长期过负荷运行,二次侧不应开路。
5. 互感器二次侧及铁芯应可靠接地。

（四）巡视检查主要内容及要求

运行期间应定期巡视检查,每班巡视不少于 1 次。主要检查内容及要求:

1. 电压互感器电压、电流互感器电流指示应正常。

2. 一、二次接线端子与引线连接应无松动、过热现象。

3. 绝缘套管应清洁,无裂纹、破损及放电痕迹。

4. 当线路接地时,供接地监视的电压互感器声音应正常,无异味。

5. 电流互感器无二次开路或过负荷引起的过热现象。

6. 运行中无异常声响,无异常气味。

八、电力电容器运行

(一)常用类型和基本结构

1. 作用

主要用于补偿电力系统感性负荷的无功功率,以提高功率因数,改善电压质量,降低线路损耗。

2. 类型

(1)按用途可分为:移相、耦合、降压、滤波等。

(2)按电压可分为:高压、低压。

3. 结构

主要由电容元件、绝缘件、浸渍剂、连接件、外壳和出线套管等组成。其中电容元件由中间夹有绝缘纸两金属电极板制成。

低压电力电容器无功补偿柜外形如图 3-20 所示,高压电力电容器无功补偿柜外形如图 3-21 所示。

图 3-20 低压电力电容器无功补偿柜外形图　　图 3-21 高压电力电容器无功补偿柜外形图

(二)投运前主要检查内容及要求

1. 自动投切装置正常,无不正常报警。

2. 电容器外壳应无过度膨胀现象。

3. 电容器外壳和套管应无渗漏油现象。

4. 电容器套管清洁,无裂纹、破损,无放电现象,与引线连接正常。

5. 外壳接地良好。

（三）运行主要技术要求

1. 电力电容器允许在额定电压±5％波动范围内长期运行。电力电容器过电压倍数及运行时间应按表 3-10 中的规定执行,尽量避免在低于额定电压下运行。

表 3-10　电力电容器过电压倍数及运行持续时间

过电压倍数(U_g/U_n)	持续时间	说明
1.05	连续	
1.10	每 24 h 中 8 h	
1.15	每 24 h 中 30 min	系统电压调整与波动
1.20	5 min	轻荷载时电压升高
1.30	1 min	

2. 电力电容器允许在不超过额定电流 30％的工况下长期运行。三相不平衡电流不应超过±5％。

3. 电力电容器运行室温度不允许超过 40 ℃,外壳温度不允许超过 50 ℃。

4. 电力电容器组应有可靠的放电装置,并且正常投入运行。高压电容器断电后在 5 s 内应将剩余电压降到 50 V 以下。

5. 安装于室内电容器应通风良好,进入电容器室应先开启通风装置。

6. 新安装电力电容器组投运前,除各项试验合格并按一般巡视项目检查外,还应检查放电回路,保护回路、通风装置应完好。构架式电容器装置每只电容器应编号,在上部三分之一处贴 45~50 ℃示温片。在额定电压下合闸冲击 3 次,每次合闸间隔时间 5 min,应将电容器残留电压放完后方可进行下次合闸。

7. 装设自动投切装置的电容器组,应有防止保护跳闸时误投入电容器装置的闭锁回路,并应设置操作解除控制开关。

8. 电容器熔断器熔丝的额定电流应按电容器额定电流的 1.5~2 倍选择。

9. 投入、退出电容器组时应满足下列要求:

（1）分组电容器投入、退出时,不应发生谐振;对采用混装电抗器的电容器组应先投入电抗值大的,后投入电抗值小的,退出时与之相反。

（2）投入、退出一组电容器引起的母线电压变动不宜超过 2.5％。

（四）巡视检查主要内容及要求

运行期间应定期巡视检查,每 2 h 巡视 1 次。主要检查内容及要求:

1. 电容器运行电压、电流及温度不应超过规定值。

2. 电容器外壳应无过度膨胀现象。

3. 电容器外壳和套管应无渗漏油及喷油现象。

4. 电容器、熔断器、放电指示灯和电压互感器应正常。

5. 电容器套管清洁,无裂纹、破损,无放电现象,与引线连接正常。

九、保护装置运行

(一)常用类型和基本结构

1. 作用

保护装置是保证电力系统安全可靠运行的重要设备,当泵站电力系统电气设备如变压器、电动机、母线等发生故障危及电力系统安全运行时,能够向运行值班人员及时发出警告信号,或者直接向所控制的断路器发出跳闸命令,使故障电气设备及时从电力系统中断开,最大限度地减少对故障电气设备的损坏,降低对电力系统安全供电的影响,保证其他设备继续正常运行。

2. 类型

(1)按被检测方式可分为:电磁型、微机型。早期在电力系统广泛应用电磁型保护装置,现泵站均采用微机保护装置,其功能全面,具有测量、控制、保护、信息记录、传输及自检等功能。

(2)按被保护对象可分为:线路、变压器、电动机保护等。

(3)按保护功能可分为:短路故障保护、异常运行保护。

(4)按保护动作原理可分为:差动、速断、过电流、过负荷、低电压、过电压、零序过电流、零序过电压等保护。

3. 结构

主要由测量比较元件、逻辑判断元件、执行输出元件、信息贮存和通信元件等组成。
各种类型保护元器件如图 3-22 所示。

(a)电磁型继电器　　　　(b)热继电器　　　　(c)低压电动机保护器　　　　(d)高压设备保护装置

图 3-22　保护元器件外形图

(二)投运前主要检查内容及要求

1. 保护装置工作正常,无不正常报警。
2. 保护装置室内整洁,温度、湿度在规定允许范围内。
3. 时钟定时校对准确。

4. 保护输出压板投切准确,连接良好。

5. 保护装置接线良好,无过热现象。

（三）运行主要技术要求

1. 在任何情况下,电气设备不应无保护运行。

2. 保护装置定值、配置的变更应由泵站主管技术部门下达,继电保护试验人员应按通知单要求执行,执行完毕后,应记录备案。

3. 泵站投运前应检查继电保护的类型、定值与泵站的运行方式相一致。

4. 继电保护装置的正常维护、定期检查和整定应由继电保护专业人员负责。

5. 泵站运行值班人员负责继电保护装置的运行监视,出现异常时,值班人员应立即向总值班汇报,继电保护专职人员应及时到场进行处理。

6. 保护动作后,值班人员应立即向泵站负责人汇报,并通知泵站主管技术人员和继电保护专职人员及时进行分析处理。动作原因未查明前,不得投入被保护设备运行,并做好详细记录。

7. 保护装置室内最大相对湿度不应超过 75%,环境温度应在 5~30 ℃范围内,超出允许范围应采取降温措施,并保持室内清洁,防止灰尘的侵入。

8. 应定期对保护装置进行采样值检查和时钟校对,检查周期不应超过 1 个月。

9. 只有在下列情况下可对不停电设备的继电保护停用进行工作:

（1）有两种以上主保护装置。

（2）有专用主保护在运行时,可允许其后备保护短时停用。

（3）变压器的瓦斯和差动保护可允许短时停用一套。

10. 保护装置非运行期间不宜停电。

（四）巡视检查主要内容及要求

运行期间应定期巡视检查,每班巡视不少于 1 次。主要检查内容及要求:

1. 保护装置工作正常,无不正常报警。

2. 保护装置室内整洁,温度、湿度在规定允许范围内。

3. 时钟定时校对准确。

4. 保护装置无过热现象。

十、直流装置运行

（一）常用类型和基本结构

1. 作用

直流装置为泵站微机保护装置、电力系统开关控制、信号系统、通信系统及辅助设备等提供安全、可靠的工作电源。在部分泵站也为 UPS 提供直流电源。

2. 类型

（1）按直流额定电压可分为:50 V、115 V、230 V。直流标称电压分别为:48 V、110 V、

220 V。

（2）按容量可分为：大系统、小系统、壁挂式直流装置。

大系统为蓄电池容量大于 200 Ah。

小系统为蓄电池容量小于 200 Ah。

壁挂式直流装置用于开关站、配网自动化、箱式变压器等场所。

（3）按配备蓄电池可分为：镉镍蓄电池、铅酸蓄电池、阀控式密封铅酸蓄电池。现泵站一般均采用阀控式密封铅酸蓄电池。

3. 结构

主要由交流输入单元、充电模块、微机监控单元、电压调整单元、绝缘监察单元、直流馈电单元、电池巡检单元、蓄电池组等组成。其中监控单元具有设置、控制、报警、通信、电源模块及电池管理等功能。

直流装置外形如图 3-23 所示，蓄电池结构如图 3-24 所示，原理框图如图 3-25 所示。

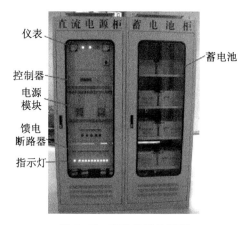

图 3-23 直流装置外形图

图 3-24 蓄电池剖面结构图

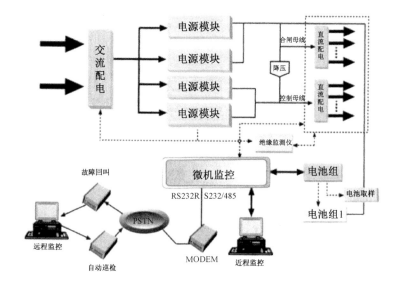

图 3-25 直流装置原理框图

（二）投运前主要检查内容及要求

1. 控制单元工作正常,无不正常报警。
2. 充电装置各模块工作状态正常,输出电压、电流均衡。
3. 直流系统对地绝缘应良好。
4. 蓄电池柜及蓄电池应清洁无积污。
5. 蓄电池连接良好,无锈蚀,凡士林涂层应完好。
6. 蓄电池容器应完整、无破损、漏液,极板无硫化、弯曲、短路等现象。
7. 蓄电池电解液面、蓄电池温度应正常。
8. 蓄电池容量不低于额定容量的 80%。

（三）运行主要技术要求

1. 蓄电池应采用浮充电方式运行,并经常处于满充状态。
2. 蓄电池充放电应符合下列要求:
（1）每 1~3 个月,或充电装置故障使蓄电池较深放电后,按制造厂规定要求进行 1 次均衡充电。
（2）应定期按制造厂规定进行容量核对性充放电,如制造厂无规定,每年应进行 1 次。
（3）在放电过程中,应严密监视电池电压,当单体电池电压达规定下限时,应停止放电,若放充 3 次蓄电池组均达不到额定容量的 80%,可判此组蓄电池使用年限已至,应进行更换。
（4）蓄电池容量核对充放电时,放电后间隔 1~2 h 应进行容量恢复充电,禁止在深放电后长时间不充电,特殊情况下不应超过 24 h。
（5）蓄电池充电时应防止过充、欠充及温度过高现象的发生。
3. 蓄电池运行环境温度应在 5~35 ℃,并保持良好的通风和照明,当环境温度长时间过高时,应采取降温措施。
4. 蓄电池控制母线电压保持在 220 V(110 V),变动不应超过±2%。
5. 每月应对蓄电池、充电装置至少进行 1 次详细检查,除每班巡视检查内容外,应进行每只蓄电池电压的测量,过低或为零的,应查明原因,进行恢复处理或更换。检查结果应记在蓄电池运行、维护记录中。
6. 每年应对非免维护蓄电池的电解液纯度进行 1 次分析,电解液可由若干个典型电池中抽取。
7. 非免维护蓄电池电解液面与极板上缘距离小于制造厂规定值时,应进行补充。如电液比重过高应补加蒸馏水,过低应查明原因,然后按制造厂要求补加不同比重电解液。
8. 当发生直流系统接地时,应立即用绝缘监察装置判明接地极,查出故障点予以消除。

（四）巡视检查主要内容及要求

运行期间应定期巡视检查,每班巡视不少于 1 次。主要检查内容及要求:

1. 控制单元工作正常,无不正常报警。

2. 充电装置各模块工作状态和各电压、电流应正常。

3. 直流母线正对地、负对地电压应为零,直流系统对地绝缘良好。

4. 蓄电池柜及蓄电池应清洁无积污。

5. 蓄电池连接处无锈蚀,凡士林涂层应完好。

6. 蓄电池容器应完整,无破损、漏液,极板无硫化、弯曲、短路等现象。

7. 蓄电池电解液面、蓄电池温度应正常。

8. 蓄电池各节电池电压偏差在规定范围内。

十一、高压变频器运行

(一)常用类型和基本结构

1. 作用

高压变频器在泵站主要用于改变主电机转速以调节主水泵流量,并具有软启动、保护、提高电动机功率因数等作用。

2. 类型

(1)按主回路结构形式可分为:电流源型、电压源型。

(2)按控制方式可分为:U/f 控制、转差频率控制、矢量控制、直接转矩控制。

(3)按输出电压调节方式分为:PAM(脉冲幅值调制方式)、PWM(脉冲宽度调制方式)。

(4)按冷却方式可分为:水冷、风冷。其中水冷方式简单、可靠,但对冷却水源纯净度要求较高;风冷方式冷却风扇容易损坏,需定期维护和更换。

高压变频器的种类繁多,现一般采用功率单元串联多电平型。此变频器采用多个低压的功率单元串联实现高压,输入侧的降压变压器采用移相方式,可有效消除对电网的谐波污染,输出侧采用多电平正弦 PWM 技术,可适用于任何电压的普通电机。另外,在某个功率单元出现故障时,可自动退出系统,而其余的功率单元可继续保持电机的运行,减少停机时造成的影响和损失,同时系统采用模块化设计,可迅速替换故障模块,及时恢复系统正常运行。

3. 结构

主要由输入变压器、功率单元、控制单元、冷却系统等组成。

其中功率单元有:整流器、中间直流环节、逆变器、控制板等。如 6 kV 变频器,可以由 15 只或者 18 只功率单元组成,每相由 5 只或者 6 只功率单元相串联,并组成 Y 形连接,直接驱动电机。每只功率单元电路、结构完全相同,可以互换,也可以互为备用。控制单元以 PLC 为核心,可实现自动控制和远程监控。

高压变频器外形如图 3-26 所示,高压变频器原理示意如图 3-27 所示。

(二)投运前主要检查内容及要求

1. 开启空调,室内温度≯40 ℃,湿度≯80%,无冷凝。

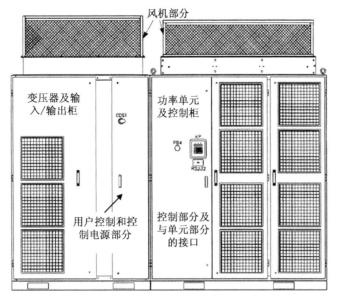

图 3-26 高压变频器外形图

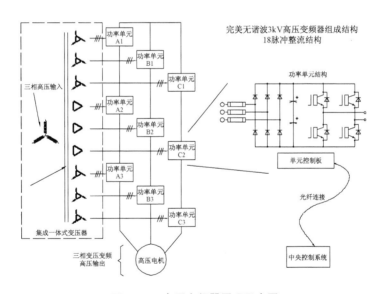

图 3-27 高压变频器原理示意图

2. 变频器柜门已全部关紧锁好。

3. 检查柜内所有空开都在闭合状态,柜体上急停按钮在正常状态。

4. 合上变频器控制电源开关,长按 UPS 启动按钮约 3 s,启动 UPS。

5. 检查控制电源 power on 指示灯长亮,风机运行正常。

6. 系统初始化(约 1 min),检查变频器的键盘上故障显示和故障指示灯应正常。如故障指示灯闪烁,表示有报警信息,常亮则是故障状态,按键盘上的故障复位键;如不能复位,根据键盘上的故障提示,采取相应处理措施,予以消除。

（三）运行主要技术要求

1. 变频器启动以前,应首先开启空调(如果有除湿功能,则启动除湿功能),再上控制电,最后上高压强电。如果停机,步骤应相反,即先停高压电,再停控制电,最后关闭空调。

2. 变频器输入、输出电压、电流不应超过额定值,输出端线电压差值应小于最大电压的±2％,相电流差值应小于±10％。

3. 在启停变频器时变频器柜门前严禁有人停留,防止事故时造成人身伤害;严禁人员长期停留在运行中的变频器附近。变频器相关保护投退软压板和硬压板应投入正确。

4. 变压器三相温度应基本一致,若相差 10 ℃以上,应查明原因。

5. 变频器室应避免温度的剧烈变化,避免由于温度变化引起的凝水凝露而造成电路板的损坏。

6. 禁止用高压兆欧表测量变频器的输出绝缘,在测量电动机绝缘时,应使变频器和电动机脱开,避免损坏变频器的功率单元。

7. 两次分合高压变频器的时间间隔应在 30 min 以上,以减少对变频器的冲击。

8. 变频器运行中不得随意解除柜门连锁,非专业人员应禁止打开功率柜、变压器柜、旁路柜柜门;变频器停电 15 min,所有单元的指示灯熄灭后,方可打开柜门。要确认功率单元电容放电无电后,再进行检修或故障处理,避免人身触电。

9. 在变频器带高压电后不得断开控制电源。变频器停运需停用控制电源时,应将内部不间断供电电源(UPS)同时停用。

10. 变频器的控制电源尽量保持始终带电状态,若要长时间停电,应关闭掉 UPS,送电时要应先开启 UPS。

11. 每年对 UPS 蓄电池进行深度的充放电,以避免蓄电池容量的下降。如果长时间不使用,应每 6 个月定期对蓄电池充电。

12. 在非事故情况下,不宜通过分断变频器输入侧开关或工频电源开关的方法停止变频器运行。启动变频器时,高压上电一段时间(根据变频器特点而定)后再启动变频器。

13. 变频器运行后,根据不同运行工况下的负荷,测量电机、水泵振动与温度,掌握变频器运行状态。当在某个频率段电机振动大时,应与变频器、水泵厂家、专业人员查明振动原因,采取更改变频器内部参数或跳转频率等相关措施;当变频器低频运行时,如电机过热,应采取相关措施。

14. 当变频器故障跳闸时,应查明故障原因。禁止未查明原因前强投变频器,加剧变频器或电动机损坏程度。

15. 停用 3 个月及以上的高压变频器,应定期检查与维护,每月 1 次。主要检查内容及要求:

（1）设备存放环境应无灰尘、水滴,无腐蚀性气体,湿度不超过 80％,温度应在 0～40 ℃之间。

（2）雨季外部环境湿度较大时宜每星期检查 1 次设备环境湿度,湿度超过 80％时应进行除湿。

（3）每 3 个月或湿度超过 80％时,每 1 个月应进行 1 次通电检查。

（4）变频器停机后恢复运行,应在开启空调后(如有除湿功能,请启动除湿功能),再打开各控制电源,使变频器风冷或水冷 4 h,驱除变频器内部潮气,然后再通高压电投入运行。如环境潮湿,应在变频器柜体内部加装加热器或除湿器。

（四）巡视检查主要内容及要求

运行期间应定期巡视检查,每 2 h 巡视 1 次。主要检查内容及要求:

1. 变频器键盘上无报警,转速、电流、电压等运行参数显示正常。
2. 输出端线电压其差值应小于最大电压的 ±2%,相电流差应小于 ±10%。
3. 变频器室内空调和通风运行正常,温度≯40 ℃,湿度≯80%。
4. 变频器、电抗器、变压器等无异常声响、气味,温度在规定范围之内,柜体无发热现象。
5. 变频器水冷器、冷却风扇运行正常,无异常声音,无振动。
6. 运行中主电路电压和控制电路电压正常。
7. 空气滤清器无脏污情况。

十二、励磁装置运行

（一）常用类型和基本结构

1. 作用

励磁装置是为泵站同步电机转子运行绕组提供励磁电源。

2. 类型

（1）按整流桥可控方式可分为:半控桥、全控桥。

（2）按励磁电源输入方式可分为:有刷励磁、无刷励磁。

3. 结构

主要由励磁变压器、三相半控或全控整流桥主电路、灭磁电路及微机控制器等组成。其中微机控制器可实现自动控制和远程监控。

励磁装置结构示意如图 3-28 所示。

（二）投运前主要检查内容及要求

1. 励磁装置、励磁变压器及元器件整洁,无损坏,一、二次接线连接良好。
2. 励磁装置控制电源正常,无不正常报警。
3. 励磁装置静态调试,控制、励磁电压、电流正常,风机运行正常。
4. 检测灭磁回路工作正常。
5. 主/备控制器切换可靠,工作正常。
6. 励磁投励联动、励磁故障联跳正常。

（三）运行主要技术要求

1. 励磁装置的环境温度应小于 40 ℃,励磁变压器停运期间,应防止绝缘受潮。
2. 励磁回路发生一点接地时,应立即查明故障原因,尽快予以消除。

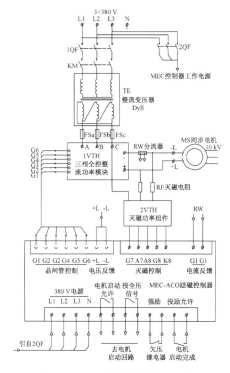

图 3-28　励磁装置结构示意图

3. 运行中如发现励磁电流显著上升或下降,应立即检查原因予以排除。如不能恢复正常,应停机检修。

4. 运行中如发现励磁电压显著下降或跳动,励磁电流指示正常,说明灭磁可控硅误导通,此时可适当调整灭磁可控硅的导通整定值。如不能恢复正常,应停机检修。

(四)巡视检查主要内容及要求

运行期间应定期巡视检查,每 2 h 巡视 1 次。主要检查内容及要求:

1. 励磁装置控制电源正常,无不正常报警。

2. 励磁电压、电流正常。

3. 各电磁部件无异常声响及过热现象。

4. 各通流部件的接点、导线、元器件及插件接触良好,无过热现象。

5. 风机、散热系统工作正常。

6. 励磁变压器温度、温升不超过规定值,声音正常,表面无积污。

十三、防雷装置和接地装置运行

(一)常用类型和基本结构

1. 作用

防雷装置和接地装置是用于防止雷电引起的外部过电压以及电力系统电磁能量转换

或传送引起的内部过电压对建筑物和电气设备造成的危害。

2. 类型

（1）按安装位置可分为：外部防雷装置、内部防雷装置。

（2）按工作原理可分为：引雷、限制过电压幅值。

（3）按避雷器可分为：管型避雷器、阀型避雷器、氧化锌避雷器等。

3. 结构

外部防雷装置主要由接闪器、引下线和接地装置等组成。其中接闪器又可分为避雷针、避雷线、避雷网和避雷带。

内部防雷装置主要有电磁屏蔽、等电位连接、避雷器、过电压保护器等设备。其中避雷器又可分为保护间隙、管型避雷器、阀型避雷器及氧化锌避雷器等，避雷器同时也可以限制内部过电压。其中 110 kV 氧化锌避雷器配有在线监测仪。

泵站常用阀型避雷器和氧化锌避雷器，其外形基本相同。

户外变电所避雷针、避雷线外形如图 3-29 所示，氧化锌避雷器外形如图 3-30 所示，避雷器在线监测仪外形如图 3-31 所示，过电压保护器外形如图 3-32 所示。

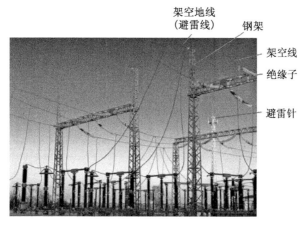

架空地线
（避雷线）　钢架
架空线
绝缘子
避雷针

图 3-29　户外变电所外景图

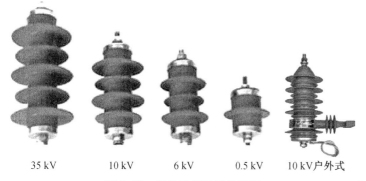

35 kV　　　10 kV　　　6 kV　　　0.5 kV　　　10 kV户外式

图 3-30　氧化锌避雷器外形图

图 3-31　避雷器在线监测仪外形图

图 3-32 过电压保护器外形图

（二）投运前主要检查内容及要求

1. 避雷针、避雷线、避雷网和避雷带本体焊接或连接部分无断裂、锈蚀，接地引下线连接紧密牢固。

2. 避雷器瓷套管清洁，无破损、放电痕迹。

3. 避雷器导线及接地引下线连接牢固，无烧伤痕迹和断股现象。

4. 避雷器计数器密封良好。

（三）运行主要技术要求

1. 泵站和变电所的避雷针、避雷线、避雷网、避雷带和避雷器的接地装置，均应在每年雷雨季节前进行 1 次检查及试验。

2. 氧化锌避雷器在运行中应每天记录泄漏电流，雷雨后应检查记录避雷器的动作情况。

（四）巡视检查主要内容及要求

运行期间应定期巡视检查，每天巡视不少于 1 次。主要检查内容及要求：

1. 避雷针、避雷线、避雷网和避雷带本体焊接或连接部分无断裂、锈蚀，接地引下线连接紧密牢固，焊接点不脱落。

2. 避雷器瓷套管清洁，无破损、放电痕迹，法兰边无裂纹。

3. 避雷器导线及接地引下线连接牢固，无烧伤痕迹和断股现象。

4. 避雷器内部应无异常响声。

5. 避雷器计数器密封良好，动作正确。

第四节　辅助设备运行

泵站辅助设备是为主机组运行配套的设备，主要包括：油、气、水、通风系统等设备。

一、水系统运行

水系统由供水和排水两个系统组成。

（一）供水系统

1. 作用

供水系统为泵站主、辅机组冷却和润滑的技术用水以及消防用水和生活用水提供水源。

2. 类型

（1）系统主要类型

1）按供水方式可分为：间接、直接和冷水机组循环供水三种方式。

间接式供水是早期建成泵站的常用供水方式。一般在下游取水，由供水泵送至水塔，由水塔再向供水母管供水，再通过供水支管向主机组和辅助设备提供冷却用水和润滑水，弃水排至下游。

直接式供水是近期建成泵站的常用供水方式，基本与间接式供水相同。一般在下游取水，由供水泵经滤水器直接向供水母管供水，再通过供水支管向主机组和辅助设备提供冷却用水和润滑水，弃水排至下游。

封闭式循环供水采用循环方式将主机组和辅助设备排出的热水由供水泵抽送至冷水机组，经冷却后经供水母管，再通过供水支管向主机组和辅助设备送入冷却用水。

2）按供水水源可分为：河道、消防水池、深水井、自来水。

河道水源主要用于开放式技术供水；消防水池主要用于消防供水；自来水或深水井主要用于生活供水。

（2）供水泵主要类型

按水泵型式可分为：离心泵、深井泵。

（3）按电动机运行方式可分为：工频运行方式、变频器调频运行方式。

供水泵电动机采用变频器，以调节供水泵出口的压力和水量。

3. 结构

直接供水主要由取水口、供水泵、滤水器、供水管道、闸阀、逆止阀、电动阀、压力表计、示流器及控制柜等组成。供水系统主设备外形如图 3-33 所示。

图 3-33　供水系统主设备外形图

封闭式循环供水主要由供水泵、冷水机组、供水管道、闸阀、逆止阀、电动阀、压力表计、示流器及控制柜等组成。其中冷水机组外形如图 3-34 所示。

图 3-34 冷水机组外形图

（二）排水系统

1. 作用

排水系统用于排除泵站运行用水、渗漏水和检修时主机组流道中的余水。一般运行用水尽可能排至下游。

2. 类型

（1）系统主要类型

按排水类型可分为：渗漏排水、检修排水。

（2）排水泵主要类型

按水泵型式可分为：离心泵、潜水泵。

3. 结构

主要由底阀、排水泵、排水管道、闸阀、逆止阀、压力表计、液位控制器、控制柜等组成。排水系统主设备外形如图 3-35 所示。

图 3-35 排水系统主设备外形图

（三）投运前主要检查内容及要求

1. 供水泵、排水泵配套电机绝缘合格，技术状态完好。
2. 自动控制和安全装置动作可靠。

3. 供、排水泵技术状态完好,填料密封良好,叶片无碰擦、卡死现象,轴承润滑良好。

4. 供水系统闸阀(含逆止阀)、排水系统闸阀(含底阀)开闭状态正常,无杂物堵塞现象,开启、关闭运用良好。

5. 冷水机组设置符合运行要求,控制可靠,无报警,机组运行声音、振动正常,制冷效果良好。

6. 电气控制、保护、信号均正常,绝缘良好。

(四)运行主要技术要求

1. 运行过程中,对备用设备应定期切换运行。

2. 冷水机组进出水温差不宜过大,以防止进水管道产生冷凝水。投运时,应先启动供水泵,后启动冷水机组;停机时相反。在冬季非运行期应排尽管道内余水,以防冻结损坏冷水机组。

(五)巡视检查主要内容及要求

运行期间应定期巡视检查,每2h巡视1次。主要检查内容及要求:

1. 供、排水泵电机电流正常,桩头无发热现象,电机运行温度正常。

2. 水质、水温、水量、水压应满足运行要求,止回阀动作正常,示流器示流信号正常,供、排水泵出口压力正常。

3. 水泵、电机的轴承温度、震动、声响、润滑油油位等运行情况正常。

4. 供、排水泵的填料处漏水适量,水管路及附件无渗漏,运行正常。

5. 供、排水泵自动控制装置动作可靠。

6. 冷水机组无报警,机组运行声音、振动正常,制冷效果良好。

7. 排水泵进水滤网无堵塞,集水坑内水位正常。

二、油系统运行

泵站油系统主要有:润滑油系统、循环润滑油系统、压力油系统。

(一)润滑油系统

1. 作用
主要用于主水泵、主电动机轴承的润滑和散热。

2. 类型
(1)按润滑油种类可分为:稀油润滑、油脂润滑。
(2)按轴承种类可分为:滑动轴承、滚动轴承。其中滚动轴承为专业生产厂家定型产品。两种轴承的润滑方式有所不同,滑动轴承采用稀油润滑;推力滚动轴承一般采用稀油润滑,径向滚动轴承一般采用油脂润滑。稀油润滑轴承运行时产生的热量,一般通过润滑油传递给油冷却器,由冷却水带走,润滑油起着润滑和散热的作用;径向滚动轴承运行时产生的热量,一般采用自冷却方式进行冷却。

3. 结构

立式主机组主要由油缸、油位计、测温元件、冷却器、管道和闸阀等组成。主机组上油缸润滑系统外形如图 3-36 所示。

油位计

上油缸

回油管

图 3-36　主机组上油缸润滑系统外形图

卧式或斜式机组主要由轴承箱、加油管道和密封等组成。推力轴承箱一般配有冷却水箱,大型机组或配有外循环冷却润滑油系统。

(二)循环润滑油系统。

1. 作用

由稀油润滑站为齿轮箱、卧式或斜式机组推力轴承提供循环冷却和润滑油。

2. 类型

按布置方式可分为:一体式、分开式。

3. 结构

每一设备配有独立的润滑油系统,每一润滑油系统各配一套稀油润滑站。润滑油系统主要由电动机、油泵、油箱、电磁控制阀组、调压阀组、控制系统、过滤器、管道和闸阀等组成。循环冷却油系统控制一般配有 PLC,可实现自动控制和远程监控。

主机组齿轮箱稀油站外形如图 3-37 所示。

过滤器　油泵

油箱

(a) 分开式稀油站

电机　齿轮箱

(b) 组合式稀油站

图 3-37　主机组齿轮箱稀油站外形图

（三）压力油系统

1. 作用

为水泵叶片液压调节、闸门液压启闭、主机组减载启动及缓闭蝶阀启闭等提供液压油。

主机组减载启动压力油系统主要用于大型立式电动机，高压油出口在推力瓦表面，仅在主机组启动时短时投入，使推力瓦和推力头镜板之间形成油膜，以利于主机组启动及防止推力瓦发生烧瓦故障。

缓闭蝶阀压力油系统主要用于重锤式和蓄能器式缓闭蝶阀的开启，以及为关闭时蓄能的自动保压。

2. 类型

按油泵型式可分为：齿轮泵、叶片泵和柱塞泵。

液压启闭机调节系统一般使用柱塞泵；其他液压系统一般使用齿轮泵。

3. 结构

叶片液压调节，一般配 2 套压力油系统，独立运行。每套压力油系统各配一套液压站。

闸门液压启闭，一般配 1～2 套压力油系统：1 套全站共用；2 套分别用于工作闸门和事故闸门。每套压力油系统各配一套液压站。

主机组减载启动，一般全站共用 1 套压力油系统和液压站。

缓闭蝶阀，每一设备配有独立的润滑油系统，每一润滑油系统各配 1 套稀油润滑站。

压力油系统主要由电动机、油泵、油箱、电磁控制阀组、调压阀组、控制系统、过滤器、管道和闸阀等组成。其中水泵叶片调节、闸门启闭和缓闭蝶阀压力油系统控制以 PLC 为核心，可实现现地、自动和远程监控。

液压启闭机压力油系统液压站外形如图 3-38 所示，液压叶片调节系统液压站外形如图 3-39 所示。

（四）投运前主要检查内容及要求

1. 油泵配套电机绝缘合格，技术状态完好。
2. 电气控制、信号回路正常，绝缘良好，无不正常报警，显示仪表示值正确。
3. 油泵运行声响、振动正常，系统压力符合设定要求。
4. 蓄能器、控制阀组与阀件及附件完好，密封良好，无渗漏油。
5. 油压管路上的管路、阀件、油泵密封严密，无渗漏。

（五）运行主要技术要求

1. 油温、油压、油量等符合制造厂规定要求，液压油、润滑油油质应定期检验，每年不少于 1 次，不符合标准要求的应进行处理或更换。
2. 定期检查、清洗油系统中管道、过滤器、油箱等设备，保持油路畅通、密封完好，无渗漏油现象。定期过滤系统用油，保持油质良好。

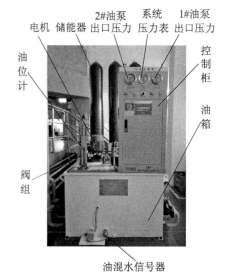

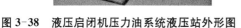

图 3-38　液压启闭机压力油系统液压站外形图　　　图 3-39　液压叶片调节系统液压站外形图

3. 定期检测蓄能器压力,各蓄能器压力基本相同,压力过低时,应查明原因,并及时补气。安全阀每年 1 次定期经质量与技术监督局专业部门校验合格。

4. 油压管路上的阀件密封严密,在所有阀门全部关闭的情况下,液压装置储能器在额定压力下 8 h 内压力下降值应不超过 0.15 MPa。

5. 齿轮箱稀油站起动后再投入齿轮箱及齿轮箱停止运行后再停止稀油站运行,其间隔时间不应低于生产厂家规定要求。稀油站有轻微故障时应及时排除,稀油站有严重故障时应立刻停机。

6. 油泵采用断续或连续运行时,2 台油泵均应定期交替使用。

7. 发现回油箱内的油温上升至规定值时,应排查原因并采取相应技术手段使回油箱内的油温控制在允许的范围内。

8. 液压启闭压力油系统在非运行和检修时,其液压缸回油闸阀不得随意关闭,以防止无杆腔因环境温度变化使压力升高导致启闭杆和基础损坏。

（六）巡视检查主要内容及要求

运行期间应定期巡视检查,每 2 h 巡视 1 次。主要检查内容及要求:

1. 控制系统工作正常,阀件、阀组操作可靠,无不正常报警。

2. 显示仪表指示值符合运行要求。

3. 油泵运行压力、声音、振动正常,电机运行电流正常。

4. 断续运行油泵启动频率正常。

5. 回油箱油位、油温正常。

6. 系统无渗漏油现象。

三、气系统运行

（一）常用类型和基本结构

1. 作用

为虹吸式出水流道泵站真空破坏阀开启及主水泵轴止水空气围带提供气压能量。

2. 类型

（1）系统主要类型

按压力等级可分为：低压、中压、高压。

（2）空气压缩机主要类型

1）按工作原理可分为：容积型、动力型、热力型。

2）按型式可分为：固定式、移动式、封闭式。

3）按传动方式可分为：皮带传动式，直接传动式。

4）按冷却方式可分为：水冷式、风冷式。

现泵站一般采用低压、封闭式、容积型螺杆压缩机。

3. 结构

主要由空气压缩机、控制系统、储气罐/油气分离器、安全阀、管道、闸阀等组成。其中空气压缩机一般为成套设备，包含空气压缩机本体、电动机、空气滤清器、冷却系统、控制系统等。其中控制系统以微电脑控制，可实现现地、自动和远程监控。

压缩气系统主设备外形如图 3-40 所示。

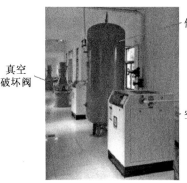

图 3-40　压缩气系统主设备外形图

（二）投运前主要检查内容及要求

1. 空气压缩机配套电机绝缘合格，技术状态完好。

2. 空气压缩机零部件完整齐全，表计完好，指示准确。润滑油油位、油色正常。

3. 电气控制、信号均正常，自动投入、切出可靠。

4. 冷却水系统管路及附件无跑、冒、滴、漏、锈、污现象。

5. 空气管路系统压力表指示准确，闸阀等附件完好，性能可靠，无漏气现象。

（三）运行主要技术要求

1. 空压机的自动启动与停止及运行排量应满足运行需要，并定期检查。

2. 储气罐、气水分离筒检测合格，无漏气，各项测试数据合格，压力表试验合格，安全阀每年 1 次定期经质量与技术监督局专业部门校验合格。

3. 定期检查、清洗或更换空气滤清器滤芯、油路过滤器和油气分离器。

4. 定期清除储气罐内的积水和杂质。

5. 气管路上的阀件、储气罐密封严密，在所有阀门全部关闭的情况下，储气罐在额定压力下 8 h 内压力下降值应不超过 0.15 MPa。

（四）巡视检查主要内容及要求

运行期间应定期巡视检查，每 2 h 巡视 1 次。主要检查内容及要求：

1. 安全装置、自动装置及压力继电器应动作可靠，各种表计指示正常。

2. 轴承温度、电机温度、震动、声响、润滑油油位、传动皮带的松紧度等应正常。

3. 空气压缩机的自动启动与停转应满足工作压力的需要。

4. 水冷式冷却水水温、水量应满足运行要求；风冷式风机震动、声响正常。

第五节　金属结构运行

泵站金属结构是为主机组运行配套的金属结构设备，主要包括闸门、启闭机、拦污栅、清污机、金属管道等设备。

一、闸门运行

（一）常用类型和基本结构

1. 作用

泵站闸门是指安装在泵站出水流道，在机组启动时迅速开启和正常或事故停机时迅速关闭以防止倒流的断流装置，也称快速闸门；以及主泵检修时用于流道挡水的闸门，也称检修闸门。

2. 类型

（1）按闸门作用可分为：工作闸门、事故闸门、检修闸门。

（2）按闸门吊点可分为：单吊点、双吊点。一般快速闸门均为双吊点。

（3）按闸门闭门动力可分为：自重闭门、液压或卷扬式启闭机动力闭门。快速闸门停机时一般采用自重闭门。

（4）按闸门结构可分为：有小拍门、无小拍门。事故门一般不配小拍门；工作闸门一般配有小拍门，以减少主机组开机启动时的阻力。小拍门一般配置 2 扇或 4 扇。

3. 结构

主要由面板、梁、止水橡胶、滚轮或滑块、吊耳等组成。其中快速闸门的行走支撑采用主滚轮、侧滚轮;检修闸门行走支撑采用滑块。

快速平面钢闸门结构如图 3-41 所示。

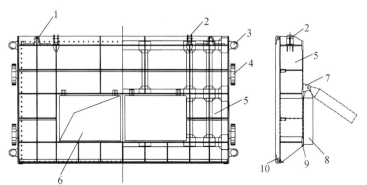

1—检修吊耳;2—工作吊耳;3—侧滚轮;4—主滚轮;5—闸门;6—拍门洞;7—门耳;8—小拍门;9—拍门止水;10—闸门止水

图 3-41　快速平面钢闸门结构图

（二）投运前主要检查内容及要求

1. 止水橡皮无破损、变形,止水良好。吊耳、卸扣完好,固定螺栓无锈蚀脱落。

2. 液压杆表面无损伤、锈蚀,无过多积垢,无明显渗漏油。钢丝绳无锈蚀、断丝。

3. 闸门周围无漂浮物卡阻,门体无歪斜,门槽无堵塞。

4. 在严冬季节应检查闸门活动部位无冻结现象。

5. 在主机组启动前应全面检查快速闸门的控制系统,确认快速闸门能按设定的程序启闭。

6. 闸门启闭灵活,无卡阻,联动可靠。滚轮转动灵活。双吊点闸门同步完好。

（三）运行主要技术要求

1. 按照闸门的运用原则,工作闸门为动水中启闭;事故闸门一般为静水中开启,能在动水中关闭。

2. 允许局部开启的工作闸门,在不同开度时应注意闸门本身的振动,更要防止机组倒转。

3. 工作闸门一般不宜中途停留使用,工作闸门、事故闸门不宜用以控制流量。

4. 主机组停机时,闸门应可靠快速关闭,防止机组倒转时间过长。其断流时间应满足控制反转转速和水锤防护的要求。

（四）巡视检查主要内容及要求

运行期间应定期巡视检查,每 2 h 巡视 1 次。主要检查内容及要求:

1. 开度指示及各仪表指示的数值应正确,双吊点闸门偏差未超过允许值。

2. 液压启闭机、液压杆表面无损伤、锈蚀,液压杆及管道无明显渗漏油。闸门下滑不宜过快,自复位功能正常。

3. 闸门开启状态无较大的撞击。

4. 闸门主滚轮和侧滚轮转动灵活,无卡阻现象。

二、启闭机运行

(一)常用类型和基本结构

1. 作用

在泵站用于开启和关闭主水泵流道闸门。

2. 类型

(1)按动力形式可分为:液压启闭机、卷扬式启闭机。

(2)按动作方向可分为:单向、双向。快速闸门一般采用单向开启、自重关闭;反向一般用于设备的检修和调试。

3. 结构

液压启闭机结构:主要由缸体、端盖、活塞、活塞杆、密封、吊头、开度仪、行程开关、油管、闸阀等组成。

卷扬式启闭机结构:主要由钢丝绳、卷筒组、动滑轮组、平衡轮、制动器、电动机、减速器、开式齿轮、负荷控制器、开度仪、行程开关等组成。

液压启闭机外形如图 3-42 所示,卷扬式启闭机外形如图 3-43 所示。

回油管　　压力油管　　启闭机油缸

图 3-42　液压启闭机外形图

制动器
电动机
减速器

卷筒　　　开式齿轮

图 3-43　卷扬式启闭机外形图

(二)投运前主要检查内容及要求

1. 卷扬式启闭机

(1)钢丝绳已按规定完成了定期检查保养,无锈蚀、断丝。

(2)启闭机机架(门架)、启闭机防护罩、机体表面完好。

(3)机械传动装置的转动部位无异常。

(4)卷扬式启闭机制动装置、减速装置完好,动作可靠。

(5)过载保护装置、限位开关、开度指示准确、可靠。

2. 液压启闭机

（1）油缸、活塞杆无异常，活塞杆表面无明显渗漏油，机件紧固螺栓等无松动，高压联接软管等完好。

（2）限位开关、开度指示准确、可靠。

（3）液压启闭机管路、闸阀等密封良好，无渗漏。

（三）运行主要技术要求

（1）闸门启闭应采用主机组断路器辅助接点实现联动。主机组停机时，工作闸门和事故闸门联动关闭宜采用同步落门。

（2）液压启闭机液压系统压力油装置发生故障时，应加强监视液压启闭闸门位置，做好紧急停机准备，立即查明压力油装置故障原因并予以排除，尽快恢复运行。

（四）巡视检查主要内容及要求

运行期间应定期巡视检查，每2h巡视1次。主要检查内容及要求：

1. 运行中，闸门应保持在全开状态。

2. 液压启闭机的油泵、阀组、油管和液压杆应无渗油现象。

3. 液压闸门在运行中下滑正常，自动恢复控制应正常可靠。

4. 主机组停机时，闸门应快速可靠关闭，防止机组倒转，故障时，辅助应急措施应能随时投入。

三、缓闭蝶阀运行

（一）常用类型和基本结构

1. 作用

主要用于高扬程离心泵泵站，在水泵停机过程中防止水泵倒转和消除、抑制水锤的发生。

2. 类型

按蓄能方式可分为：重锤式、蓄能器式。

3. 结构

主要由阀门本体、传动机构、液压站、控制系统等4部分组成。其中阀门本体由阀体、蝶板、阀轴、滑动轴承、密封组件等主要零件组成。重锤式缓闭蝶阀另有正常关阀或紧急关阀用蓄能重锤；蓄能器式缓闭蝶阀另有正常关阀或紧急关阀用液压蓄能器。控制系统一般均配有 PLC，可实现现地、自动和远程监控。

重锤式缓闭蝶阀外形如图 3-44 所示，蓄能器式缓闭蝶阀外形如图 3-45 所示。

（二）投运前主要检查内容及要求

1. 液压站油位、油质符合要求。

2. 电气控制、油泵工作可靠，压力在设定范围内，无异常振动、声响和报警。

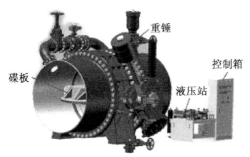

图 3-44　重锤式缓闭蝶阀外形图　　　图 3-45　蓄能器式缓闭蝶阀外形图

3. 缓闭蝶阀与主机组联动控制正常。

4. 开关阀慢开、快关、慢关的时间、角度与设定相符。

5. 缓闭蝶阀阀体、传动机构完整,开关动作灵活,无卡阻,无渗漏。

(三) 运行主要技术要求

1. 缓闭蝶阀必须与主机组实现联动控制。

(1) 主机组开机:由控制电路(程序)进行开机操作,合上主电动机断路器,达到额定转速后,匀速开启缓闭蝶阀。

(2) 主机组正常停机:由控制电路(程序)进行停机操作,关闭缓闭蝶阀约 70°,断开主电动机断路器,缓慢关闭缓闭蝶阀至全关。

(3) 主机组事故停机:主电动机断路器事故跳闸后,由控制电路(程序)联动缓闭蝶阀快关至约 70°,再缓慢关闭缓闭蝶阀至全关。

2. 缓闭蝶阀正常和事故停机快关、慢关时间,以及快关、慢关时的角度由主水泵性能曲线、扬程、管道长度等综合因数确定,应满足《泵站设计规范》要求:

(1) 事故停机时最高反转速度不应超过额定转速的 1.2 倍,超过额定转速的持续时间不应超过 2 min。

(2) 在满足机组倒转的情况下,各断面的水锤压力最小,倒流水量较小;最高压力不应超过水泵出口额定压力的 1.3~1.5 倍。

一般情况下,缓闭式蝶阀在慢关时间为快关时间的 4~5 倍,快关角度为慢关角度的 3~4 倍时,消除水锤效果最优。

3. 重锤式缓闭蝶阀在运行时,重锤下方严禁站人,并应有防护措施。

4. 液压系统首次投入运行 3 个月后,应将液压油过滤 1 次或更换,并清洗油箱;液压油应每年检验 1 次,如不合格应及时处理或更换。

5. 蓄能器内胶囊应充入氮气,压力符合制造厂规定要求,并定期检测;严禁充入空气、氧气等其他气体。

6. 蓄能器式缓闭蝶阀进行检修时,必须对蓄能器内压力油进行放空后才能将控制电源断开,防止油缸两腔形成压差,产生阀门自开现象。

（四）巡视检查主要内容及要求

运行期间应定期巡视检查，每2h巡视1次。主要检查内容及要求：

1. 电源、表计指示正常，在规定范围内。
2. 控制系统无不正常报警，自动保压正常。
3. 液压系统、阀体无渗漏，蓄能器压力正常。
4. 液压站油泵工作时，系统压力正常，无异常振动、声响和报警。
5. 安全防护位置正确、完好。

四、清污机运行

（一）常用类型和基本结构

1. 作用

清污机布置在泵站进水池前，主要用于清除进水河道来水中的漂浮杂物，以保证机组安全运行和提高水泵机组效率。

2. 类型

按结构形式可分为：回转式、耙斗式、抓斗式。

3. 结构：

回转式清污机结构：主要由拦污栅栅体、齿耙、驱动传动机构、安全保护装置、电气系统，以及配套的输送杂物的皮带输送机等组成。

耙斗式清污机结构：主要由拦污栅栅体、托渣板、耙斗、牵引驱动变速装置、机架、电气系统，以及输送杂物的皮带输送机或渣桶等组成。

抓斗式清污机结构：主要由卷扬机构、钢丝绳、抓斗、抓斗张合装置、地面固定式轨道、移动行车及电气系统等组成。

回转式清污机的栅体具有足够的强度和刚度，在前后水位差较大及水中漂浮杂物情况下能有效运行，在泵站的使用较为广泛。

回转式清污机外形如图3-46所示，耙斗式清污机外形如图3-47所示。

（二）投运前主要检查内容及要求

1. 拦污栅、齿耙或耙斗、传动机构、皮带输送机、机架等部件结构完好，无严重锈蚀、变形和缺失。
2. 清污机电机、电气控制系统及皮带输送机运行平稳、可靠，无异常声响、振动等。
3. 电气控制装置运行正常，指示仪表的显示数值和信号显示正常。
4. 行程限位、安全开关和紧急开关的运行可靠。

（三）运行主要技术要求

1. 运行时，现场应有人操作监视，以在发生紧急情况时，及时进行处理。
2. 冬季运行时，在冰冻情况下应投入相应的除冰设施。

皮带输送机 齿耙 调节器 主链条 栅体 电动滚筒

图 3-46　回转式清污机外形图

耙斗

栅体

图 3-47　耙斗式清污机外形图

（四）巡视检查主要内容及要求

运行期间应定期巡视检查，每 1 h 巡视 1 次，水草杂物较多时应随时加强巡视检查。主要检查内容及要求：

1. 齿耙、传动机构、皮带输送机等运动部件应运转灵活、平稳，无卡滞、碰撞、异常声响等，机架无变形，工作正常。

2. 清污机前应无大型杂物，如有应及时清除，清污机打捞的污物应按环保的要求进行处理。

3. 拦污栅栅前、栅后水位差应小于规定值。

第四章 计算机监控系统运行

第一节 一般规定

泵站计算机监控系统主要包括监控系统、视频监视系统、网络系统以及 UPS 电源,通过泵站监控系统实现对泵站主辅设备进行运行操作和监视。计算机监控系统投入运行前,应建立专门的管理机构,配置相应的专业技术管理和维护人员,并制定计算机监控系统运行管理制度、维护管理制度和运行操作规程。

一、管理组织

计算机监控系统的运行、维护应采取授权方式进行,一般可分为系统管理员、维护人员和运行人员,并分别规定其操作权限和范围。系统管理员负责计算机监控系统的账户、密码管理和网络、数据库、系统安全防护的管理,重要信息的书面备份应整理归档保存;维护人员负责计算机监控系统中的其他维护和故障排除工作;运行人员负责计算机监控系统的日常巡视、检查、保养和设备的操作。

运行人员、维护人员和系统管理员应具有必要的业务素质,满足计算机监控系统运行、维修和管理要求,确保泵站机电设备安全可靠运行。

1. 运行人员应经过专业培训,具备如下业务素质:

(1)熟悉泵站设备运行专业知识。

(2)熟练掌握运行规程。

(3)掌握计算机基础知识。

(4)掌握监控系统的控制流程及操作方法。

2. 维护人员应经过专业培训,具备如下业务素质:

(1)熟悉泵站设备运行过程和相关专业知识。

(2)熟悉计算机专业知识。

(3)熟悉维护、检修规程。

(4)熟悉监控系统的控制流程、编程及设计原则。

3. 系统管理员除具备维护人员专业知识外,还应具备如下业务素质:

(1)掌握系统的软硬件维护的相关知识。

(2)掌握系统的账户、密码管理的相关知识。

(3)掌握网络安全管理的相关知识。

运行、维护人员应经专业培训,并经考试合格后上岗操作。操作培训可在仿真培训系统或不在线运行的监控系统上进行。

二、档案资料

计算机监控系统应建立完善系统设备档案,主要包括:设备技术资料、设备投运及检修履历、参数配置表、软件安装情况、变更情况、故障维修记录、质量检测报告及改造升级资料等。

系统投入运行应具备下列资料:

(1)原理图、安装图、记录表、测点表、设备清单、电缆清册和报验表等。

(2)制造厂提供的技术资料,包括说明书、合格证明和出厂试验报告等。

(3)设备的运行、维护规程。

(4)程序框图、应用程序源码文本、软件说明书。

(5)软件安装介质、系统及数据库备份介质。

(6)调试报告、试运行报告、验收报告。

三、备品备件

计算机监控系统投入运行后应配备必要的备品备件,备品备件管理要求主要有:

1. 建立完整的计算机监控系统备品备件库,对厂家可能要停产的计算机、交换机、PLC、重要传感器的备品备件储备至少要保证满足 5～8 年的使用(从投产之日算起)。

2. 对于需原厂商提供的备品备件,其储备定额标准不应少于 10%(至少为 1 个);对于可以采用替代品的备品备件,可以降低定额标准,但不应少于 5%(至少为 1 个)。

3. 备品备件应统一管理,对于备品备件的使用,应及时进行登记。管理人员应根据备品备件的消耗情况,每年定期对照备品备件的库存和定额标准,及时提出库存补充计划,进行及时的采购。

4. 备品备件的储存环境应符合厂家的储存要求。

5. 备品备件宜每半年进行通电测试,不合格时应及时处理。

四、现场条件

1. 控制柜、设备及各元器件名称齐全,由现场进入控制柜的各类电源线、信号线、控制线、通信线、接地线应连接正确、牢固,电缆牌号和接线号应齐全、清楚。

2. 机房的消防设施,如火警探测器、灭火器等均应按设计规定配置齐全,定期检验,并处于良好可用状态。

第二节　计算机监控系统类型和结构

一、作用

泵站计算机监控系统集测量、控制、保护、信号及管理等功能于一体,实现泵站主机组、辅机设备、配电设备等运行数据采集与处理,统计与计算,参数在线修改,自动控制与调节,运行参数在线监测,运行状态识别,故障多重保护,自检、故障报警,设备运行统计记录及生产管理,视频图像浏览、控制、存贮和回放等综合功能;同时具有与上级调度控制管理系统网络连接,实现数据、指令传送和图像浏览、远程监视和控制功能。

二、类型

1. 按监控网络结构形式可分为:星形网络、树形网络、环形网络和冗余环形网络。
2. 按 PLC 结构形式可分为:单 CPU 的 PLC、双 CPU 的 PLC。
3. 按监控软件可分为:计算机系统软件、基本软件、工具软件及监控软件等。

三、结构

泵站控制系统一般采用三级控制方式,即现地控制级、站(也称中央)控制级和远程控制级,是一个以通信网络为纽带的集中显示、集中操作、分散控制的三级控制系统,泵站计算机监控系统结构如图 4-1 所示。

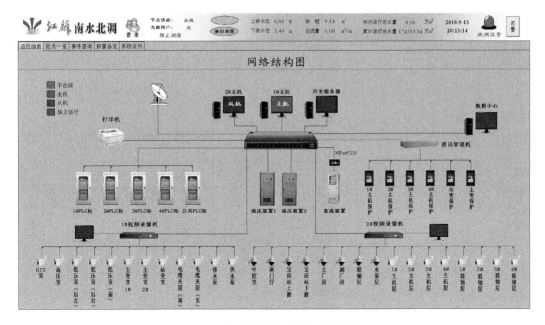

图 4-1 泵站计算机监控系统结构图

现地控制级主要由 PLC、智能仪表、水位计、测温元件及输出继电器、开关电源等设备组成。

站控制级主要由工业控制计算机、数据服务器、显示器、打印机、网络通信交换机、路由器、光端机、硬件防火墙、GPS 时间同步钟和不间断电源等设备组成。

远程控制级主要由工业控制计算机、数据服务器、显示器、打印机、网络通信交换机、路由器、光端机、硬件防火墙、GPS 时间同步钟和不间断电源等设备组成。

视频系统主要由视频控制主机、彩色摄像机、全方位云台、显示屏等设备组成。

为了保证整个系统的安全可靠运行,三级控制方式中现地控制级权限最高,其次为站控制级,最后为远程控制级。现地控制级均有自动、手动两种运行方式:以自动方式运行时,现地控制级受站控制级或远程控制级控制;以手动方式运行时,现地控制级的各现场控制单元独立运行,不受系统其他部分控制。以自动方式运行时又分为两种运行方式:站控制级控制和远程控制级控制,两种方式的切换由操作人员在站控制级工业控制机上进行。

第三节　投运前检查

投运前主要检查内容及要求:

1. 计算机机房空调设备运行情况和机房的温度≯30 ℃、湿度≯70%。

2. 监控主机、交换机、服务器、GPS 时钟同步装置、现地控制单元等设备及软件工作正常,运行稳定,无不正常报警。

3. 系统内部监控主机、交换机、服务器、GPS 时钟同步装置、现地控制单元等设备之间通信正常;系统与外部直流装置、励磁装置、叶片调节装置、变频器等设备之间通信正常。

4. 系统时钟工作运行稳定,系统各设备时钟同步完好。

5. UPS 电源装置在逆变工作状态,输入的交、直流电压和输出的交流电压、电流、频率等正常,无不正常报警。

6. UPS 电源装置蓄电池每年应进行 1 次容量核对性充放电,容量≮80%。

7. 盘柜、设备通风良好,冷却风机运行正常。

8. 监控系统各装置交、直流供电电源运行稳定,工作可靠。

9. 监控主机、现地控制单元监控画面实时数据刷新、信息显示、事件报警信号应正常。

10. 监控画面调用、报表生成与打印、报警及事件打印、屏拷等功能正常。

11. 计算机设备 CPU 负荷率、内存占用率低,应用程序进程或服务的状态良好。

12. 计算机设备应有足够的磁盘空间裕量。

13. 操作系统、数据库、安全防护系统等日志应正常,无非法登录或访问记录。

14. 视频监视系统的视频主机、摄像机等设备及软件应运行正常。

第四节　运行主要技术要求

1. 泵站计算机监控系统在新投运、维护或升级后,在各设备性能及功能正常的情况下,应进行系统的性能和功能试验,只有在系统功能符合要求后,才能正式投入运行。除必须的工作外,非运行、维护人员不应随意进入计算机机房,计算机机房环境应符合下列要求:

（1）机房空调应有足够容量,温度和湿度符合如表4-1所示的要求。

表 4-1　机房温、湿度要求

项　目	开机时	停机时
温度(℃)	15～30	5～35
湿度(%)	40～70	20～80
温度变化率(℃/h)	<10,不应凝露	<10,不应凝露

（2）无线电干扰场强在频率范围 0.15～1 000 MHz 内不大于 126 dB。

（3）磁场干扰场强不大于 800 A/m。

（4）接地电阻应小于 1 Ω。

（5）机房每年应进行 1 次防雷、接地、屏蔽检查。

（6）机房的备用钥匙应存放在运行事故钥匙柜,以备紧急情况时使用。

（7）机房电源应由 UPS 供给,并装有防雷措施。

2. 计算机监控系统的运行和维护应进行授权管理,明确各级人员的权限和范围,被授权人员应进行专业培训,并经考试合格后上岗操作。

3. 计算机监控系统的参数设置、限值整定、程序修改等工作,必须有技术审批通知单,工作完成后必须做好记录,并在相应制度、规程中及时作出修改。

4. 计算机监控系统运行时,维护人员应定期进行数据库的维护和数据备份。在泵站发生事故时,运行值班人员应及时打印各种事故报表。运行值班人员不得无故将报警画面及语音报警装置关掉或将报警音量调得过小。

5. 系统维护应配专用便携计算机、移动存储介质(移动硬盘、光盘、U 盘等),其他非专用便携计算机、移动存储介质不应接入计算机监控系统。应对可能引入干扰的现场设备加装屏蔽罩。监控系统配置的计算机、存储器、备品备件等设备不得移作他用。监控系统中,只有信息上传计算机可与办公网、因特网等网络连接,并装设物理隔离装置,防止病毒的侵蚀和破坏。防病毒软件应定期进行升级。

6. 对于计算机监控系统的改造与升级,应经可行性论证、方案设计和审批后方可进行。新建和改造升级后的系统,应按照设计方案的规定,进行功能和性能的全面测试,并经验收合格后,才能正式投入运行。

第五节　监控操作

1. 泵站设备操作类型主要包括:

（1）配电系统主变、站变、所变的投入和切出操作。

（2）辅助设备油、气、水系统的启停操作;主机组的开停操作。

（3）开关的单步和顺控操作;设备的调试操作。

（4）设备定值或限值的设定和修改等。

2. 泵站设备操作方式可分为现场操作和计算机监控系统上位机操作：

（1）现场操作是运行人员按泵站运行操作规程和操作票流程规定在设备现场进行的手动操作。

（2）计算机监控系统上位机操作是以监控系统上位机操作为主，辅以现场操作。此时的现场操作是指现场部分设备或某项操作不具备远方控制功能，需由运行人员手动进行的操作。

3. 泵站应明确规定运行各岗位人员使用计算机监控系统的授权范围。其授权范围应包括线路停送电、主设备与辅助设备开停等操作，定值修改，定值、流程、报警信号功能的开通与屏蔽等。运行值班人员对监控系统进行操作，应通过登录及授权验证后方可进行。

4. 对有远程控制的计算机监控系统，其优先权应由远至近依次递增并互为闭锁，其切换需由授权的运行人员完成，各级监控系统控制权的切换应具有唯一性，操作权限的切换不影响运行参数的监视和信息的上送下传。

5. 监控流程在执行过程中，运行操作人员应调出程序动态文本画面或顺控画面监视程序执行情况。在计算机监控系统上重要的控制操作应有复核检查，并设专人监护。对授权可单人操作的设备应在计算机监控系统运行管理制度中明确。

6. 操作前，运行人员应首先调用有关被控设备的画面，选择被控设备，或通过操作流程图、操作票、动态文本画面和顺控画面进行流程控制，在确认选择无误后，方可执行有关操作。操作时，运行人员应确认运行工况、运行方式及运行参数限值等信息，然后对设备进行操作控制。在按下顺控执行键后，运行人员应等待顺控信息窗口弹出，看清顺控操作提示信息后，再进行确认或撤销操作。

7. 断路器、隔离开关、接地刀闸的分合命令执行后，其位置状态的判定应以现场设备位置状态为准。

8. 在站控制级设备上执行某一设备的操作，应待操作流程退出后方可进行其他设备的操作。

第六节　巡视检查

1. 运行期间应定期对计算机监控系统设备进行巡视检查，检查范围包括计算机监控系统中的有关画面、计算机监控系统主设备和外围设备，包括打印机、语音报警系统、电源系统等。

2. 发现缺陷应及时处理和汇报，并填写在设备缺陷记录本上。异常情况时应增加巡检次数。

3. 运行期间应定期巡视检查，每 2 小时巡视 1 次。主要检查内容及要求：

（1）机房的温度、湿度等应符合设备运行规定的要求。

（2）控制柜、设备交、直流供电电源工作正常，稳定可靠。

（3）控制柜、设备接线良好，声音正常，无不正常发热现象。

（4）控制柜、设备冷却风机、UPS 电源风机运转良好，无异常声响和发热现象。

（5）监控主机数据采集、操作控制、监视报警、报表打印等自动控制正常，实时数据刷新及时准确。

（6）监控主机、交换机、服务器、现地控制单元、不间断电源、大屏、打印机等自动控制设备运行正常，无不正常报警。

（7）智能仪表、传感器、继电器等自动化元件运行正常。

（8）计算机监控系统软件、控制软件、数据库、PLC 软件等自动控制软件运行正常。

（9）视频监视系统硬盘录像主机、分配器、大屏、摄像机等设备运行正常。

（10）硬盘录像软件运行正常。

（11）图像监视、球机控制、录像、回放等功能运行正常。

（12）网络系统光纤、五类线等通信网络连接良好。

（13）交换机、防火墙、路由器等通信设备运行正常。

（14）各通信接口运行状态及指示灯状态正常。

（15）监控主机与现地控制单元、微机保护装置、微机励磁装置、测量装置等设备通信正常；监控系统、视频监视系统与上级调度系统通信正常。

第五章　建筑物运行

第一节　一般规定

1. 泵站建筑物应按设计标准运用,当超标准运用时应报上级主管部门批准后按应急预案实施。

2. 泵站工程管理单位应针对泵站运行及管理特点,制定泵站建筑物防汛预案及反事故应急预案。

3. 不应在泵站建筑物周边兴建危及泵站安全的工程或进行其他施工作业。

4. 每年应对泵站建筑物的水上部分进行 1 次全面检查,每 5 年对泵站建筑物的水下部分进行 1 次全面检查。

5. 泵站工程管理单位应根据泵站的特点合理确定工程观测项目,报上级主管部门批准后执行。

6. 泵站工程管理单位应定期对建筑物工程进行全面评级,并将评级结果上报主管部门认定。

7. 正常运行时应定期对建筑物主要结构部位进行巡查,并做好巡查记录。

8. 泵站超标准运用,遭遇较大地震、较大台风和重大事故时,应及时加强检查与观测,并将结果报上级主管部门。

9. 泵站建筑物应根据当地的具体情况,采取有效的防冻和防凌措施。

第二节　建筑物类型和基本结构

一、作用

泵站建筑物是泵房、进出水、河道等建筑物的总称。其中泵房是泵站主体工程,是用于安装主机组、辅机和电气等设备的建筑物,其主要作用是为主机组和运行人员提供必要的工作条件。

二、类型

1. 按挡水结构可分为:站身式、堤后式。

2. 按布置方式可分为：泵站/变电所合一、泵站/变电所独立布置、泵站/水闸合一。

3. 按流道形式可分为：

（1）立式水泵：进水流道主要有肘形流道、平面蜗壳形（钟形）流道和簸箕形流道等；出水流道有虹吸式弯管流道、平直管流道等。部分排灌泵站采用双向流道。

（2）卧式（贯流式）水泵：进出水流道为平直管流道。

（3）斜式水泵及部分卧式（贯流式）水泵：采用 S 形流道。

4. 按断流方式可分为：虹吸式流道为真空破坏阀，平直管流道为平板快速闸门，高扬程管道为缓闭蝶阀。

三、结构

主要由主厂房、副厂房、进出水池、上下游翼墙、进出水河道、工作桥、清污机桥、堤防、护坡等组成。其中采用平直管出水流道泵站建有启闭机房或启闭机桥；护坡结构有块石、浆砌块石和混凝土三种形式。

立式机组泵站剖面结构如图 5-1 所示。

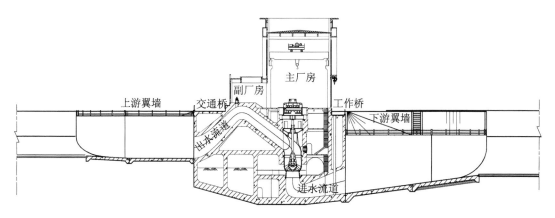

图 5-1　立式机组泵站剖面结构图

贯流泵机组泵站剖面结构如图 5-2 所示。

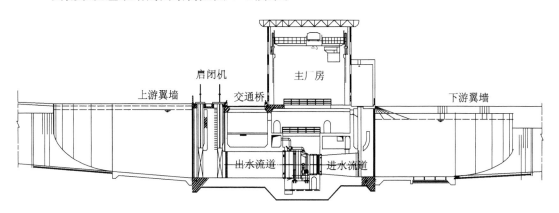

图 5-2　贯流泵机组泵站剖面结构图

第三节　泵房

一、投运前主要检查内容及要求

1. 屋面排水天沟、落水斗、落水管应畅通、无堵塞,屋面无渗漏雨现象。
2. 门窗结构完好、整洁无破损,开关灵活,关闭严密。
3. 进出水流道、水下建筑物及建筑物表面整洁,无裂缝、破损和渗漏。
4. 流道进入孔已封闭,进入孔、阀门及主水泵预埋件等与混凝土接合面无渗漏。
5. 在静水压力下,检查事故门、工作门的密封性和可靠性,必要时应做启闭试验。
6. 建筑物稳定,沉降均匀,无不正常沉降。

二、运行主要技术要求

1. 应防止过大的冲击荷载直接作用于泵房建筑物。泵站运行时应观测旋转机械或水力引起的结构振动,严禁在共振状态下运行。
2. 泵站的进出水流道过流壁面应光滑平整,投入运行后应定期进行检查维护,定期清除附着在壁面的水生物和沉积物。
3. 泵站的进出水流道和水下建筑物产生裂缝和渗漏,应及时进行处理。
4. 泵站投入运行后,应按设计要求及布置的测点对泵房不同部位进行垂直位移和水平位移观测,当产生不均匀沉降影响建筑物稳定时,应及时采取补救措施。
5. 泵房屋面排水设施应完好无损,天沟及落水斗、落水管应保证排水畅通,屋面应无渗漏雨现象。
6. 在检查观测中发现的泵房建筑物表面混凝土剥落、钢筋外露、钢支承构件锈蚀等现象应及时处理。

三、巡视检查主要内容及要求

运行期间应定期巡视检查,每天巡视不少于 1 次。主要检查内容及要求:
1. 无过大的冲击荷载直接作用于泵房建筑物。
2. 主机组运行时无较大旋转机械或水力引起的结构振动,无共振现象。
3. 流道进入孔、阀门及主水泵预埋件等与混凝土接合面无渗漏。
4. 屋面排水设施畅通、无堵塞,屋面无渗漏雨现象。
5. 门窗结构完好、整洁无破损,关闭严密。
6. 水下建筑物及建筑物表面无裂缝、破损和渗漏。
7. 建筑物稳定,沉降均匀,无不正常沉降。

第四节　进出水建筑物

一、投运前主要检查内容及要求

1. 泵站进出水池、堤岸和护砌物应完好,无异常情况。
2. 进出水池内泥沙无过大淤积。
3. 进出水池周边防护设施和警示标志完好,无来往人员和牲畜。
4. 水位标尺完整,无损坏,标志清晰。

二、运行主要技术要求

1. 泵站进出水池应保持完好,防洪排涝期间应加强对进出水池的巡视检查。如发现管涌、流土或水流对堤岸和护砌物的冲刷,应立即采取保护措施。

2. 定期检查进出水池底板,观测两侧挡土墙和护坡的变化。如发现异常,应及时采取措施。

3. 定期观测进出水池内泥沙淤积情况。当影响水流流态、增大水流阻力时,应及时进行清淤。

4. 泵站进水池前的杂草杂物应及时清除,进水河道杂草杂物较多的泵站,进水口应装设清污设施。

5. 进出水池周边应设置防护设施和警示标志,防止地面杂物、来往人员和牲畜落入。

6. 泵站运行期间严禁非工作人员在进出水池内活动。

三、巡视检查主要内容及要求

运行期间应定期巡视检查,每天巡视不少于 1 次。主要检查内容及要求:

1. 泵站进出水池、堤岸和护砌物应完好,无异常情况。
2. 进出水池内泥沙无过大淤积。
3. 进出水池周边防护设施和警示标志完好,无来往人员和牲畜。
4. 水位标尺完整,无损坏,标志清晰。
5. 泵站进水池前无过多杂草杂物,清污设施运行正常。

第五节　河道

一、投运前主要检查内容及要求

1. 河道两岸堤防林木、植被防护应完好,无明显雨淋沟、塌陷及其他异常现象。
2. 上下游河道无影响安全的问题,无船只滞留,无影响运行的漂浮物。

3. 河道两岸宣传和警示标牌完整,无破损,字迹清晰。

二、运行主要技术要求

1. 河道两岸堤防出现雨淋沟,岸墙、翼墙后的填土区发生跌塘、沉陷时,应随时修补夯实。

2. 河道两岸堤防发生渗漏、管涌现象时,应按照"上截、下排"原则及时进行处理。

3. 河道两岸堤防遭受白蚁、害兽危害时,应采用毒杀、诱杀、捕杀等方法防治;蚁穴、兽洞可采用灌浆或开挖回填等方法处理。

4. 河床淤积影响工程效益时,应及时采用人工开挖、机械疏浚或利用泄水结合机具松土冲淤等方法清除。

5. 河道两岸应设置足够的宣传和警示标牌,防止来往人员和牲畜落入。

三、巡视检查主要内容及要求

运行期间应定期巡视检查,每天巡视不少于 1 次。主要检查内容及要求:

1. 河道两岸堤防林木、植被防护完好,堤坡无明显雨淋沟、塌陷,堤后无渗水及其他异常现象。

2. 上下游河道无影响安全的问题,无船只滞留,无影响运行的漂浮物。

3. 河道两岸宣传和警示标牌完整,无破损,字迹清晰。

4. 河道水流流态应平稳,两岸无明显冲刷现象。

第六节 其他建筑物

一、投运前主要检查内容及要求

1. 交通桥、清污机桥限载限行标志完整,无破损,字迹清晰;安全防护栏杆、排水完好。

2. 翼墙应无明显不均匀沉降和裂缝,排水、导渗、减压设施完好。

3. 泵站进出水侧引河拦船设施无锈蚀、损坏;泵站上下游河道范围内警示标语、标牌齐全、完整,无违禁行为。

4. 泵站建筑物外露的金属结构无明显锈蚀。

5. 建筑物伸缩缝内填充物无填料不足或损坏。

6. 管理用房及围墙、护栏、道路、标志牌等完好,无破损,字迹清晰。

二、运行主要技术要求

1. 交通桥、清污机桥应设立明显的限载限行标志,严禁超标准运用;两侧应设安全防护栏杆;桥面雨后应无积水,排水孔的泄水应防止沿板和梁漫流。

2. 翼墙应无明显不均匀沉降,排水、导渗、减压设施应保持完好;翼墙出现裂缝,应加强观测,必要时进行处理。

3. 泵站进出水侧引河应设拦船设施(已设清污机的除外);泵站上下游河道范围内应严禁游泳、垂钓、捕鱼及未经许可的擅自施工等,并设置相关警示标语、标牌。

4. 泵站建筑物外露的金属结构应定期涂漆,遭受腐蚀性气体侵蚀和漆层容易剥落的地方应根据具体情况适当增加涂漆的次数。

5. 定期检查建筑物伸缩缝内填充物。如发现填料不足或损坏时,应及时补充或修复。

6. 管理用房及围墙、护栏、道路、标志牌等应定期进行检查和维护。

三、巡视检查主要内容及要求

运行期间应定期巡视检查,每天巡视不少于1次。主要检查内容及要求:

1. 交通桥、清污机桥限载限行标志完好;安全防护栏杆、排水完好。

2. 翼墙应无明显不均匀沉降和裂缝,排水、导渗、减压设施完好。

3. 泵站进出水侧引河拦船设施无锈蚀、损坏;泵站上下游河道范围内警示标语、标牌完整,无违禁行为。

4. 泵站建筑物外露的金属结构无明显锈蚀、损坏。

5. 建筑物伸缩缝内填充物无填料不足或损坏。

6. 管理用房及围墙、护栏、道路、标志牌等完好,无破损,字迹清晰。

第六章 运行事故及不正常运行处理

第一节 一般规定

一、运行事故处理基本原则

1. 泵站运行事故指运行时间内发生的人身、设备、建筑物等的事故。

2. 泵站运行事故处理的基本原则：

(1) 迅速采取有效措施,防止事故扩大,减少人员伤亡和财产损失。

(2) 在事故不扩大的原则下,设法保持设备继续运行。

(3) 立即向上级报告。

3. 在事故处理时,运行人员必须留在自己的工作岗位上,集中注意力保证设备的安全运行,只有在接到值班长的命令或者在对设备或人身安全有直接危险时,方可停止设备运行或离开工作岗位。

4. 运行值班人员应把事故情况和处理经过详细记录在运行日志上。

二、不正常运行处理原则

1. 泵站工程和设备发生不正常运行时,值班人员应立即查明原因,尽快排除故障。

2. 在故障排除前,值班人员应加强对该工程或设备的监视,确保工程和设备继续安全运行,如故障对安全运行有重大影响可停止故障设备或泵站的运行。

3. 不正常运行不能恢复正常,应立即向泵站负责人汇报,重要事件并应及时向上级主管部门汇报。

4. 值班人员应将不正常运行故障情况和处理经过详细记录在运行日志上。

第二节 主机组

一、主电机不能正常启动

1. 主要原因有：

(1) 启动电压过低。

（2）荷载偏大。

（3）机械卡阻。

（4）异步电机转子鼠笼式绕组接触不良或开路。

（5）同步电机转子励磁绕组或励磁装置故障。

（6）同步电机投励过早或未投励。

2. 处理方法和步骤：

（1）应立即停止启动。

（2）检查电源电压是否过低。

（3）检查荷载是否偏大。

（4）检查是否存在机械卡阻或水泵轴承抱死。

（5）检查异步电机转子鼠笼式绕组是否接触不良或开路。

（6）检查同步电机转子励磁绕组或励磁装置是否存在故障。

（7）检查同步电机是否投励过早或未投励。

（8）排除故障后再投入运行。

二、主电机电源突然停电

1. 主要原因有：

（1）单台电机故障保护跳闸。

（2）进线断路器故障保护跳闸，运行机组全部停机。

（3）主变故障保护跳闸，运行机组全部停机。

（4）电网故障保护跳闸，运行机组全部停机。

2. 处理方法和步骤：

（1）应立即查明故障范围予以排除。

（2）检查断流装置是否已正常关断，主机组是否已停止运转，否则应立即采用辅助设施使其可靠断流。

（3）检查励磁装置是否已停运，否则应立即断开其交流电源开关。

（4）检查主电机断路器是否已在断开位置，否则应立即予以断开。

（5）退出各断路器手车或拉开隔离刀闸。

（6）检查停电原因，进行处理，并尽快恢复运行。

三、主电机运行温度异常

1. 主要原因有：

（1）测温元件或测温装置损坏。

（2）电缆屏蔽接地不良，磁场干扰。

（3）接线接触不良或短路。

（4）超设计负荷运行。

（5）运行电压过高。

（6）电机通风不畅。

（7）电机定、转子表面积尘过多。

（8）同步电机励磁电流过大。

（9）电机转子线圈匝间短路。

2. 处理方法和步骤：

（1）应立即查明原因予以排除。

（2）检查测温设备或温度模块是否存在故障。

（3）检查电缆屏蔽接地是否可靠，无多点接地现象。

（4）检查导线是否存在连接螺丝松动、虚焊或短路。

（5）检查电机电压、电流是否正常。

（6）检查电机冷却风机和通风是否正常。

（7）检查电机定、转子表面是否积尘过多。

（8）检查电机转子线圈是否存在匝间短路。

四、主机组轴瓦温度异常上升

1. 主要原因有：

（1）冷却水中断。

（2）测温元件或测温装置损坏。

（3）接线接触不良或短路。

（4）轴瓦烧损。

2. 处理方法和步骤：

（1）如温度上升缓慢且数值有不稳定现象，可按下列第（3）、（4）、（5）条继续进行检查。

（2）如温度持续上升且有加快趋势，变化幅度较大，即使未达允许最高值，也应立即停机。停机后温度数值仍继续上升 3～5 ℃，一般为轴瓦烧损；但如停机后温度数值未再继续上升，可按下列第（3）、（4）、（5）条继续进行排除。

（3）检查是否冷却水中断或冷却器有堵塞现象。

（4）检查测温设备或温度模块是否存在故障。

（5）检查导线是否存在连接螺丝松动、虚焊或短路。

五、电动机甩油

甩油主要发生于立式电动机，分为内甩油和外甩油两种情况。

（一）内甩油

1. 主要原因有：

（1）机组在运行时，由于转子旋转鼓风，使推力头轴颈下侧至油面间容易形成局部负压，把油面吸高、涌溢，甩溅到电动机内部。

（2）推力头内壁与挡油圈内壁因制造和安装的缺陷，产生不同程度的偏心，使设备之间的油环很不均匀，如果这种间隙设计很小，则相对偏心率就增大，这样当推力头带动静油旋转时,相当于一个偏心泵的作用,使油环产生较大的压力脉动,并向上窜油,越过挡油圈,甩溅到电动机内部。

（3）油槽油位偏高或挡油圈高度太低,会使其油面至挡油圈顶部的高度太低,油易于越过挡油圈顶,溢出到电动机内部。

2. 处理方法和步骤:

（1）上机架安装时,应检查挡油圈的高度及其与机组固定部分的同心度的情况,尽量将上机架挡油圈调整到机组的中心。

（2）检查推力头上稳压孔的布置数量和孔径,必要时要增加稳压孔数,使其在圆周上分布 3～6 孔,或扩大孔径,使孔径达 $\phi 20$ mm 左右,这样使推力头内外平压,防止内部负压而使油面吸高甩出。

（3）加大旋转件与挡油筒之间的间隙,使相对偏心率减小,由此也降低了油环的压力脉动值,保持了油位的平稳,防止油液的飞溅上窜;增加挡油圈与推力头内壁之间隙,可车削挡油圈外壁或推力头内壁,但必须保证挡油圈或推力头的强度。

（二）外甩油

1. 主要原因有:

（1）机组运行时,由于推力头镜板的旋转,其内壁带动黏滞的静油运动,使油面因离心力作用,向油槽外壁涌高、飞溅或搅动,易使油珠或油雾从油槽盖板缝隙外逸,形成外甩油。

（2）轴承使用过程中,随着轴承温度的上升,使油槽的油和空气体积膨胀,因而产生内压。在内压的作用下,油槽内的油雾随气体从盖板缝隙处外逸,形成外甩油。

2. 处理方法和步骤:

（1）加强油槽盖板的密封性能。在盖板与推力头旋转件之间可再加一层羊毛毡密封,半圆面的垫片及平面垫应保持完好、密封。

（2）测量装置的引线与油缸盖板的接触处应尽量保证密封,并注意不能压坏、折断测温装置的引线。

（3）在油槽盖板上加装呼吸器,使油槽液面与大气相通,以平衡内外压力。

（4）油位不宜太高,一般最高油位不应高于导轴承的中心。

六、液压叶片调节受油器溢油

1. 主要原因有:
（1）回油管堵塞。
（2）放气阀未关严。
（3）电机轴顶部挡油罩密封损坏。
（4）浮动环和操作油管之间配合间隙过大。
（5）浮动环和操作油管烧损致其配合间隙增大。

2. 处理方法和步骤:
（1）发现液压调节溢油,应停机处理。
（2）检查回油管是否存在堵塞现象。

（3）检查放气阀是否关严。

（4）解体检查受油器是否存在挡油罩密封损坏、浮动环和操作油管烧损、浮动环和操作油管配合间隙增大现象。

七、机组运行中振动过大

1. 主要原因有：

（1）叶轮间隙不等引起的振动

叶轮间隙不等会使主轴产生径向振摆。由于流过不均匀间隙的流速不等，导致间隙中压力不等，而使大轴产生周期性振摆。

（2）叶片角度不同步引起的振动

叶片角度不同步，一是制造原因，二是叶片安装角度不统一，会造成水力的不平衡而引起振动。

（3）气蚀引起的振动

气蚀是因水流紊乱引起压力变化，叶片的进口边正背面产生气泡，进入高压区受挤压面爆裂，冲击力作用在叶片和泵壳内壁面，再受反作用力的影响，引起振动，并伴有噪音。

（4）启动过程引起的振动

对于虹吸式出水流道，机组启动在虹吸形成的过程中，流道内的空气压力波动引起振动，振动过程的长短，取决于出水侧水位的高低，水位低，流道内残存的空气就多，排气的时间就长，振动的时间也就长。

对于采用拍门的平直管式流道就是一种阻尼式的水锤振动，这种振动一般难以避免，但振动时间一般较为短暂。

（5）水泵轴承损坏引起的振动

1）水泵轴承由于磨损严重间隙增大。

2）轴承本身材质的缺陷引起的脱落。

3）轴承固定螺栓松动脱落引起轴承松动甚至脱落。

4）安装检修质量不符合要求，如轴承间隙过小、垂直同轴度偏差太大、主轴摆度偏大、轴承与导叶体轴承窝配合间隙过大、固定螺栓紧固不够等原因，在运行中，因振动而使轴承松动损坏。

以上原因，严重时可造成叶片与叶轮外壳的碰擦。

（6）其他水力因素引起的振动

1）水流在进水池中发生流向改变，引起一连串的漩涡，将空气带入，引起振动。

2）拦污栅堵塞，使过水断面减小，流速相对增加，降低进口压力，提高了相对速度，以及流态紊乱加重气蚀的发生。

2. 处理方法和步骤：

（1）提高检修质量。

（2）选用质量高、耐磨损及合适的轴承间隙。

（3）改善进水条件，避免拦污栅堵塞。

（4）有条件时，提高下游水位。

（5）加强主水泵运行巡视,如水泵填料磨损加剧及叶轮外壳处有异常摩擦声响时应停机检查水导轴承。

八、主机组运行中的停运

主机组运行中有下列情况之一时,应立即停止运行:

1. 同步电机带励启动或启动时间异常。

2. 主机组启动后,出水口断流装置工作异常。

3. 主电机、电气设备发生火灾、人身或设备事故。

4. 主电机声音、温升异常,同时转速下降（失步）。

5. 主水泵内有清脆的金属撞击声。

6. 主机组发生强烈振动。

7. 同步电机的碳刷和滑环间产生火花且无法消除。

8. 同步电机励磁装置故障无法恢复正常。

9. 辅机系统故障无法修复,危及全站安全运行。

10. 发生危及主电机安全运行的故障,保护装置拒绝动作。

11. 直流电源消失,一时无法恢复。

12. 上下游引河道发生安全事故或出现危及泵站安全运行的险情。

第三节　电气设备

一、变压器内部声音异常

变压器正常运行时声音应是连续的"嗡嗡"声。当变压器非正常运行时声音不均匀、声音异常增大或有其他异常响声。

1. 主要有以下原因:

（1）负荷变化较大,过负荷运行,系统短路或接地。

（2）内部紧固件穿芯螺栓松动,引线接触不良。

（3）系统发生铁磁谐振。

2. 处理方法和步骤:

（1）应立即查明原因予以排除,并及时向泵站负责人报告。

（2）检查是否存在过负荷运行、系统短路或接地现象。

（3）情况严重时可向泵站负责人汇报停止变压器运行。

（4）变压器切出后再进一步检查。

二、变压器瓦斯保护动作

1. 原因主要有:

（1）二次回路故障。

（2）因检修、加油时气体进入变压器。

（3）温度发生变化、渗漏油导致变压器油位下降过低。

（4）内部发生电气短路故障。

变压器瓦斯保护有两种，轻瓦斯保护和重瓦斯保护。轻瓦斯保护作用于信号；重瓦斯保护一般作用于跳闸。

2. 变压器发生轻瓦斯保护信号动作时，处理方法和步骤：

（1）立即向泵站负责人报告。

（2）应严密监视变压器的运行情况。

（3）立即查明原因，予以处理。

（4）必要时可停止变压器运行。

3. 变压器发生重瓦斯保护跳闸动作时，处理方法和步骤：

（1）立即向泵站负责人报告。

（2）应立即检查变压器的温升、油位及其他保护动作情况。

（3）进行变压器油色谱分析等化验工作。

（4）未查明故障原因前不应试送电。

三、变压器继电保护动作

1. 原因主要有：

（1）二次回路或继电器本身故障。

（2）设备内部故障。

（3）外部配电故障。

2. 处理方法和步骤：

（1）立即向泵站负责人报告。

（2）检查二次回路或继电器是否存在故障。

（3）检查被保护设备是否存在故障。

（4）检查是否由泵站配电设备或电网故障引起。

（5）未排除故障前不应试送电。

四、变压器运行中的停运

变压器运行中有下列情况之一时，应立即停止运行：

1. 声音异常增大或内部有爆裂声。

2. 严重渗漏油或发生喷油。

3. 套管有严重的破损和放电现象。

4. 冒烟起火。

5. 发生危及变压器安全的故障，而变压器有关保护装置拒绝动作。

6. 附近设备着火、爆炸等，威胁变压器安全运行。

7. 负荷、冷却条件正常，温度指示可靠，变压器温度异常上升。

五、高压断路器拒合

1. 原因主要有：
(1) 断路器控制回路合闸条件不满足要求。
(2) 断路器控制回路接线接触不良。
(3) 断路器本体机械故障。

2. 处理方法和步骤：
(1) 应立即停止合闸操作。
(2) 退出断路器手车或拉开刀闸。
(3) 检查断路器控制回路合闸条件是否满足要求。
(4) 检查断路器控制回路接线是否接触不良。
(5) 检查断路器本体是否存在机械故障。

六、高压断路器拒分

1. 原因主要有：
(1) 断路器控制回路接线接触不良。
(2) 断路器本体机械故障。

2. 处理方法和步骤：
(1) 应立即停止远方操作,并及时向泵站负责人报告。
(2) 在现场电气操作机构进行分闸操作。
(3) 仍拒分时,改用断路器本体机械操作机构进行分闸操作。
(4) 仍拒分时,采用越级分闸,再退出该断路器。
(5) 检查断路器控制回路接线是否接触不良。
(6) 检查断路器本体是否存在机械故障。
(7) 未排除故障前不应投入运行。

七、高压断路器运行中的停运

高压断路器运行中有下列情况之一时,应立即停止运行：
1. 油断路器喷油或油位低于制造厂规定的下限。
2. SF_6 断路器 SF_6 气体压力降至闭锁压力。
3. 真空断路器真空破坏。
4. 绝缘瓷套管断裂、闪络放电异常。
5. 断路器有异味或声音异常。

八、SF_6 气体密度继电器闭锁的处理

1. 原因主要有：
(1) SF_6 气体密度继电器发生故障。
(2) SF_6 气室密封损坏。

2. 处理方法和步骤：

（1）立即向泵站负责人报告。

（2）切出负荷：停止机组运行，切出站用变压器。

（3）向上一级电力调度申请越级跳闸，停止泵站高压供电线路、主变压器运行。

（4）停电后，分开进线断路器、隔离开关。

（5）开启室内通风设备，室内氧气浓度达到 18％以上时，可进行故障原因查找和设备检修。

九、GIS 发生 SF$_6$ 气体泄漏

1. 原因主要有：

（1）SF$_6$ 气室密封损坏。

（2）发生电气击穿 SF$_6$ 气室桶体。

2. 处理方法和步骤：

（1）工作人员应立即撤离现场。

（2）立即向泵站负责人报告。

（3）切出负荷：停止机组运行，切出站用变压器。

（4）向上一级电力调度申请越级跳闸，停止泵站高压供电线路、主变压器运行。

（5）停电后，分开进线断路器、隔离开关。

（6）开启室内通风设备，如进入室内应穿防护服，戴塑料手套、防毒面具等，做好必要的防护。在室内氧气浓度达到 18％以上时，可进行故障原因查找和设备检修。

十、10(6)kV 系统发生接地故障

1. 原因主要有：

（1）10(6)kV 系统电压互感器一次或二次回路熔断器发生一相或两相熔断。

（2）10(6)kV 系统电压互感器二次回路接触不良。

（3）10(6)kV 系统电气设备发生绝缘损坏现象。

2. 处理方法和步骤：

（1）立即向泵站负责人报告。

（2）检查 10(6)kV 系统电压互感器一次或二次回路熔断器是否发生熔断现象。如一次回路熔断器发生熔断现象，应在拉出电压互感器手车或拉开隔离开关做好安全措施后，检查熔断原因，排除故障后，可重新投入运行；如二次回路熔断器发生熔断现象，检查熔断原因，排除故障后，可重新投入运行。

（3）检查 10(6)kV 系统电压互感器二次回路是否存在接触不良现象。

（4）检查 10(6)kV 系统电气设备是否发生绝缘损坏现象。

（5）10(6)kV 系统发生接地故障不能及时排除，应停止主机组或站变运行，再进行故障查找，系统接地运行时间不应超过 2 h。

十一、电力电容器运行中的停运

电力电容器运行中有下列情况之一时,应立即停止运行:

1. 电容器爆炸。
2. 电容器瓷套管闪络放电。
3. 电容器外壳鼓肚异常。
4. 电容器喷油、起火。
5. 电容器外壳温度超过 55 ℃或室温超过 40 ℃,采取降温措施无效。
6. 电容器声音异常。

十二、直流电源接地

1. 原因主要有:
(1) 直流系统设备对地绝缘下降。
(2) 直流系统设备绝缘损坏发生接地。
2. 处理方法和步骤:
(1) 应在汇报总值班同意后进行,并有专人监护。
(2) 短时间退出可能误动作的保护。
(3) 对可能联动的设备,应采取措施防止设备误动作。
(4) 用绝缘监察装置检查判明接地极和接地分路,拉路确定后,并进一步查找故障点。

十三、直流电源故障停电

1. 原因主要有:
(1) 总出线开关故障跳闸。
(2) 分路出线开关故障跳闸。
2. 处理方法和步骤:
(1) 立即向泵站负责人报告。
(2) 立即进行故障排除,并应密切注意设备运行状态。一旦发现设备运行异常,应立即采用机械分断相应断路器,并采取措施使机组断流装置可靠动作。
(3) 短时间内不能恢复直流供电的,应由机械操作按钮手动停止全部或相应主电机、站用变压器、主变压器的运行。
(4) 查明故障停电原因,排除故障后,再重新投入运行。

第四节 辅助设备

一、冷却水中断

1. 原因主要有：

（1）供水泵进水口堵塞。

（2）供水泵出水口滤清器堵塞。

（3）供水泵叶轮损坏或脱落。

（4）供水泵电动机故障。

（5）供水泵电动机控制电路保护电路动作。

（6）供水泵电动机电源失电。

2. 处理方法和步骤：

（1）立即向泵站负责人报告。

（2）主机组正常运行时发现冷却水供应中断，应加强轴瓦温度监视。

（3）立即投入备用供水泵。

（4）立即查明供水中断原因，并予以处理。

（5）排除供水中断故障期间，一旦发现轴瓦温度异常上升，应立即停止机组运行。

二、空压机故障停运

主要针对用于开启真空破坏阀气系统的空压机。对于主水泵密封空气围带气系统的空压机主要用于主水泵停机状态或检修时的泵轴止水。

1. 原因主要有：

（1）空压机机械故障。

（2）空压机电动机故障。

（3）空压机自动控制电路故障。

（4）空压机电源失电。

2. 处理方法和步骤：

（1）用于打开真空破坏阀的空压机发生故障时，应加强压力储气罐压力的监视，做好紧急停机准备。

（2）立即投入备用空压机。

（3）立即查明故障原因并予以处理，恢复运行。

三、启闭机压油装置不能自动建压

1. 原因主要有：

（1）油位过低。

（2）油泵运行不正常。

（3）自动控制系统故障。

（4）溢流阀堵塞卡死。

（5）减载启动电磁阀电气接触不良或机械卡死。

2．处理方法和步骤：

（1）应加强液压闸门位置保持的监视，做好紧急停机准备。

（2）检查油位是否正常。

（3）检查油泵运行是否正常。

（4）检查自动控制系统是否存在故障。

（5）检查溢流阀是否有堵塞卡死现象。

（6）检查减载启动电磁阀是否存在电气接触不良或机械卡死现象。

第五节　金属结构

一、液压闸门不能自动回升

1．原因主要有：

（1）启闭机压油装置自动控制系统故障。

（2）启闭机压油装置压力不满足要求。

（3）电磁阀组堵塞卡死或不能可靠动作。

（4）启闭机油缸密封损坏，漏油严重。

2．处理方法和步骤：

（1）应加强液压闸门位置保持的监视，做好紧急停机准备。

（2）检查启闭机压油装置工作是否正常。

（3）检查启闭机压油装置压力是否正常。

（4）检查启闭机油缸是否漏油严重。

（5）如电磁阀组堵塞或启闭机油缸漏油严重应停机处理。

二、卷扬式启闭机制动器失灵

卷扬式启闭机制动器失灵，闸门下滑。

1．原因主要有：

（1）制动器闸瓦间隙过大或接触面过小。

（2）闸瓦的夹紧力调整过小。

2．处理方法和步骤：

（1）调整闸瓦间隙和增大接触面。

（2）调整闸瓦的夹紧力。

第六节　计算机监控系统

一、监控系统不正常运行处理基本原则

1. 泵站运行时,如计算机监控系统不能正常运行,应立即查明原因,处理后恢复运行。如不能恢复正常运行,应立即向泵站负责人汇报,尽快排除故障。

2. 在故障排除前,应加强对运行设备声响、振动、电量、温度等的监视。

3. 对由计算机监控系统进行自动控制的设备,改用手动操作,并加强对该设备的巡视检查,确保设备安全运行。

二、站监控层设备与现地控制单元通信中断

1. 原因主要有:

(1) 监控层与对应现地控制单元通信故障。

(2) 现地控制单元工作不正常。

(3) 现地控制单元网络接口模件及相关网络设备故障。

(4) 现地控制单元网络接口模件及相关网络设备软件连接故障。

2. 处理方法和步骤:

(1) 退出与该现地控制单元相关的控制与调节功能。

(2) 检查站监控层与对应现地控制单元通信进程。

(3) 检查现地控制单元工作状态。

(4) 检查现地控制单元网络接口模件及相关网络设备。

(5) 必要时,做好相关安全措施后在站监控层设备和现地控制单元侧分别重启通信进程。

三、站监控层与调度数据通信中断

1. 原因主要有:

(1) 数据通信链路设备工作不正常。

(2) 通信进程所在设备软件故障。

(3) 通信进程所在设备软件连接故障。

2. 处理方法和步骤:

(1) 发现站监控层与调度数据通信中断,调度值班人员应立即通知对侧运行值班人员,两端应分别联系维护人员共同进行处理。

(2) 在调度侧退出与该站监控层数据通信相关的控制与调节功能。

(3) 检查数据通信链路,包括通信处理机、网关机、路由器、防火墙、光/电收发器、通信线路等工作状况。

(4) 在两侧分别检查通信进程所在机器的操作系统、通信进程、通信协议的工作状态

和日志。

(5) 必要时,做好相关安全措施后在两侧重启通信进程。

四、模拟量测点异常

1. 原因主要有:

(1) 现地控制单元模拟量采集通道工作不正常。

(2) 电量变送器或非电量传感器工作或连接不正常。

(3) 数据库中相关模拟量组态参数有错。

2. 处理方法和步骤:

(1) 退出与该测点相关的控制与调节功能。

(2) 采用标准信号源检测对应现地控制单元模拟量采集通道是否正常。

(3) 检查相关电量变送器或非电量传感器是否正常。

(4) 检查数据库中相关模拟量组态参数(如工程值范围、死区值等)是否正确。

五、温度量测点异常

1. 原因主要有:

(1) 现地控制单元温度量测点采集通道工作不正常。

(2) 温度传感元件或温度装置工作或连接不正常。

(3) 现地控制单元数据库中相关温度量的组态参数有错。

2. 处理方法和步骤:

(1) 退出与该测点相关的控制与调节功能。

(2) 用标准电阻检验对应现地控制单元温度量测点采集通道是否正常。

(3) 检查温度传感元件。

(4) 检查现地控制单元数据库中相关温度量的组态参数(如工程值范围、死区值等)是否正确。

六、开关量测点异常

1. 原因主要有:

(1) 现地控制单元开关量采集通道工作不正常。

(2) 现场开关量输入回路有短接或断线现象。

(3) 现场设备工作不正常。

2. 处理方法和步骤:

(1) 退出与该测点相关的控制与调节功能。

(2) 短接或开断对应现地控制单元开关量采集通道以检测模件是否正常。

(3) 检查现场开关量输入回路是否短接或断线。

(4) 检查现场设备是否正常。

七、控制操作命令无响应

1. 原因主要有：

(1) 操作员工作站 CPU 资源占用过高。

(2) 计算机监控系统网络通信工作不正常。

(3) 相关控制流程出错。

(4) 联动设备动作条件不满足。

(5) 相关对象定义了不正确的约束条件。

2. 处理方法和步骤：

(1) 检查操作员工作站 CPU 资源占用情况。

(2) 检查计算机监控系统网络通信是否正常。

(3) 检查相关控制流程是否出错。

(4) 检查联动设备动作条件是否满足。

(5) 检查相关对象是否定义了不正确的约束条件。

八、系统控制命令现场设备拒动

1. 原因主要有：

(1) 开关量输出模件工作不正常。

(2) 开关量输出继电器卡死、触点接触不良或损坏。

(3) 开关量输出工作电源未投入或故障。

(4) 柜内接线松动或连接不良。

(5) 被控设备的控制、电气、机械本身存在故障。

2. 处理方法和步骤：

(1) 检查开关量输出模件是否故障。

(2) 检查开关量输出继电器是否故障。

(3) 检查开关量输出工作电源是否未投入或故障。

(4) 检查柜内接线是否松动，连接是否可靠。

(5) 检查被控设备的控制、电气、机械本身是否故障。

九、控制流程退出

1. 原因主要有：

(1) 相应判据条件出现测值错误。

(2) 判据条件所对应的设备状态不满足控制流程要求。

(3) 判据条件限值错误。

2. 处理方法和步骤：

(1) 检查相应判据条件是否出现测值错误。

(2) 检查判据条件所对应的设备状态是否不满足控制流程要求。

(3) 检查判据条件限值是否错误。

十、系统控制调节命令现场设备动作不正常

1. 原因主要有：

(1) 现场被控设备工作不正常。

(2) 控制输出脉冲宽度不满足要求。

(3) 调节参数设置不合理。

2. 处理方法和步骤：

(1) 检查现场被控设备是否故障。

(2) 检查控制输出脉冲宽度是否正常。

(3) 检查调节参数设置是否合适。

十一、不能打印报表、报警列表、事件列表

1. 原因主要有：

(1) 打印机缺纸，打印介质缺少。

(2) 打印机本身有故障。

(3) 打印的信息过多。

2. 处理方法和步骤：

(1) 检查打印机是否缺纸、打印介质是否需更换。

(2) 检查打印机自检是否正常。

(3) 检查打印队列是否阻塞。

十二、部分现地控制单元报警事件显示滞后

1. 原因主要有：

(1) 本节点的事件工作不正常。

(2) 对应现地控制单元时钟不同步。

(3) 对应现地控制单元出现事件、报警异常频繁。

(4) 对应现地控制单元 CPU 负荷率过高。

(5) 对应现地控制单元网络节点网络通信负荷过大。

2. 处理方法和步骤：

(1) 检查事件列表，确认其他节点的事件正常。

(2) 检查对应现地控制单元时钟是否同步。

(3) 检查对应现地控制单元是否出现事件、报警异常频繁。

(4) 检查对应现地控制单元 CPU 负荷率。

(5) 检查对应现地控制单元网络节点网络通信负荷。

十三、报表无法正常自动生成

1. 原因主要有：

(1) 历史数据库的数据采集功能出错。

(2) 报表自动生成进程工作不正常。

(3) 报表自动生成定义不正确。

2. 处理方法和步骤：

(1) 检查历史数据库的数据采集功能。

(2) 检查报表自动生成进程工作是否正常。

(3) 检查报表自动生成定义是否正确。

十四、系统时钟误差

1. 原因主要有：

(1) GPS 时间同步钟设备故障。

(2) 自动对时程序未运行。

(3) 自动对时程序设置错误。

2. 处理方法和步骤：

(1) 检查 GPS 时间同步钟设备启动是否正常。

(2) 检查 GPS 天线及连接线是否紧固。

(3) 检查自动对时程序是否运行。

(4) 检查自动对时程序设置是否正确。

十五、球形云台不能控制

1. 原因主要有：

(1) 控制信号线接错。

(2) 球形云台地址不对应。

(3) 协议或通信波特率不匹配。

2. 处理方法和步骤：

(1) 接线更正。

(2) 地址修改。

(3) 调整协议与控制器匹配。

(4) 重新上电。

十六、视频图像不稳定

1. 原因主要有：

(1) 视频线路接触不良。

(2) 视频线路过长。

(3) 视频线路周围有干扰设备。

2. 处理方法和步骤：

(1) 排除故障。

(2) 对线路较长的摄像机采用光纤信号传输。

(3) 检查视频信号线屏蔽层的接地是否良好,对视频信号线的管道进行接地。

第七节　建筑物

一、堤防发生渗漏、流土和管涌

1. 原因主要有：

(1) 沉陷裂缝。

(2) 止水设施失效。

(3) 水流的冲刷。

(4) 动物掏掘的洞穴。

2. 处理方法和步骤：

(1) 立即向泵站负责人汇报,险情严重时并应及时向上级部门汇报。

(2) 临水坡截渗。

①敷盖物截渗：当洞口较大或附近洞口较多时,可采用大面积土工膜或蓬布,沿堤防迎水坡坡肩从上往下顺坡铺盖洞口,然后抛压土袋,并抛填黏土;对于浅水处小进水口,可用网兜装上草泥拌和料或直接用棉衣、棉被塞堵,形成前戗截渗。

②散抛黏土截渗：当堤坝临水坡漏洞口较多较小、范围又较大、进水口难以找准或找不全时,在黏土料充足的地方,可沿临水坡散抛黏土,形成隔渗前戗。

(3) 背水坡反滤导渗：不扰动渗漏水处土体满铺土工布,在土工布上加筑滤料,在滤料上加压块石,形成反滤导渗。

(4) 围堰堵漏：在背水坡用土袋堆砌围堰,把涌水口处围住,做成像水井一样,其高度以涌水口处冒清水时为止,形成围堰堵漏。

二、翼墙断裂或倾斜

1. 原因主要有：

(1) 翼墙沉陷不均。

(2) 翼墙后土体、水压力过大。

2. 处理方法和步骤：

(1) 立即向泵站负责人汇报,险情严重时并应及时向上级部门汇报。

(2) 采用墙后土体减载,墙下增设排水孔。

(3) 挡墙前抛石或加做支撑墙。

(4) 加强人工巡查。

(5) 设置水平位移、垂直位移观测标点,采用全站仪、水准仪、钢尺等量具定期观测险情变化情况,做好记录和资料分析比较工作。

三、泵房底板或水下挡墙渗漏

1. 原因主要有：

（1）底板或水下挡墙发生裂缝。

（2）伸缩缝止水密封失去作用。

2. 处理方法和步骤：

（1）立即向泵站负责人汇报，险情严重时及时向上级部门汇报。

（2）在底板上渗漏处及时采用反滤导渗。当渗流出逸、流速较大时，地基土容易产生渗透变形，设置反滤层的目的是防止地基或土的颗粒被渗流带走，不致产生渗透变形。

（3）底板或水下挡墙发生裂缝时，首先要清理干净，然后用压力灌环氧材料或聚氨酯材料进行堵漏和补强。

（4）伸缩缝止水密封损坏的处理，尽量选择在非运行期上游水位较低时进行维修，将原止水凿除，放置新止水并埋置引流管，然后用细石膨胀砼①找平，止水两边角钢或槽钢膨胀螺丝固定压紧待砼达到100％强度后，用早强砼封堵引流管。

（5）当泵站建筑物发生渗漏险情时，应该及时采取反滤导渗，查找渗漏路径点进行封堵，同时在渗漏险情严重时应加强泵房沉陷观测，观察有无下挫或不均匀沉陷。

第八节　其他

一、泵站工程或设备超设计标准运行

1. 原因主要有：

（1）下游水位低于设计水位。

（2）上游水位高于设计水位。

（3）主机组运行扬程超过最高设计扬程。

2. 处理方法和步骤：

（1）泵站工程或设备不应超设计标准运行，如需超设计标准运行，应报请上级主管技术部门批准，必要时并经原设计单位校核，在制定应急方案后方可进行。

（2）泵站工程或设备超设计标准运行时，运行值班人员应熟练掌握应急方案的相关技术规定。

（3）加强对泵站和设备运行的巡视检查，若有异常应立即向泵站负责人汇报，情况紧急时可立即停止泵站或设备的运行。

二、泵站发生火灾

1. 原因主要有：

（1）油类因设备故障或人员操作不当引起的起火。

（2）电气设备因绝缘损坏或过热引起的起火。

---

①砼：混凝土。

2. 处理方法和步骤:

(1) 立即向泵站负责人汇报,险情严重时并应及时向上级部门汇报。

(2) 泵站运行现场发生火灾,运行值班人员应沉着冷静,立即赶到着火现场,查明起火原因。

(3) 电气原因起火,应首先切断相关设备的电源,停止设备运行,用干粉或二氧化碳灭火器灭火。

(4) 油类起火,应首先停止相关设备或可能波及的设备的运行,用干粉、二氧化碳或泡沫灭火器灭火。

(5) 火情严重时,在切断相关设备电源后,应立即拨打 119 向消防部门报警。

(6) 若发生人身伤害,应做好现场救护工作。情况严重时,应立即拨打 120 向急救中心求助。

第七章　安全管理

第一节　一般规定

一、安全生产组织

1. 泵站工程管理单位应建立、健全安全生产管理组织,成立安全生产领导小组。安全生产领导小组由泵站负责人、技术负责人及安全员等组成。

2. 安全生产组织应根据人员的变化情况,及时进行调整和充实,并向上级报备。

3. 泵站工程管理单位应根据安全生产的实际情况,对维修现场、临时安装工地及其他工作场所指定安全员。

二、安全生产责任

1. 安全生产要按照"管生产必须管安全"和"谁主管、谁负责"的原则,严格落实"一把手"负责制和安全生产"一票否决"制,切实履行好安全生产监管职责和主体责任,并将安全生产责任逐级分解,落实到基层,做到职责明晰、任务明确、措施到位。

2. 泵站负责人为安全生产第一责任人,全面负责本单位一切生产活动中的设备和人员的安全工作。

3. 安全生产领导小组责任:

带领职工学习安全规程,加强对职工的安全技术培训,做好安全生产的宣传、教育工作,增强全体职工的安全意识,制止违章指挥、违章操作、违反劳动纪律等"三违"现象。积极提出安全生产方面的合理化建议,组织工程管理及综合经营等活动中的安全检查,参加事故原因的调查,并写出事故报告书,落实防范措施。对编制外用工按照"谁用工、谁负责"的原则,做好安全技术培训及安全思想教育,加强安全管理。

4. 安全生产领导小组组长职责:

对本单位安全生产具体负责,是本单位安全生产的直接责任人。贯彻执行安全生产规章制度,对本单位在生产过程中的设备和人员安全、健康负全面责任,不违章指挥。经常对职工进行安全生产知识、安全技术规程和劳动纪律的教育,负责报告本单位各种设施存在的安全隐患,对从事特种作业的人员组织训练,定期组织安全生产检查工作,查出隐患及时整改,对本单位设备事故、伤亡事故的报告、统计、调查的及时性和正确性负责,并分析事故原因,拟定整改措施。负责本单位对外开展综合经营活动中的安全管理及协调、监督工作。

5. 班（组）长、项目经理安全生产主要职责：

组织职工学习本单位、本岗位的安全生产规章制度。要求职工严守劳动纪律，不违反规章制度，按章作业。定期组织本班组成员检查机器设备、安全用具和安全设施，使其经常处于良好状态，及时整理工作场所，保持清洁文明生产，经常组织本班组人员进行安全生产技术学习，推广安全生产经验，正确分析事故原因，提出改进措施。负责对项目中的现场安全的组织、指导、检查、监督，对编制外用工的管理及对外经营工地现场的安全监督。

6. 安全员主要职责：

协助领导组织本单位人员（含编制外用工）学习安全生产知识、安全技术、规章制度。经常检查水工建筑、机电设备和工作地点安全状况。协助领导分析本单位的安全生产情况，并对事故隐患提出预防性措施和建议。检查职工遵守规章制度和劳动纪律的情况，有权制止本单位人员在生产活动中的"三违"现象，教育职工正确使用个人防护用品。协助领导具体负责经营及施工现场的安全检查、监督工作。

7. 一般职工（含编制外用工）安全生产主要职责：

自觉遵守安全生产规章制度和劳动纪律，不违章作业，并随时制止他人违章作业，正确使用和爱护机电设施、安全用具和个人防护用品。积极参加安全生产各项活动，主动提出改进安全生产工作的意见，真正做到不伤害别人、不伤害自己、不被别人伤害等"三不伤害"。

三、安全管理制度

1. 应根据泵站设备状况制定反事故预案，根据泵站工程特点制定防洪预案和综合应急预案，以及制定安全管理制度。

2. 安全管理制度主要有：

危险源管理制度，安全工作制度，检修安全制度，事故处理制度，危险品管理制度，事故调查与报告制度，安全器具管理制度，消防器材管理制度，特种设备安全制度，学习、演练制度，安全防火制度，安全保卫制度，安全技术教育与考核制度及事故应急处理预案等。

四、安全管理条件

1. 工作人员的劳动保护用品应合格、齐备。各类作业人员应被告知其作业现场和工作岗位存在的危险因素、防范措施及事故紧急处理措施。

2. 现场的工作条件和安全设施等应符合有关标准、规范的要求。现场使用的安全工器具应合格并符合有关要求。

3. 泵站工程所在的堤防地段，应按防汛的有关规定做好防汛抢险技术和物料准备。

4. 泵站工程管理范围内及在重大危险源现场，应设置安全警示标志和危险源点警示牌，以及必要的防护设施，重要部位应标识安全巡视路线，泵房内应有明显的逃生路线标识。

5. 泵站运行、检修中应根据现场情况采取防触电、防高空坠落、防机械伤害和防起重伤害等安全措施。

6. 消防设施按规范配置，应定期检查，保证消防设施完好。

7. 对易燃物品必须有密封容器专门保管,按规定地点存放,严禁靠近火源。

五、人员安全管理

1. 对职工进行经常性的安全生产教育。安全生产教育包括安全意识、法规、政策、规章制度及安全技术知识教育。增加职工安全生产意识,熟悉安全法规和各项规章制度,在实际工作中严格执行,掌握安全生产技能,杜绝和减少伤亡事故和责任事故。

2. 从事泵站运行、检修、试验人员应熟悉《电力安全工作规程 发电厂和变电站电气部分》(GB 26860—2011),严格执行"两票三制",即操作票制度、工作票制度、交接班制度、巡回检查制度、设备轮换修试制度。

3. 各类作业人员应定期接受相应的安全生产教育和岗位技能培训,经考核合格后方可上岗,每年不少于1次。特种作业人员应经专业技术培训,并经实际操作及有关安全规程考试合格,取得合格证后方可上岗作业。

4. 对新入职员工应进行安全生产三级教育,包括入职教育、单位教育和岗位教育。

(1)入职教育

对新入职的员工、实习培训人员等在分配到基层单位或工作地点之前,必须进行初步的安全生产教育。内容主要有:工程概况、作用、效益以及安全生产的重要性;工程范围内特殊危险地区及注意事项;一般安全技术知识及防火防爆知识;在水利工程维护、运用过程中曾经发生过的责任事故、伤亡事故等。

(2)单位教育

由泵站负责人或技术负责人对新进入泵站的员工进行的安全生产教育。内容主要有:本单位各项规章制度、安全规定和劳动纪律;工程范围内危险地点及事故隐患,有毒、有害作业的防治情况;安全生产情况及存在问题、曾经发生过的事故原因、教训等。

(3)岗位教育

由班组长负责对新员工或调换岗位的员工到固定岗位工作前开展的安全生产教育。内容主要有:本班组的工作任务性质、职责范围、安全生产概况及安全操作规程;班组的安全生产规定及交接班制度;本岗位易发生的事故和危险地点以及突发事故时的应急处理方法、安全用具、个人劳动防护用品的正确使用和保管。岗位教育结束后,应经考试合格方准上岗位操作。

六、安全生产检查

1. 安全生产检查是及时发现和消除水利工程隐患、防止事故发生、充分发挥工程效益的重要手段,是安全管理工作的一项重要内容。通过安全生产检查,可以发现水利工程设施在管理、调度、运用过程中存在的问题,以便有计划、有目的地进行整改,保证水利工程安全运用。

2. 安全生产检查内容

(1)查思想

检查各级负责人和职工对安全生产的认识情况,对"安全第一、预防为主"的安全生产总方针和"管生产必须管安全"的原则的宣传情况以及有关安全生产法规、具体规章制度的制定情况。

（2）查制度

检查工程单位各项规章制度的执行情况，如对电气作业中保证安全的组织措施和技术措施执行情况，填写操作票、工作票是否规范等；检查各级安全生产责任制的落实情况，职工安全培训及事故报告、处理情况。

（3）查管理

检查工程单位、班组的日常安全管理工作的进行情况，如交接班制度、巡回检查制度的执行情况以及安全用具的管理情况。

（4）查隐患

主要是深入现场，检查水工建筑、机电设施以及相应的安全设施是否符合安全生产要求。查历次安全生产检查中发现的事故隐患或在生产活动过程中新出现的各类隐患整改情况。

3. 在安全检查中发现的事故隐患能够立即整改的，要及时发出书面整改通知，提出整改要求，限期完成。对一时难以整改的，要采取安全防范措施，并列出整改计划，限期处理。

第二节 安全运行

一、一般规定

1. 泵站设备、设施投运前应按本规程有关规定，经试验、检测、评级合格，符合运行条件，方可投入运行。

2. 泵站运行期间，单人负责电气设备值班时不应单独从事修理工作。

3. 电气绝缘工具应在专用房间存放，由专人管理，并按《电力设备预防性试验规程》（DL/T 596）的规定进行试验。

4. 遇有电气设备着火时，应立即将有关设备的电源切断，再进行灭火。对带电设备应使用干粉灭火器、二氧化碳灭火器进行灭火，不应使用泡沫灭火器灭火；对注油设备可使用泡沫灭火器或干沙等灭火。

5. 在户外变电所和高压室内搬动梯子、管子等长条形物件，应平放搬运，并与带电部分保持足够的安全距离。在带电设备周围严禁使用钢卷尺、皮卷尺和夹有金属丝的线尺进行测量工作。

6. 户内电气设备应有防火，防鼠、蛇和鸟等措施。

7. 旋转机械外露的旋转体应设安全护罩。

二、绝缘电阻测量安全要求

1. 测量高压设备绝缘时，操作人员不应少于 2 人。

2. 确认被测设备已断电，并验明无电压且无人在设备上工作后方可进行。

3. 连接测量仪表与被测设备和测量仪表接地的导线,其端部应带有绝缘套。

4. 在测量后,对被测设备应对地进行充分放电。

三、高压设备的巡视安全要求

1. 高压电气设备巡视检查应由具备一定运行经验并经泵站主管部门批准的人员进行,其他人员不应单独巡视检查。

2. 雷雨天气需要巡视室外高压设备时,应穿绝缘靴,并不应靠近避雷器和避雷针。

3. 高压设备发生接地故障时,室内人员进入接地点 4 m 以内、室外人员进入接地点 8 m 以内,均应穿绝缘靴。接触设备的外壳和构架时,应戴绝缘手套。

4. 高压设备无论是否带电,运行人员不应单独移开或翻越遮栏,若有必要移开遮栏时,应有监护人员在场监护,与高压设备保持一定的安全距离。安全距离应符合表 7-1 的规定要求。

表 7-1　设备不停电时的安全距离

电压等级(kV)	安全距离(m)
≤10	0.7
≤35	1.0
≤110	1.5

四、泵站主机运行安全要求

1. 主机必须在定子盖板盖好后才能开机。

2. 测量主机轴电压时,要用特制的电刷与轴接触,不得直接用万用表的测试棒与主机转动部分摩擦。

3. 主机运行时主轴周围护罩必须罩上。

4. 高压电缆在运行时禁止用手去接触。

五、泵站辅机运行安全要求

1. 所有辅机在运行前,联轴节护罩必须装上,电机外壳必须接地,可移动的通风机进出口也必须有防护网。

2. 可以用手指背部去接触检查辅机电动机外壳及轴承部位以及有绝缘包扎部分的温度;无绝缘包扎的须用红外线测温计测量温度,不应用手伸到机壳内部。

3. 运行时不能扳动已带电的电缆。

第三节 安全操作

一、一般规定

1. 电气设备实行监护操作时由两人执行,其中对设备较为熟悉者作为监护;特别重要和复杂的操作,由熟练的值班员操作,值班长监护;如为单人值班,运行人员根据发令人用电话传达的操作指令填用操作票,应复诵无误。

2. 实行单人操作的设备、项目及运行人员应经泵站运行管理单位批准,操作人员应通过专项考核。

3. 泵站主要设备的操作应执行操作票制度。采用计算机监控的泵站当监控系统故障需进行现场操作时,也应执行操作票制度。

4. 操作中发生疑问时,应立即停止操作并向值班负责人报告,弄清问题后,再进行操作,不应擅自更改操作票,不准随意解除闭锁装置。

5. 为防止误操作,高压电气设备都安装了完善的防误操作闭锁装置。该装置不应随意退出运行,停用防误操作闭锁装置应经泵站主管负责人批准。

6. 电气设备停电后,即使是事故停电,在未拉开有关隔离开关(刀闸)和做好安全措施以前,不应触及设备或进入遮栏,防止突然来电。

7. 在发生人身触电事故时,为了解救触电人,可以不经许可,即行断开有关设备的电源,但事后应报告上级。

二、执行操作票的操作

1. 泵站主要设备的操作应执行操作票制度,采用计算机监控的泵站主要设备的操作票宜编入计算机监控程序,在设备操作完成后及时打印操作票。操作票的内容和格式应符合设备操作要求,并经上级主管部门批准。

2. 运行过程中,下列操作应执行操作票制度:

(1) 投入或退出总电源(联络通知单)。

(2) 投入、退出主变压器及站用变压器。

(3) 开停主机。

(4) 高压母线带电情况下试合闸。

三、可不执行操作票的操作

下列各项工作可以不用操作票,但操作应记入操作记录内:

(1) 事故应急处理。

(2) 拉合断路器(开关)的单一操作。

第四节 安全检修

一、一般规定

1. 泵站工作人员进入现场检修、安装和试验应执行工作票制度,完成保证工作人员安全的组织措施和技术措施。

2. 任何人进入维修作业现场应正确佩戴安全帽。登高作业人员应使用安全帽、安全带。高处工作传递物件不得上下抛掷。

3. 电气登高作业安全工具的安全管理应按《电力安全工作规程 发电厂和变电站电气部分》(GB 26860—2011)有关规定执行,电气登高作业安全工具的试验应按《南水北调泵站工程管理规程(试行)》(NSBD16—2012)有关规定进行试验。

4. 雷电时,禁止在户外变电所或户内架空引入线上进行检修和试验。

5. 在潮湿或电动机、水泵、金属容器等周围均属金属导体的地方工作时,应使用不超过 36 V 的安全电压。行灯隔离变压器和行灯线应有良好的绝缘和接地装置。

6. 检修动力电源箱的支路开关均应装漏电保护器,并定期检查和试验。

7. 禁止在带有液体压力或气体压力的设备上或带电的设备上进行焊接。在特殊情况下需在带压和带电的设备上进行焊接时,应采取安全措施,并经单位负责人批准。

8. 检修用起重设备应定期经专业检测机构检验合格,并在特种设备安全监督管理部门登记。起重作业人员在作业中应严格执行起重设备的操作规程和有关的安全规章制度。

二、带电作业

1. 泵站运行期间,工作人员不应单独进行带电设备的检修工作。

2. 带电作业应在良好天气下进行。如遇雷、雨、雪、雾,不得进行带电作业;风力大于5 级,不宜进行带电作业。

3. 带电作业应设专人监护,监护人应由有带电作业实践经验的人员担任,监护人不得直接操作。监护的范围不得超过一个作业点,复杂的或高杆上的作业应增设监护人。

4. 在带电作业过程中如设备突然停电,作业人应视为仍然带电。工作负责人应尽快与上级变电所联系,上级变电所值班人员在与工作负责人取得联系前不得强送电。

三、工作票制度

1. 凡在运行或备用设备上进行检修、安装和试验工作,应执行工作票制度,并办理工作许可手续。

2. 对于进行设备和线路检修,需要将高压设备停电或做安全措施者,应填写第一种工作票;对于低压带电作业者应填写第二种工作票。

3. 工作票签发人、工作负责人、工作许可人必须严格按《电力安全工作规程 发电厂和变电站电气部分》(GB 26860—2011)规定执行并得到上级主管部门的批准。

4. 工作票填写、签发和许可应经认真审核,所填写的安全措施应完备无漏,工作票填写规范、清楚、详细、正确,并符合规程及现场的要求。

5. 工作许可人在完成施工作业现场的安全措施后,执行工作票工作开工前,应会同工作负责人到现场再次检查所做的安全措施。工作许可人向工作班人员交代所做的安全措施和注意事项。

6. 工作中途因故变更,需办理工作变更手续。工作时间需延期,需办理工作延期手续。如遇特殊情况,应将工作票收回,重新签发工作票。

7. 在确认工作按规定要求结束,值班人员拆除工作票所做的安全措施后,在工作票上填明终结时间,双方签字确认终结,并盖上"已终结"章。

8. 工作票的签发或终结,应及时详细地记录在值班日记上。已结束工作票保存一年。

四、工作票相关责任人员职责

1. 工作票签发人的安全责任应包括以下方面:

(1) 审查工作必要性。

(2) 审查现场工作条件是否安全。

(3) 审查工作票上所填安全措施是否正确、完备。

(4) 审查所派工作负责人和工作班人员能否胜任该项工作。

2. 工作负责人(监护人)的安全责任应包括以下方面:

(1) 负责现场安全组织工作。

(2) 检查工作票所列的安全措施是否正确完备、符合现场实际条件,必要时予以补充,并检查安全措施已在现场落实。

(3) 对进入现场的工作人员宣读安全事项。

(4) 督促、监护工作人员遵守安全规章制度。

(5) 工作负责人(监护人)应始终在施工现场,及时纠正违反安全的操作。如因故临时离开工作现场,应指定能胜任的人员代替,并将工作现场情况交待清楚。只有工作票签发人有权更换工作负责人。

3. 工作许可人(值班负责人)的安全责任应包括以下方面:

(1) 检查所列的安全措施是否正确完备、符合现场实际条件,并按照工作票安全措施落实各项安全措施。

(2) 会同工作负责人到现场最后验证安全措施。

(3) 与工作负责人分别在工作票上签名。

(4) 工作结束后,监督拆除遮栏,解除安全措施,结束工作票。

4. 工作班成员的安全责任应包括以下方面:

(1) 明确工作内容、工作流程、安全措施、工作中的危险点,并履行确认手续。

(2) 严格遵守安全规章制度、技术规程和劳动纪律,正确使用安全工器具和劳动防护用品。

(3) 相互关心工作安全,并监督安全操作规程的执行和现场安全措施的实施。

五、工作票安全技术措施

1. 停电:将检修设备停电,应把所有的电源完全断开;与停电设备有关的变压器和电压互感器,应从高、低压两侧断开,防止向停电检修设备反送电。

2. 验电:当验明设备确已无电压后,将检修设备接地并三相短路。

3. 装设接地线:应由两人进行,接地线应先接接地端,后接导体端;拆接地线的顺序相反;装、拆接地线均应使用绝缘棒或绝缘手套。

4. 悬挂标示牌和装设临时遮栏:应在相关刀闸和相关地点悬挂标示牌和装设临时遮栏。

第五节　特种设备管理

一、桥式起重机

1. 起重设备产品合格证、生产许可证、设计资料和说明书等资料齐全,每两年由专业检测机构进行一次检测,检测合格。

2. 起重设备应定期进行检查维护,外观整洁。大钩、小钩、卷筒、滑轮、制动器、钢丝绳等完好、无损伤、转动灵活、行走平稳;电气控制设备、安全防护装置等完好,动作准确、可靠。

3. 操作规程、规章制度、设备标识、安全警示标牌齐全。驾驶室内设有操作规程,大梁上醒目处设有行车允许起吊重量及"安全第一"警示标牌。

4. 行车轨道平直,轨道上无异物。螺栓紧固,滑线平直、接线可靠,指示信号灯完好,急停开关可靠。

5. 齿轮箱及滑轮无明显渗漏油,钢丝绳符合规定要求。

6. 过载保护及起重量限制器完好,限位开关齐全且动作可靠。

7. 设备停用时,小车及吊钩应置于规定位置。

二、电动葫芦

1. 电动葫芦应定期检查合格,记录齐全。有足够的润滑油,有防护罩,外观清洁,电缆绝缘良好,控制器灵敏可靠。

2. 行走机构完好,制动器无油污,动作可靠。制动距离在最大负荷时不得超过80 mm。

3. 电动葫芦使用前应进行静负荷和动负荷试验。不工作时,禁止将重物悬于空中,以防零件产生永久变形。

4. 钢丝绳使用符合要求。

三、手拉葫芦

1. 手拉葫芦操作前必须详细检查各个部件和零件,包括链条的每个链环,情况良好时方可使用,使用中不得超载。

2. 手拉葫芦起重链条要求垂直悬挂重物。链条各个链环间不得有错扭。

3. 手拉葫芦起重高度不得超过标准值,以防链条拉断销子造成事故。

4. 手拉葫芦应定期检查保养,对不符合使用要求的及时报废更新。

四、千斤顶

1. 千斤顶的起重能力不得小于设备的质量。多台千斤顶联合使用时,每台的起重能力不得小于其计算载荷的 1.2 倍。

2. 使用千斤顶的基础,必须稳固可靠。

3. 载荷应与千斤顶轴线一致。在作业过程中,严防发生千斤顶偏歪的现象。

4. 千斤顶的顶头或底座与设备的金属面或混凝土光滑面接触时,应垫硬木块,防止滑动。

5. 千斤顶的顶升高度,不得超过有效顶程。

6. 多台千斤顶抬起一件大型设备时,无论起落均应细心谨慎,保持起落平衡,避免因不同步造成个别千斤顶因超负荷而损坏。

五、钢丝绳或吊带

1. 钢丝绳或吊带无断股、打结、断丝,径向磨损应在规定范围内。

2. 对钢丝绳或吊带定期检查保养,摆放整齐,对不符合要求的应及时报废更新。

3. 钢丝绳或吊带应按照起重重量分类管理,钢丝绳上应有允许起重重量标识。

六、登高器具

1. 梯子应检查完好,无破损、缺档现象,否则应及时报废更新。

2. 在光滑坚硬的地面上使用梯子时,梯脚应套上防滑物。

3. 梯子应有足够的长度,最上两档不应站人工作,梯子不应接长或垫高使用。

4. 工作前应把梯子安放稳定。梯子与地面的夹角宜为 60°,顶端应与建筑物靠牢。

5. 在梯子上工作时要注意身体的平稳,不应两人或数人同时站在一个梯子上工作。

6. 使用梯子宜避开机械转动部分以及起重、交通要道等危险场所。

七、压力容器

1. 设备产品合格证、生产许可证书等资料齐全,每 4 年由专业检测机构进行 1 次检测,检测合格。

2. 储气罐应定期检查,保持整洁。安全阀应每年由专业检测机构进行 1 次检测,检测合格。

3. 压力表计准确、可靠,接口无漏气现象。

第六节　安全设施管理

一、消防设施

消防设施应按照消防有关规定设置、建档挂牌、定期检查,限期报废。

1. 灭火器

(1) 按消防有关规定由专业检测机构定期对灭火器进行检测,检测合格。

(2) 根据使用场所、设备和物品消防要求合理配置不同类型、数量的灭火器,固定地点摆放。

(3) 定期检查灭火器外观完好,压力符合要求,表面无积尘。

2. 消防栓箱

(1) 消防箱体无锈蚀、变形,箱内无杂物、积尘,玻璃完好,标识清晰,箱内设施齐全。

(2) 水带无老化及渗漏,水带及水枪在箱内按要求摆放整齐,不挪作他用。

3. 消防机

(1) 消防机应定期试机,定期出水,记录齐全。

(2) 消防机室制度齐全、无其他杂物,进出通道畅通,油料充足,保存安全规范。

4. 火灾报警装置

(1) 按消防有关规定由专业检测机构定期进行火灾报警装置检测,检测合格。

(2) 定期检查感应器、智能控制装置灵敏度,保持完好。

(3) 定期检查消防泵、消防水源,应完好可靠,消防泵联动出水压力、运行声音、振动正常。

二、电气安全用具

1. 对电气安全用具应定期进行检查和试验,试验合格后贴上标签,在专用橱柜定点摆放,保持完好。

2. 电气安全用具试验周期和要求见表 7-2。

表 7-2　电气安全用具试验要求

序号	名称	电压等级 (kV)	周期	交流耐压 (kV)	时间 (min)	泄漏电流 (mA)
1	绝缘棒	6～10	每年 1 次	44	5	
		35		80		
2	绝缘挡板	6～10	每年 1 次	30	5	
		35		80		
3	绝缘罩	6～10	每年 1 次	30	5	
		35		80		

序号	名称	电压等级（kV）	周期	交流耐压（kV）	时间（min）	泄漏电流（mA）
4	绝缘夹钳	10	每年1次	44	5	
		35		105		
5	验电器	6～10	每年1次	44	5	
		35		105		
6	绝缘手套	高压	每半年1次	8	1	≤9.0
		低压		2.5		≤2.5
7	绝缘靴	高压	每半年1次	15	1	≤7.5
8	核相器电阻管	10	每半年1次	10	1	≤2.0
		35		35		≤2.0
9	绝缘绳	高压	每半年1次	100/0.5 m	5	

三、劳动防护用品

1. 安全帽：安全帽应具有产品合格证、安全鉴定合格证书、生产日期和使用期限，1年进行1次检查试验，外观完好、整洁。

2. 安全带：安全带应具有产品合格证和安全鉴定合格证书，1年进行1次检查试验，外观完好、无破损。不用时由管理所统一管理，保持完好。

第七节　事故处理

一、一般规定

1. 根据现场情况，如调度命令直接威胁人身设备安全时，值班人员可拒绝执行，同时向主管部门报告。

2. 发生人身安全或严重的工程及设备事故时，工作人员可采取紧急措施，操作有关设备，事后当事人应及时向上级部门汇报。

3. 事故发生后，值班人员应坚守岗位，如发生在交接班时，应由交班人员处理，接班人员在现场协助。

4. 发生事故时严禁无关人员进入事故现场。

二、事故发生后处理基本要求

1. 事故发生后泵站工程管理单位应迅速采取有效措施，组织抢救，防止事故扩大，并及时向上级主管部门如实汇报。发生重大设备或伤亡事故，应立即报告上级主管部门。

2. 发生重大事故的现场应加强保护,任何人不得擅自移动或取走现场物件。因抢救人员、国家财产和防止事故扩大而移动现场部分物件,应作出标志。清理事故现场时,要经事故调查组同意方可进行。对可能涉及追究事故责任人刑事责任的事故,清理现场还应征得有关司法部门的同意。

3. 管理单位应认真做好事故调查、分析、处理工作,并作出事故报告,内容包括:发生事故的单位、时间、地点、伤亡情况及事故原因分析等。

4. 发生责任事故后,管理单位应按照"事故原因未查明不放过,责任人未处理不放过,整改措施未落实不放过,有关人员未受到教育不放过"的原则,认真调查处理并吸取教训,防止类似事故重复发生。

5. 事故发生后,管理单位隐瞒不报、谎报、拖延报告,或者以任何方式阻碍、干涉事故调查,以及拒绝提供有关情况和资料的,按照有关规定,应给予责任人行政处分,情节严重的,追究刑事责任。

6. 对及时发现重大隐患,积极排除故障和险情,为保卫国家和人民生命财产安全、避免事故发生和扩大作出贡献的,应给予表彰和奖励;对不遵守岗位责任制、违反操作规程及有关安全制度所发生的各种人为责任事故,应给予责任人批评教育或处罚。

第八节 安全鉴定

一、泵站安全鉴定周期

1. 新建泵站投入运行 20～25 年后或全面更新改造后投入运行 15～20 年后,应进行一次全面安全鉴定。之后每隔 5～10 年应进行一次安全鉴定。

2. 拟列入更新改造计划,或需扩建增容,或建筑物发生较大险情,或主机组及其他主要设备状态恶化,或规划的水情、工情发生较大变化,影响安全运行,或遭遇超设计标准的洪水、地震等严重自然灾害,或运行中发生建筑物和设备重大事故,或按《灌排泵站机电设备报废标准》(SL 510—2011)的规定,设备需报废,等等,应进行全面安全鉴定或专项安全鉴定。

二、安全鉴定内容

1. 由泵站管理单位提出安全鉴定申请报告,进行泵站现状调查分析,编制《泵站现状调查分析报告》,为安全鉴定提供必要的资料,委托检测单位承担现场安全检测和勘测设计单位承担工程复核计算分析工作,并做好现场配合工作。

2. 现场安全检测工作应委托具有省级及以上计量认证管理机构认定的相应检测资质的单位完成。特种设备和设施的检测,应按国家质量技术监督部门的有关规定执行。工程复核计算分析工作应根据泵站等别,委托具有相应勘测设计资质的单位完成。

3. 检测单位负责泵站现场安全检测工作,编制《泵站现场安全检测报告》,并对现场安全检测结论负责;工程复核计算分析单位负责泵站工程复核计算分析工作,编制《泵站工程复核计算分析报告》,并对工程复核计算分析结论负责。

三、安全鉴定基本要求

1. 泵站管理单位根据主管部门下达的安全鉴定任务负责所管泵站安全鉴定的组织和实施。

2. 聘请有关专家,组建安全鉴定委员会(小组)。

3. 安全鉴定委员会应审查《泵站现场安全检测报告》《泵站工程复核计算分析报告》和完成单位的资质,必要时应进行现场重点检查和复测;进行安全分析评价,评定泵站建筑物、机电设备和金属结构的安全类别,以及泵站综合安全类别;讨论通过《泵站安全鉴定报告书》。

4. 安全鉴定工作结束后,泵站管理单位应组织编写《安全鉴定工作总结》,与《泵站安全鉴定报告书》《泵站现场安全检测报告》《泵站工程复核计算分析报告》《泵站现状调查分析报告》等一并报上级主管部门,并整理装订成册后归档长期保管。

5. 经安全鉴定并认定为三类工程的,管理单位应及时组织编制除险加固计划,报上级主管部门批准。

6. 泵站工程由于规划设计变更等原因需要报废,或经安全鉴定认定为四类工程需要报废或降等级使用的,应报上级主管部门批准。

第八章 工程检查

第一节 一般规定

一、工程检查类型

1. 经常性检查。
2. 定期(专项)检查。
3. 特别检查。

二、工程检查主要任务

1. 监视工程设备运行状态,掌握工程设备运用维护方法,为正确管理提供科学依据。
2. 及时发现工程设备异常现象,分析原因,采取措施,防止发生事故。
3. 验证工程规划、设计、施工及科研成果,为发展水利科学技术提供资料。

三、工程检查基本要求

1. 检查按规定的项目和时间执行。
2. 检查资料应详细记录,整理分析。

四、工程检查资料要求

1. 工程检查记录应真实、详细,符合相关规定要求。
2. 经常检查、定期(专项)检查、特别检查记录应按规定表格填写。
3. 定期检查记录、特别检查记录中建筑物、设备检查详细记录表格由检查人填写,并签名;汇总表可由泵站技术人员填写,并整理编写定期检查或特别检查报告,报上级主管部门;由上级主管部门整理汇总后,形成定期检查总结上报省公司。
4. 经常性检查记录由泵站管理单位整理存档;定期检查记录和报告、特别检查记录和报告均应由泵站管理单位和上级主管部门分别整理存档。

第二节　经常性检查

管理单位应经常对建筑物各部位、主机泵、电气设备、辅助设备、观测设施、通信设施，管理范围内的河道、堤防、护坡和水流形态等进行巡视检查。

检查时应填写检查记录，遇有异常情况，应及时采取措施进行处理。若情况较为严重，还应及时向上级主管部门报告。当本工程处于运行状态或遭受不利因素影响时，对容易发生问题的部位应加强检查观察。

经常性检查包括：建筑物巡查和设备巡查。

一、建筑物巡查

1. 泵站运行，每日巡查不少于 1 次；泵站未运行，每周巡查不少于 1 次。

2. 巡查内容主要为：主副厂房、公路桥、上下游翼墙、上下游河道及两岸浆砌、干砌块石护坡的工程状况，检查管理范围内有无违章情况。运行期间除检查上述项目外，还应检查河道水流状态、漂浮物及是否有船只进入泵站进出水河道禁区。

二、设备巡查

1. 运行期，应按运行规程规定的巡视内容和要求对设备一般每 2 小时巡查 1 次；非运行期，应对设备每周巡查 1 次。

2. 巡查内容主要为：主机泵、电气设备、计算机监控系统设备、辅助设备、金属结构、观测设施等是否完好，运行状态是否安全正常。

第三节　定期检查

定期检查包括：汛前检查、汛后检查及专项检查。

一、汛前检查

1. 着重检查维修项目和度汛应急项目完成情况、安全度汛措施的落实情况，对工程各部位和设施进行全面检查；对主机组、辅助设备、主变、站变、高低压电器设备、计算机监控系统等进行全面检查。

2. 对检查中发现的问题应及时进行处理。对影响工程安全度汛而一时又无法在汛前解决的问题，应制定好应急度汛方案。

3. 结合汛前检查情况进行维修养护，宜每年在 3 月底前完成，检查报告应于 4 月初报上级主管部门。

二、汛后检查

1. 着重检查工程和设备度汛后的变化和损坏情况,对检查中发现的问题应及时组织人员修复或作为下一年度的维修项目上报。

2. 汛后检查工作要求在每年 10 月底前完成,并将检查报告报上级主管部门。

三、专项检查

专项检查是针对不同时期、具体项目所做的专门检查。

1. 结合运行中出现的问题,进行有针对性的检查,重点检查转动部件、易损部件的磨损等情况。

2. 水下检查。泵站水下检查宜每 2 年在汛前进行 1 次检查。主要检查进水池底板完好情况,拦污栅是否变形,拦污栅、维修门槽部位是否存在杂物卡阻。

第四节　特别检查

一、特别检查实施

特别检查是当泵站超标准运用、遭受强烈地震和重大工程事故时,必须及时对工程及设备进行的全面检查。

二、特别检查内容和要求

1. 根据遭受的特大洪水、风暴潮、强烈地震或发生的重大工程事故的实际情况,分析对工程可能造成的损坏,参照定期检查内容和要求,进行有侧重性或全面性的检查。

2. 特别检查要求如下:

(1) 特别检查工作要精心组织,建立专门组织机构,落实工作职责,分工明确。

(2) 检查内容要全面,数据要准确。若发现安全隐患或故障,应在检查后汇总地点、位置、危害程度等详细信息。

(3) 对现场管理单位组织有困难的特殊检查项目,可申请上级管理单位协调、委托专业单位进行。

(4) 对检查发现的安全隐患或故障,泵站管理单位应及时安排进行抢修。对影响工程安全运行又一时无法解决的问题,应制定好应急抢险方案,并报上级管理单位。

(5) 检查后,技术人员参照定期检查格式填写特别检查表,对检查结果形成检查报告,并报上级主管部门审核、汇总、归档。

第五节　设备、建筑物评级

一、一般规定

1. 泵站管理单位应每 1～2 年对泵站的各类设备、金属结构及各类建筑物进行全面评级,并将评级结果在每年 3 月底前向上级主管部门报批。

2. 评级应根据每年汛前、汛后检查情况,汛期运行情况及维修检修记录、观测资料、缺陷记载等情况进行。应按规定评级表中的项目和内容详细填写并签字。

3. 设备、建筑物被评为三类的应限期整改,如无法恢复原有等级,应向上级主管部门申请安全鉴定。

4. 凡需报废的设备,应提出申请,按规定程序报批。

二、机电设备评级

1. 评级范围应包括主机组、电气设备、辅助设备、金属结构和计算机监控系统等设备。

2. 设备等级分为四类,其中三类和四类为不完好设备。主要设备的等级评定应符合下列规定:

(1) 一类设备:主要参数满足设计要求,技术状态良好,能保证安全运行。

(2) 二类设备:主要参数基本满足设计要求,技术状态基本完好,某些部件有一般性缺陷,可在短期内修复,仍能保证安全运行。

(3) 三类设备:主要参数达不到设计要求,技术状态较差,主要部件有严重缺陷,不能保证安全运行。

(4) 四类设备:达不到三类设备标准以及主要部件符合报废或淘汰标准的设备。

三、建筑物评级

1. 评级范围应包括泵站主厂房、副厂房、进出水流道、进出水池、上下游翼墙、附属建筑物、上下游引河和护坡等建筑物。

2. 建筑物等级分为四类,其中三类和四类建筑物为不完好建筑物。主要建筑物等级评定应符合下列规定:

(1) 一类建筑物:运用指标能达到设计标准,无影响正常运行的缺陷,按常规养护即可保证正常运行。

(2) 二类建筑物:运用指标基本达到设计标准,建筑物存在一定损坏,经维修后可达到正常运行。

(3) 三类建筑物:运用指标达不到设计标准,建筑物存在严重损坏,经除险加固后才能达到正常运行。

(4) 四类建筑物:运用指标无法达到设计标准,建筑物存在严重安全问题,需降低标准运用或报废重建。

第九章 安全监测

第一节 概述

工程安全监测是水利工程建设和管理过程中的一项重要工作,在水利工程表面、内部以及周围环境中,选择有代表性部位或断面,对某些物理量进行定期、系统的监测,准确掌握工程状态和运用情况,及时发现工程隐患,保证工程安全运行,充分发挥工程效益。

一、基本规定

1. 观测工作应保持系统性和连续性,按照规定的项目、测次和时间,在现场进行观测。做到"四随"(随观测、随记录、随计算、随校核)、"四无"(无缺测、无漏测、无不符合精度、无违时)、"四固定"(人员固定、仪器固定、测次固定、时间固定),以提高观测精度和效率。

2. 外业观测值和记事项目均应在现场直接记录于手簿中,需现场计算检验的项目,应在现场计算填写。记录表的格式应符合规范的要求。外业原始记录内容应真实、准确,字迹应清晰端正,记错处应整齐划去,并在上方另记正确的数字和文字。原始记录手簿每册页码应予连续编号,记录中间不应空页、缺页或插页。

3. 对原始记录必须进行一校、二校,在原始记录已校核的基础上,由各管理单位分管观测工作的技术负责人对原始记录进行审查,对资料的真实性和可靠性负责。

4. 观测工作开始前应按照规程要求和仪器使用说明进行观测仪器的各项检查校正工作,仪器每年应由专业计量单位鉴定一次,并取得合格证书。自动观测设备需要定期进行人工观测比对,并提供相应的资料。

二、观测依据

泵站工程观测工作应符合国家、水利行业的规程规范,并按要求开展现场观测、记录、计算分析、资料整编等观测工作。泵站工程观测所依据的标准和规范性文件主要有:

(1)《国家一、二等水准测量规范》(GB/T 12897—2016)

(2)《国家三、四等水准测量规范》(GB/T 12898—2009)

(3)《工程测量规范》(GB 50026—2007)

(4)《南水北调泵站工程管理规程(试行)》(NSBD16—2012)

(5)《南水北调东、中线一期工程运行安全监测技术要求(试行)》(NSBD21—2015)。

(6)《水利工程观测规程》(DB32/T 1713—2011)

(7)《差分全球卫星导航系统(DGNSS)技术要求》(GB/T 17424—2019)

(8)《水电工程测量规范》(NB/T 35029—2014)

(9)《水利水电工程测量规范》(SL 197—2013)

(10)《水道观测规范》(SL 257—2017)

(11)《水位观测标准》(GB/T 50138—2010)

(12)《泵站设计规范》(GB 50265—2010)

(13)《建筑变形测量规范》(JGJ 8—2016)

(14)《归档文件整理规则》(DA/T 22—2015)

三、观测项目

1. 水利工程观测项目分一般性观测项目和专门性观测项目。观测项目一般由工程原设计要求确定,原设计未作规定的,按照上级下发的工程观测任务书确定。

2. 一般性观测项目是指经常性观测项目,是工程运用过程中为监视工程运行状况应观测的项目。泵站工程一般性观测项目主要包括:垂直位移、扬压力、引河河床变形、伸缩缝、水位、流量等。

3. 专门性观测项目是指某一时间段或者为某一特殊目的而专门进行的观测项目,是工程运用过程中有选择的观测项目。泵站工程专门性观测项目主要有:水平位移、裂缝、侧岸绕渗、土压力、水流形态、水质、泥沙、冰凌等。

4. 建筑物的垂直位移是由于泵站自重和水自重引起的地基沉陷,不均匀的垂直位移有可能使建筑物倾斜失稳,甚至导致更为严重的破坏,垂直位移的异常变化可能预示着某种破坏的形成或发展。因此,在泵站长期运行阶段,垂直位移观测都是安全监测的基本项目之一。

5. 建筑物的水平位移主要是由水平荷载等的作用引起。水平位移变化有一定规律性,观测并分析水平位移的规律性,目的在于了解水工建筑物在内外荷载和地基变形等因素作用下的状态是否正常。

6. 扬压力观测的目的主要是观测测压管水位与上下游水位的变化是否符合理论上的变化规律,从而推断底板扬压力是否异常。

7. 河道观测的目的是及时了解上下游河道状况,并据此预测河道的动态变化。河道的冲刷可能会影响水工建筑物的安全,而河道的淤积会影响河道的过水能力。河床变化较剧烈的河段应对水流的流态变化、主流走向、横向摆幅及岸滩冲淤变化情况进行常年观测或汛期跟踪观测,分析河势变化及其发展趋势。汛期受水流冲刷崩岸影响较大的河段,应对崩岸段崩塌体的形态、规模、发展趋势及渗水点出逸位置等进行跟踪监测。

8. 伸缩缝观测的目的是为了了解和监测相邻混凝土结构间的相对位移、宽度变化。

9. 当泵站地基条件差或泵站建筑物受力不均匀时,应进行水平位移和伸缩缝观测。泵站建筑物发生可能影响结构安全的裂缝后,应进行裂缝观测。泵站工程的岸、翼墙或挡土墙出现裂缝、倾斜等情况时,宜进行土压力观测。

10. 工程管理单位应结合所管工程的工程概况、结构布局、地基土质,观测设施、观测设备和工程控制运用情况编制工程观测任务书,报上级主管部门审批后执行,不得擅自变更,如确需变更,应报经上级主管部门批准后执行。

四、观测工作程序

管理单位根据工程观测相关规程规范,按照工程等别、规模、运用和维修加固情况等,确定观测项目,布设观测设施,制定观测任务书,按要求开展观测,进行资料整编和成果分析。观测工作一般流程如图 9-1 所示。

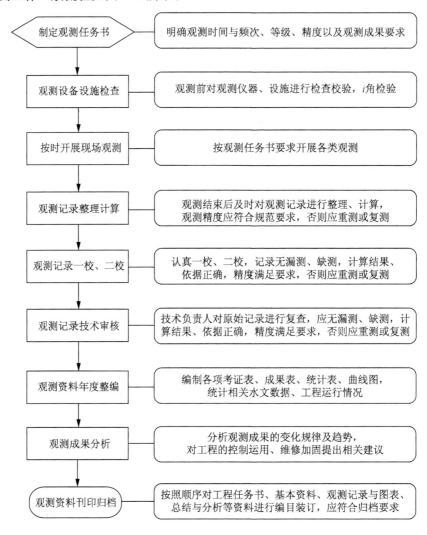

图 9-1　观测工作流程图

五、观测工作任务书

工程管理单位应结合所管工程的工程概况、结构布局、地基土质,观测设施、观测设备和工程控制运用情况编制工程观测任务书,报上级主管部门审批后执行,不得擅自变更,如确需变更,应报经上级主管部门批准后执行,泵站工程观测任务书示例见表 9-1。

表 9-1　××泵站工程观测任务书

管理单位：　　　　　　　　　　　　　　　　　　　　　　　　　　　　　　日期：

工程概况	工程位置； 主要任务； 工程等别、主要技术经济指标； 主要建设内容、开工、完工以及加固改造时间； 工程运行情况等。				
序号	观测项目		观测时间 与测次	观测等级 读数精度	使用仪器	观测成果要求

序号	观测项目		观测时间 与测次	观测等级 读数精度	使用仪器	观测成果要求
1	垂直位移	工作基点考证	每5年 1次	一等， 0.1 mm	水准仪	垂直位移观测标点布置图 垂直位移观测线路 ▲垂直位移工作基点考证表 垂直位移工作基点高程考证表
		垂直位移标点观测	每季度 1次	一等， 0.1 mm	水准仪	▲垂直位移工作标点考证表 垂直位移观测成果表 垂直位移量横断面分布图 △垂直位移量变化统计表 △垂直位移量过程线
2	扬压力观测	测压管管口高程考证	每年1次	三等， 1 mm	水准仪	测压管位置图 ▲测压管考证表 测压管管口高程考证表 △测压管注水试验成果表 △测压管淤积深度统计表 测压管水位统计表 测压管水位过程线 测压管人工比对校核表
		测压管灵敏度试验	每5年 1次	—	注水法	
		测压管淤积高程检测	每5年 1次	—	测深锤	
		测压管人工比对	每年1次	0.01 m	压力式 传感器 电测水 位计	
		测压管水位观测	每周1次	0.01 m	电测 水位计	
3	引河河床变形	断面桩桩顶高程考证	每5年 1次	四等， 1 mm	水准仪	河床断面布置图 △河床断面桩顶高程考证表 河床断面观测成果表 河床断面冲淤量比较表 河床断面比较图 △水下地形图
		过水断面观测	汛前、汛后 各1次	距离0.1 m， 高程0.01 m	测深锤、 断面索	
		大断面观测	每5年 1次	距离0.1 m， 高程0.01 m	测深锤、 断面索、 全站仪	
		水下地形观测	每5年 1次	距离0.1 m， 高程0.01 m	测深锤、 GPS	

序号	观测项目		观测时间与测次	观测等级读数精度	使用仪器	观测成果要求
4	混凝土建筑物伸缩缝观测		每月2次	0.1 mm	游标卡尺	伸缩缝观测标点布置图 ▲伸缩缝观测标点考证表 伸缩缝观测成果表 伸缩缝宽度与建筑物温度、气温过程线
5	水平位移观测		每月1次	0.1 mm	全站仪	水平位移观测标点布置示意图 △水平位移工作基点考证表 ▲水平位移观测标点考证表 水平位移观测成果表 水平位移量统计表 水平位移量过程线图 水平位移量、建筑物温度和上游水位过程线 建筑物水平位移分布图
6	水情	水位	每天1次	0.01 m	水尺	工程运用情况统计表 水位统计表 流量、引(排)水量统计表 工程大事记 观测成果的初步分析
		流量	运行期	0.1 m³/s	上位机	
备注	1. 以上观测项目、观测时间与测次、观测方法等应符合现行《南水北调东、中线一期工程运行安全监测技术要求(试行)》(NSBD21—2015)《南水北调泵站工程管理规程(试行)》(NSBD16—2012)等相关规程规范要求。 2. 根据泵站建成时间,按相关规范要求及时调整工程观测时间与频次;如发生异常情况,立即上报上级主管部门审批。 3. 工程观测资料成果经审核合格后,按整编要求装订成册存档。 4. 观测成果要求中,标记▲的项目为首次埋设时填写。 5. 观测成果要求中,标记△的项目为逢5年填写。 6. 对实时观测设备(如液位传感器)需定期进行人工观测比对校零,并提供数据记录表。					

第二节　垂直位移观测

垂直位移观测是指使用观测仪器、设备对水工建筑物及堤防有代表性的点位进行垂直位移量的测量。水工建筑物的垂直位移一般是由上下游水位的变化及自重引起的地基沉陷。不均匀的垂直位移有可能使建筑物开裂,甚至导致更为严重的破坏。对垂直位移及其他有关项目的监测资料进行分析,可以预测建筑物险情,从而采取相应措施,防止事故的发生和扩大。

一、一般规定

1. 垂直位移在工程完工后 5 年内,应每季度观测 1 次;以后每年汛前、汛后各观测 1 次。经资料分析工程垂直位移趋于稳定的可改为每年观测 1 次,但高水头水库大坝和大型水闸、泵站工程应每年汛前、汛后各观测 1 次。

2. 垂直位移量以向下为正、向上为负。

3. 垂直位移观测的高程,推荐采用"1985 国家高程基准",也可采用当地常用高程基准,但同一个测区或单个工程应采用相同的高程系统。

二、观测设施的布置

1. 工作基点设置

(1) 泵站工程宜在工程两侧埋设工作基点,堤防工程可根据需要在堤防背水侧分段埋设。

(2) 在工作基点埋设使用后 5 年内,应每年与国家水准点校测 2 次,第 6 年至第 10 年应每年与国家水准点校测 1 次,以后可减为每 5 年 1 次。

(3) 每个工程或测区应单独设置工作基点,数量不应少于 3 个,工程附近有国家二等以上水准点的可直接引用,但其高程应与工作基点进行联测后确定。工作基点应埋设在便于引测、地基坚实的区域。不应在旧河槽、浅土层、回填土、集水区、堤身和车辆来往频繁的区域以及利用工程自身埋设工作基点。大中型水闸和泵站工程的工作基点应从国家一等以上水准点引测,引测国家一等水准点有困难的,可以参照《南水北调东、中线一期工程运行安全监测技术要求(试行)》(NSBD21—2015)《南水北调泵站工程管理规程(试行)》(NSBD16—2012)等相关规程规范要求。堤防工程工作基点可从国家三等水准点引测。

(4) 工作基点的埋设、选用与保护应符合国家水准测量规范的要求,其埋深应在最大冰冻线以下至少 50 cm,标点应采用不锈钢材料制作。工作基点结构通常有 3 种形式,混凝土式、钢管式和深管式,如图 9-2 所示。

2. 垂直位移标点设置

(1) 泵站枢纽工程包括泵站、水闸以及上下游堤防等。

(2) 泵站及水闸工程应按建筑物的底部结构(底板等)的分缝布设标点。泵站的垂直位移标点应根据底板的大小,分别在上下游侧埋设两个以上的标点,底板较大的泵站应在底板中部适当增设标点。水闸的垂直位移标点应埋设在每块闸底板四角的闸墩头部、空箱岸(翼)墙四角、重力式或扶壁式岸(翼)墙、挡土墙的两端,反拱底板应埋设在每个闸墩的上下游端。泵站翼墙、挡土墙的标点布设与水闸相同。

(3) 堤防可按 100～500 m 设置 1 组观测断面,断面间距应根据堤防级别确定,其中 1 级堤防每 100～200 m 应设置 1 组观测断面,2 级及以下堤防可按 200～500 m 设置 1 组观测断面,在穿堤建筑物附近,堤防观测断面间距应缩短。观测断面设置以能反映堤防总体轮廓线为准,对地质条件复杂、位移量不均匀、渗流异常、滑移和崩塌可能发生以及河势变化剧烈的险工段应设置观测断面。垂直位移标点沿观测断面依次从迎水面向背水面埋设,一般在平台前端、平台与堤坡的结合部和堤顶等堤身断面转折部位设置标点。观

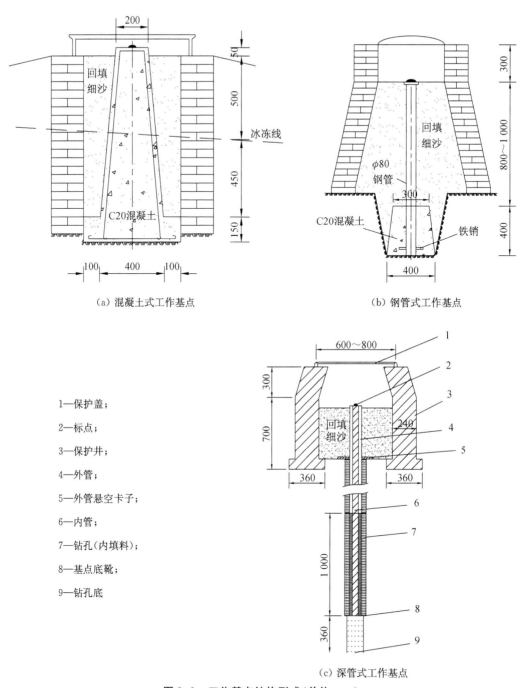

（a）混凝土式工作基点

（b）钢管式工作基点

1—保护盖；

2—标点；

3—保护井；

4—外管；

5—外管悬空卡子；

6—内管；

7—钻孔（内填料）；

8—基点底靴；

9—钻孔底

（c）深管式工作基点

图 9-2　工作基点结构形式（单位：mm）

测断面应垂直于堤防轴线。垂直位移标点应坚固可靠，并与建筑物牢固结合，水闸、泵站垂直位移标点应采用铜质或不锈钢材料制作。堤防的垂直位移标点应预制成混凝土块，将铜质或不锈钢标点浇筑其中，具体结构如图 9-3 所示。

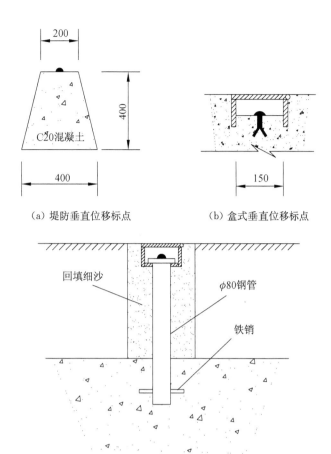

（a）堤防垂直位移标点　　　　（b）盒式垂直位移标点

（c）混凝土建筑物垂直位移标点（表面覆盖土层的混凝土建筑物）

图 9-3　垂直位移标点示意图（单位：mm）

三、观测线路设计

1. 观测线路设计

（1）观测线路设计的主要目的是能够在最小误差的基础上完成观测任务，所以测站和路线的选择应尽可能使测程短、测站少。

（2）转点各站的前后视距应尽量相等，对于三级以上水准观测，前后视与仪器站点位置连线宜接近一条直线。

（3）前后视距要求应按照规程规范的要求控制，中视距与后视距之差不宜大于 5 m。一般采用激光测距仪、皮尺等控制视距差。

（4）测站数是偶数。

（5）遇高低起伏的地形时应注意最高、最低视线高符合测量规范的要求。

2. 垂直位移观测线路设计图

各工程管理单位应结合工程实际，进行垂直位移观测线路的设计，并绘制垂直位移工程观测线路图。图中应标明工作基点、垂直位移标点及测站和转点的位置，以及观测路线和前进方向。每次观测应按设计好的线路图进行，线路图在确定后，在地物、地形未改变的情况下,不应改变测量路线、测站和转点。垂直位移观测线路应采用环线或附合线路测量,不应采用放射状路线测量。垂直位移观测线路设计示例如图 9-4 所示。

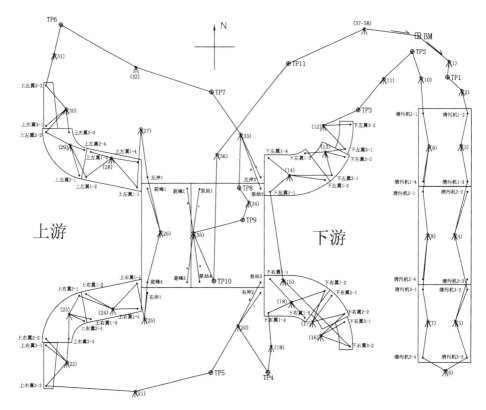

图 9-4　垂直位移观测线路图

四、观测设施的考证与保护

1. 工作基点埋设后,应经过至少一个雨季才能启用;垂直位移标点埋设 15 天后才能启用。

2. 在工作基点埋设使用后 5 年内,应每年与国家水准点校测 2 次,第 6 年至第 10 年应每年与国家水准点校测 1 次,以后可减为每 5 年 1 次。

3. 垂直位移标点变动时,应在原标点附近埋设新点,对新标点进行考证,计算新旧标点高程差值,填写考证表。当需要增设新标点时,可在施工结束埋设标点进行考证,并以同一块底板附近标点的垂直位移量作为新标点垂直位移量,以此推算出该点的始测高程。

4. 出现地震、地面升降或受重车碾压等可能使观测设施产生位移的情况时,应随时对其进行考证。

5. 工作基点应按照《国家一、二等水准测量规范》(GB/T 12897—2016)国家二等水准点的要求进行保护。在观测设施附近宜利用设立标志牌等方法进行宣传保护,日常管理工作中应确保不受交通车辆、机械碾压和人为活动等破坏。应定期检查观测工作基点及观测标点的现状,对缺少或破损的及时重新埋设,对被掩盖的及时清理。观测标点编号示意牌应清晰明确。

五、观测设施编号

1. 工作基点以 BMn 表示，n 为同一工程工作基点序号。

2. 泵站、水闸垂直位移标点应自上游至下游、从左到右顺时针方向编号，底板部位以
×-× 表示，其中前一个×表示底板号，后一个×表示标点号；左右岸墙以□□×表示，
□□注明左岸或右岸，×表示标点编号；翼墙的垂直位移标点以□□□×-×表示，□□□
注明上（下）左（右）翼，前一个×是上（下）游翼墙的底板号，后一个×表示标点号。垂直位
移标点布置与编号如图 9-5 所示。

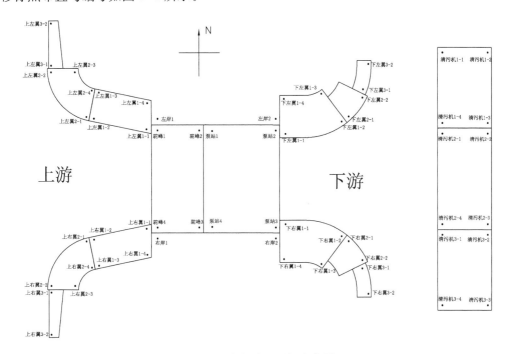

图 9-5 垂直位移观测标点布置图

3. 堤防垂直位移标点可顺堤按里程号命名，以×××＋×××-×表示，×××＋×
××表示里程桩号，×表示垂直位移标点在同一断面从迎水侧至背水侧的序号，河道堤防
左右岸应分别编号，以□×××＋×××-×表示，□注明左（右）岸堤防。

六、i 角检验

1. 观测前应按照规程要求和仪器使用说明进行各项检查校正工作，仪器每年应由专
业计量单位鉴定 1 次，当仪器受震动、摔跌等可能损坏或影响仪器精度时，应随时鉴定或
检修，每次观测前应对仪器 i 角进行检验。数字水准仪宜利用自带软件检验。

2. 水准仪 i 角的检查过程

（1）准备

选择一平坦场地，用钢卷尺量取一直线 AJ_1BJ_2，其中 J_1、J_2 为安置仪器处，A、B 为
立标尺处。$AJ_1 = J_1B = 10.3\text{ m}$，$BJ_2 = 20.6\text{ m}$，如图 9-6 所示。在 A、B 两点上各钉一木

桩,木桩上各钉一圆钉(或用尺垫代替)。

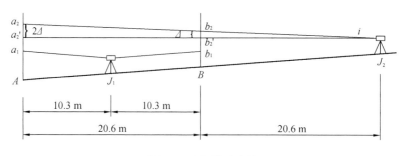

图 9-6 i 角检验方法

(2) 观测方法

在 J_1、J_2 处先后安置仪器。仔细整平仪器后,分别在 A、B 标尺上各照准基本分划读数 4 次。对于双摆位自动安平水准仪,第 1、4 次读数在摆位 I,第 2、3 次读数在摆位 II。

(3) 计算方法

按式(9-1)计算:

$$i \approx 10\Delta = 10[(a_2 - b_2) - (a_1 - b_1)] \tag{9-1}$$

式中:i——i 角值,(");

a_2——在 J_2 处观测 A 标尺的读数平均值(mm);

b_2——在 J_2 处观测 B 标尺的读数平均值(mm);

a_1——在 J_1 处观测 A 标尺的读数平均值(mm);

b_1——在 J_1 处观测 B 标尺的读数平均值(mm)。

i 角不符合要求的仪器应进行校正。自动安平水准仪应送有关修理部门进行校正。

七、观测方法与要求

1. 垂直位移一般采用几何水准测量方法(水准仪)进行观测,有条件的也可采用 GPS 法拟合高程和静力水准方法观测,其测量方法应符合《工程测量规范》(GB 50026—2007)和《建筑变形测量规范》(JGJ 8—2016)要求。当 GPS 法拟合高程和静力水准方法不能满足本规程规定的观测级别时,应采用几何水准法观测。

2. 在进行垂直位移观测时应同时记录上下游水位、工程运行情况及气温要素等。

3. 一、二级观测应采用光学测微法单路线往返观测;一条路线的往返观测,应使用同一类仪器和转点尺承,沿同一道路进行。

4. 工作基点考证如遇跨河水准,一、二级与三、四级应分别不超过 100 m 和 200 m,可用一般方法进行观测,但在测站上应变换仪器高度两次,两次高差分别不超过 1.5 mm 和 7 mm,取两次结果的中数。如视线长度超过上述规定,遇跨河水准的测量方法,测回数及测量限差应根据跨河水准河宽和仪器设备等情况,按照《国家一、二等水准测量规范》(GB/T 12897—2016)和《国家三、四等水准测量规范》(GB/T 12898—2009)的要求进行。

5. 工作基点考证测量在接测国家水准点和工作基点遇有明暗标或高低标时,应以暗标为准,同时观测明标或高标,并将观测的数值载入记录栏的下一格,在现场计算出明暗标或高低标之差,检验所测之差与原测之差是否一致,如所测高差与原测高差大于 1 mm以上,应检查原因,经检查本次所测高差无误,则说明该标点自身下沉,应立即停止使用或从另一个国家水准点进行考证。

6. 垂直位移观测等级及限差应符合表 9-2 要求。

表 9-2　垂直位移观测等级及限差

建筑物类别	水准基点～工作基点			工作基点～垂直位移点	
	观测等级	闭合差限差(mm)		观测等级	闭合差限差(mm)
		1 km 外	1 km 内		
大型水闸、泵站	一	$2\sqrt{K}$	$0.3\sqrt{N}$	二	$0.5\sqrt{N}$
中型水闸、泵站	二	$4\sqrt{K}$	$0.5\sqrt{N}$	三	$1.4\sqrt{N}$
堤防	三	$12\sqrt{K}$	$1.4\sqrt{N}$	四	$2.8\sqrt{N}$

注:N 为测站数;K 为单程 km 数,不足 1 km 按 1 km 计。

7. 垂直位移变形监测所采用的水准测量一般是按一、二等水准测量等级实施。通常测量所用的水准仪为 DS0.5 及 DS1 级光学或电子水准仪,其精度分别能达到每 km 往返高差中误差不超过 0.5 mm 和 1 mm。用水准测量法测量垂直位移具有操作简单、精度高等优势,是目前垂直位移监测的主要方法。

8. 水准测量是用水准仪和水准尺测定地面上两点间高差的方法,即在地面两点间安置水准仪,观测竖立在两点上的水准标尺,按尺上读数推算两点间的高差。通常从垂直位移监测基准点或监测点出发,沿着选定的水准路线逐站测定各观测点的高程。

9. 如图 9-7 所示,在地面上有 A、B 两点,已知 A 点的高程为 H_A,为求 B 点的高程 H_B,在 A、B 两点之间安装水准仪,A、B 两点上各竖立一把水准尺,通过水准仪的望远镜读取水平视线分别在 A、B 两点水准尺上截取的读数为 a 和 b,可以求出 A、B 两点间的高差为:

$$h_{AB} = 后视读数\ a - 前视读数\ b \tag{9-2}$$

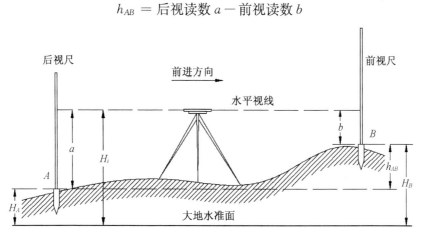

图 9-7　水准测量示意图

若后视读数大于前视读数,则高差为正,表示 B 点比 A 点高,$h_{AB}>0$;若后视读数小于前视读数,则高差为负,表示 B 点比 A 点低,$h_{AB}<0$。

如果 A、B 两点相距不远且高差不大,则安置一次水准仪,就可以测得高差 h_{AB}。此时 B 点高程为:

$$H_B = H_A + h_{AB} \qquad (9-3)$$

10. 根据规范《国家一、二等水准测量规范》(GB/T 12897—2016)和《国家三、四等水准测量规范》(GB/T 12898—2009)的规定,水准点的高程采用正常高程系统,按照"1985国家高程基准"起算。青岛原点高程为 72.260 m。

11. 目前随着高精度电子水准仪的出现,传统的精密水准测量效率已得到极大的提高。电子水准仪在水准测量中读数客观,不存在误读、误记问题,没有人为造成的粗差。同时,其测量精度非常高,视线高和视距读数都是采用大量条码分划图像经处理后取平均值得出来的,因此可以削弱标尺分划误差的影响,并且多数仪器都有进行多次读数取平均值的功能,可以削弱外界条件的影响。尤其对于刚接触现场测量的作业人员来说,由于省去了报数、听记、现场计算的时间以及人为出错的重测数量,与传统仪器相比,应用电子水准仪后的工作效率有所提高。南水北调东线江苏境内泵站工程垂直位移基本上都是采用电子水准仪进行观测。

八、资料整理与初步分析

1. 表格填制

(1)考证表

1)工作基点考证表:工作基点埋设时填制,并绘制基点结构图,以后不必再填。

2)工作基点高程考证表:定期校测工作基点高程时填制。

3)垂直位移标点考证表:以工程底板浇筑后第一次测定的标点高程为始测高程。如无施工期观测记录,则应将第一次观测的高程作为始测高程,但必须在备注中说明第一次观测与底板浇筑后的相隔时间。如标点更新或加设,应重新填记本表,并在备注中说明情况。

(2)垂直位移观测成果表

按工程部位自上游向下游、从左向右分别填写,算出间隔和累计位移量。间隔位移量为上次观测高程减本次观测高程。

(3)垂直位移量变化统计表

根据较长时间观测所得的位移量汇总而成。通过它可点绘出垂直位移量变化过程线图,此表于逢 5 年度的资料汇编时填报。

(4)精度要求

高程单位:m,大型工程精确至 0.0001 m,中型工程精确至 0.001 m。

垂直位移量单位:mm,大型工程精确至 0.1 mm,中型工程精确至 1 mm。

2. 图形绘制

(1)垂直位移量横断面分布图

主要反映在同一横断面上相邻点位移情况。通过分布图可以看出基础是否发生不均匀沉陷。图分为上下游两侧两个横断面分布曲线图,如图9-8所示。

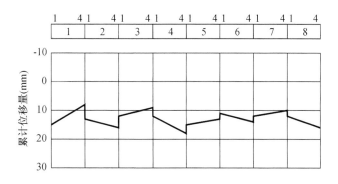

图9-8 垂直位移量横断面分布图

(2)垂直位移量变化过程线图

垂直位移量变化过程线:逢5年绘制。一般同一块底板各点的垂直位移量变化过程线绘于一张图上,目的是分析同一块底板垂直位移量与时间的变化关系,如图9-9所示。

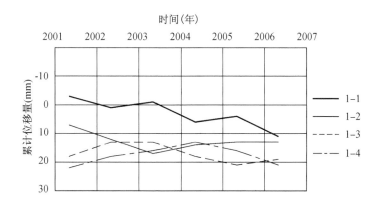

图9-9 垂直位移量变化过程线图

3. 垂直位移观测成果初步分析

针对每次的垂直位移观测成果,应结合其他观测项目和水文地质资料,分析垂直位移量的变化规律及趋势,同时与上次观测成果及初始值进行比较分析其是否正常。重点分析近期位移量的最大、最小值以及累计、间隔位移量和相对不均匀位移量的极值与异常部位,根据分析对工程的运行状态进行评价,对工程控制运用和维修加固等提出初步意见。

第三节　水平位移观测

水平位移观测是指用观测仪器、设备对水工建筑物及堤防有代表性的点位进行的水平方向位移量的测量。水工建筑物的水平位移通常是由水和温度荷载的作用、基础的不均匀沉降、基础的徐变变形、混凝土材料的自身体积增长和其他变化因素等引起。监测并分析水平位移的规律性,目的在于了解水工建筑物在内外荷载和地基变形等因素作用下的状态是否正常,为工程安全运行提供依据。

一、一般规定

1. 工作基点在工程投入运用后 5 年内,应每年利用校核基点校测 1 次,如没有变化,以后可每 5 年校测 1 次。工作基点的水平位移量应小于 4 mm。

2. 水平位移观测在工程投入使用后 3 年内应每月 1 次,正常运行期每年应不少于 2 次,当水位超过设计洪水位、遇有水位骤降或水库放空等特殊情况时,应增加测次。

3. 水平位移量以向下游为正、向上游为负、向左岸为正、向右岸为负。

二、观测设施布置

水平位移观测设有校核基点、工作基点和观测标点。观测标点设置在水利工程建筑物上,反映工程具体的变形和位移;工作基点设置在工程周围,通过观测工程建筑物上观测标点相对工作基点的位移来确定工程建筑物的变形和位移;校核基点是检验工作基点是否有位移的监测点,一般设置在岩基上。

1. 设置要求

(1) 水平位移工作基点宜与垂直位移观测基点共用,并应两两通视。

(2) 工作基点在工程投入运用后 5 年内,应每年利用校核基点校测 1 次,如没有变化,以后可每 5 年校测 1 次。工作基点的水平位移量应小于 4 mm。

(3) 工作基点应布置在不受任何破坏而又便于观测的岩石或坚实的土基上,并在观测标点的延长线上。校核基点应布置在泵站、水闸两侧,便于对工作基点、观测标点进行观测的岩石或坚实的土基上。

(4) 观测标点、工作基点和校核基点的结构应坚固可靠且不易变形,并力求美观大方、协调实用。

(5) 观测标点、工作基点和校核基点可采用柱式或墩式,同时可兼作垂直位移和横向水平位移的观测标点,其立柱应高出坝面(或坡面)0.6～1.0 m,立柱顶部应设有强制对中底盘,其对中误差均应小于 0.2 mm。观测标点和工作基点的底座埋入土层的深度应不小于 0.5 m,冰冻区应深入冰冻线以下,并采取防止雨水冲刷、护坡块石挤压和人为碰撞等保护措施。

(6) 工作基点一般采用整体钢筋混凝土结构,立柱高度以司镜者操作方便为主,但应大于 1.2 m。立柱顶部强制对中底盘的对中误差应小于 0.1 mm。校核基点的结构及埋设要求与工作基点相同。水平位移工作基点结构如图 9-10 所示。

2. 编号设置

水平观测标点编号以 □□×× 表示,□□ 表示工程名称,第一位数字表示断面号,第二位数字表示水平位移测点在同一断面从迎水侧至背水侧的序号。水平位移标点平面布置如图 9-11 所示。

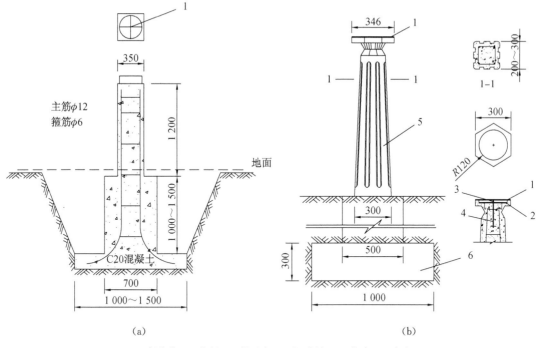

主筋φ12
箍筋φ6

地面

C20混凝土

（a）

（b）

1—保护盖；2—垫板；3—螺丝头；4—φ16圆钢；5—柱身；6—底座

图 9-10　水平位移工作基点示意图（单位：mm）

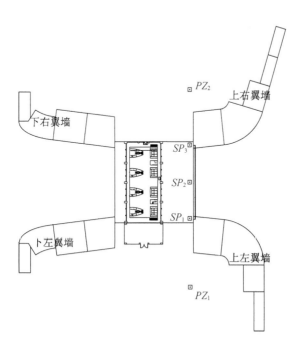

图 9-11　水平位移标点平面布置图

三、观测方法与要求

水平位移观测可采用视准线法、三角网前方交会法及静态 GPS 和全站仪坐标法。水平位移观测的觇标可采用标杆、觇牌或电光灯标,其尺寸与图案可根据观测条件选定。

1. 视准线法

(1) 测小角度法

测小角度法是视准线法测定水平位移的常用方法。测小角度法是利用经纬仪精确地测出基准线与置镜点 P_i 视线之间所夹的微小角度 β_i,并按式(9-4)计算偏离值:

$$\Delta h_i = \frac{d_i \beta_i}{\rho} \tag{9-4}$$

式中:d_i ——端点 A 到观测点 P_i 的水平距离;

β_i ——观测到的小角角值;

ρ ——$\rho = 206\ 265''$。

(2) 活动觇牌法

①活动觇牌法是视准线法的另一种方法。观测点的位移值是直接利用安置于观测点上的活动觇牌读数来测算。活动觇牌读数尺上的最小分划为 1 mm,采用游标时,读数可精确到 0.1 mm。

②观测过程如下:在 A 点安置精密经纬仪,精确照准 B 点目标(觇标)后,基准点即建立,紧固仪器的制动螺旋,使仪器不能左右旋转;然后,依次在各观测点上安置活动觇牌;观测者在 A 点用精密经纬仪观看活动觇牌,并指挥活动觇牌操作人员利用觇牌上的微动螺旋左右移动活动觇牌,使之精确对准经纬仪的视线,此时可在活动觇牌上直接读数。同一观测点各期读数之差即为该点的水平位移值。

③采用视准线法观测时,可使用经纬仪(含全站仪,下同)和视准仪。当视线长度在 250 m 左右时,应采用 6″ 级以上的经纬仪;当视线长度在 500 m 左右时,应采用 1″ 级经纬仪,估读到 0.1″ 精密经纬仪测量。

④视准线法观测可根据实际情况选用活动觇标法或小角度法,观测时宜在视准线两端设工作基点,在工作基点架设仪器观测其靠近的观测标点的偏离值。

⑤用活动觇标法校测工作基点及增设的工作基点时,允许误差不大于 2 mm(两倍中误差)。观测观测标点时,每测回(正镜、倒镜各测 1 次为一测回)的允许误差应小于 4 mm(两倍中误差),所需测回数不得少于 2 个测回。

⑥采用小角度法观测时,应采用 J1 级经纬仪,测微仪两次重合读数之差不应超过 0.4″,一个测回中正倒镜的小角值不应超过 3″,同一测点各测回小角值较差不应超过 2″。

2. 前方交会法

(1) 测角前方交会法是前方交会法中较为常用的一种,方法如图 9-12 所示:

用经纬仪分别在已知点 A 和 B 上测出角 α 和角 β,可根据式(9-5)和式(9-6)计算待定点 P 的坐标。

$$X_P = \frac{X_A \cot\beta + X_B \cot\alpha + (Y_B - Y_A)}{\cot\alpha + \cot\beta} \tag{9-5}$$

$$Y_P = \frac{Y_A \cot\beta + Y_B \cot\alpha + (X_B - Y_A)}{\cot\alpha + \cot\beta} \qquad (9\text{-}6)$$

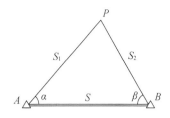

图 9-12　前方交会法示意图

（2）采用三角网前方交会法观测时，应采用 J1 级经纬仪和全圆测回法，且不少于 4 个测回。各项限差要求为：半测回归零差正负 $6''$，二位视准差之互差正负 $8''$，各测回的测回差正负 $5''$。

3. GPS 测量法

（1）GPS 是在卫星多普勒导航系统的基础上发展起来的。卫星多普勒导航系统以多普勒效应为前提，其基本方法是根据在地球表面的某一位置接收卫星发射的无线电波信号的多普勒频移来确定地球表面监测站的位置。GPS 静态观测精度与观测时间成正比，如观测 $1\sim2$ h，其水平精度优于 1 mm。GPS 监测技术既可以用于精密地表的大范围形变监测，也可以用于各类工程结构物的动态和静态变形监测。

（2）采用静态 GPS 法观测时，每次观测时长应大于 50 min，每一测点应观测 2 次，两次误差应小于 2 mm，取其平均值。

4. 全站仪坐标法

全站仪坐标法是利用全站仪观测各待测点坐标的方法，采用全站仪坐标法观测时，应采用全圆测回法且不少于 4 个测回，四测回的测点水平坐标误差均应小于 2 mm，取其平均值。

四、资料整理与初步分析

1. 表格填制

（1）考证表

①水平位移工作基点考证表（视准线法）：工作基点埋设时填制，并绘制基点结构图，以后不必再填。

②水平位移观测标点考证表：定期校测观测标点时填制。

（2）水平位移统计表

①日期填写每一次观测日期，观测日期下填入每次观测的间隔位移量，正值填入"下"列，负值填入"上"列（填绝对值）。

②年位移量：本年度末次水平位移观测间隔位移量减首次水平位移观测间隔位移量得到的值，正值填入"下"列，负值填入"上"列（填绝对值）。

2. 图形绘制

（1）累计水平位移过程线

一般将同一墩墙各点的水平位移量变化过程线绘于一张图上，目的是分析同一墩墙水平位移量与时间的变化关系,如图 9-13 所示。

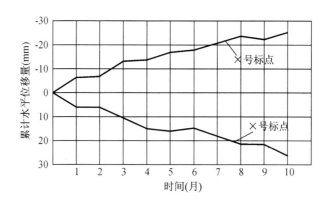

图 9-13　累计水平位移过程线图

(2) 水平位移与上游水位过程线

将上游水位与各点的累计水平位移量变化过程线绘于一张图上,目的是分析上游水位变化与各点累计水平位移量变化的对应关系,如图 9-14 所示。

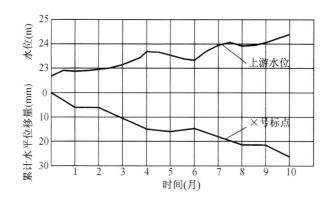

图 9-14　水平位移与上游水位过程线图

(3) 建筑物水平位移与上游水位关系曲线

如图 9-15 所示。

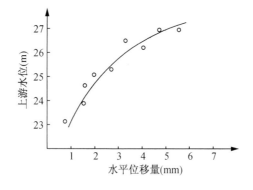

图 9-15　水平位移与上游水位关系曲线图

第四节　扬压力观测

扬压力观测是指运用监测仪器和设备对水工建筑物所承受的扬压力进行的测量。水工建筑物投入运行后,一般通过观测测压管水位来监测其扬压力大小和分布,用以核算建筑物的抗滑稳定性,对保证工程安全运行十分重要。同时监测成果还可用来检验防渗和排水措施的效果及扬压力的设计假定,作为以后建设设计的参考。

一、一般规定

1. 新建工程投入使用后,每天观测 1 次;运用 3 个月后,可改为每 5 天观测 1 次;运用 2 年以上且工程垂直位移和地基渗透压力分布均无异常的情况下,可每 10 天观测 1 次。

2. 测压管管口高程考证:工程建成后 5 年内应按三等水准测量要求每年考证 1 次,以后可视建筑物垂直位移变化情况适当减少,一般在 10 年后可减少为每 5 年考证 1 次。测压管管口(压力表底座)高程考证应按四等水准测量要求进行,观测方法和精度要求应符合规范要求。与上次观测相差 1 cm 以内的可不作修正。

3. 测压管进水管段灵敏度试验:一般每 5 年进行 1 次,如果测压管水位反应不正常,应立即进行检验。

4. 测压管内淤积高程观测:应每 5 年观测 1 次,当管内淤塞已影响观测时,应立即进行清理。

5. 测压管水位观测:对于管中水位低于管口的,一般采用测深钟、测钎、电测水位计、示数水位计等方法观测;对于管中水位高于管口的,一般采用压力表、压差计等方法观测。有条件的可采用自动观测。

二、观测设施的布置

1. 测压管设置

(1) 泵站基础扬压力观测主要采用测压管,适用于水头小于 20 m、渗透系数大于或等于 1×10^{-4} cm/s 的土中,以及渗压力变幅小的部位、监视防渗体裂缝等。

(2) 测压管管口(压力表底座)高程在施工期和初蓄期应每隔 1~3 个月校测 1 次,在运行期至少应每年校测 1 次,观测方法和精度要求应符合四等水准测量的规定,与上次观测相差 1 cm 以内的可不作修正。

(3) 测压管宜采用镀锌钢管或硬塑料管,内径不宜大于 50 mm。测压管的透水段,一般长 1~2 m,当用于点压力观测时应小于 0.5 m。外部包扎足以防止周围土体颗粒进入的无纺土工织物。透水段与孔壁之间用反滤料填满。测压管的导管段应顺直、内壁光滑无阻,接头应采用外箍接头。管口应高于地面,并加保护装置,防止雨水进入和人为破坏,管口保护装置常用的有测井盖、测井栅栏及带有螺纹的管盖或管堵。用管盖或管堵时应在测压管顶部管壁侧面钻排气孔。

(4) 泵站基础扬压力观测测压管的导管,其管口和进水段宜在同一铅垂线上,若工程构造无法保持导管垂直,则可以设平直管道。平直管进水管段处应略低,坡度约在1:20左右,同时应使平直管段低于可能产生最低渗透压力的高程。每一个测压管可独立设一测井,也可将同一断面上不同部位的测压管合用一个测井,宜优先选用前一种测井型式。

2. 测压管布置

(1)泵站基础扬压力观测测点的数量及位置,应根据其结构形式、地下轮廓线形状和基础地质情况等因素确定,并应以能测出基础扬压力的分布和变化为原则,一般布置在地下轮廓线有代表性的转折处,建筑物底板中间应设置一个测点。沿建筑物的岸墙和工程上下游翼墙应埋设适当数量的测点,对于土质较差的工程墙后测压管应加密。

(2)每座工程观测断面应不少于2组,每组断面上测点不应少于3个。测压管平面布置示意如图9-16所示,断面布置示意如图9-17所示。

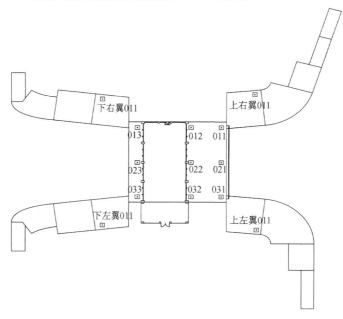

图9-16 测压管平面布置示意图

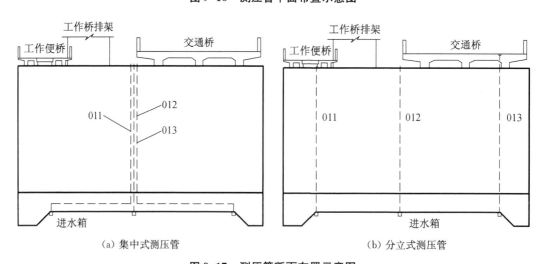

(a)集中式测压管 (b)分立式测压管

图9-17 测压管断面布置示意图

三、观测方法与要求

1. 测压管的水位观测,一般采用测深钟、测钎、电测水位计、液位传感器等进行观测。对于测压管中水位超过管口高程的可采用压力表或压力传感器进行观测。

2. 测深钟法:是用一柔性好、伸缩率低的绳索系于测深钟顶上,慢慢放入竖管内,空心圆柱体接触管内水面时即发出锤击面的响声,当即拉紧测绳,并重复几次,以测锤口刚接触水面为准,然后量读管口至管中水面的距离。测压管水位高程等于测压管管口高程减管口至测压管水面的距离。

3. 测钎法:用长1 m左右、直径6.5 mm的圆钢,涂以白色粉末,估计测钎接触水面后,立即提出,并量取管口到测钎浸水部分的长度。

4. 电测水位计法:一般由提匣、吊索和测头三部分构成,提匣内装干电池、微安表(或其他指示器)和手摇滚筒。滚筒上缠电线(常兼作吊索),此种电线应力求柔软坚韧,不易受温度影响。吊索每隔1 m应有一长度标志。电线末端接测头。观测时,将测头徐徐放入管内,待指示器反应后,将吊索稍许上提,到指示器不起反应时,再慢慢上下数次,趁指示器开始反应的瞬间,捏住与管口相平处的吊索,量读管口至管中水面间的距离。测压管水位高程等于测压管管口高程减管口至管中水面间的距离减测头入水所引起的水位壅高量(此值应事先试验求得)。

5. 压力表法:用压力表观测测压管水位时,压力表应根据在管口处可能产生的最大压力值选用。一般压力表读数在1/3~2/3量程范围内较为适宜。压力表与测压管的连接,各接头处不应漏水。压力表安装有固定式和装卸式两种,采用固定式时要注意防潮,避免压力表受潮破坏。采用装卸式时,每次装表观测要待压力表指针稳定后才能读其压力值 P(MPa)。测压管水位(m)等于压力表底座高程与压力表读数换算的相应压力水头(m)之和。

6. 液位传感器(静压液位计/液位变送器/水位传感器)是一种测量液位的压力传感器。静压投入式液位变送器(液位计)是基于所测液体静压与该液体的高度成比例的原理,采用国外先进的隔离型扩散硅敏感元件或陶瓷电容压力敏感传感器,将静压转换为电信号,再经过温度补偿和线性修正,转化成标准电信号。南水北调东线江苏境内的泵站工程扬压力观测基本上是采用计算机监测系统,进行自动采集,在测压管内放置液位传感器,通过传感器测量水头压力,将数据自动传送到终端系统,将扬压力的大小直接在终端系统中显示出来,无需耗费大量时间和人力去进行人工观测。

(1)液位传感器观测仪器工作原理:当液位传感器投入到被测液体中某一深度时,传感器迎液面受到的压力,通过测取压力 P,得出水位高度 H,并且经过校正可以抵消大气压 P_0,并且根据液位传感器放置的已知高程 h_0,可以测量出测压管内的水位。

(2)根据液位传感器受到水压力的水头高度 H,加上液位传感器放置的已知高程 h_0,可求得测压管水位 $h=H+h_0$,如图9-18所示。

7. 测量精度:

(1)采用测深钟法、测钎法或电测水位计法观测时,测压管水位应独立观测2次,最小读数取0.01 m,两次读数差不得大于0.02 m,取其平均值,成果取至0.01 m。

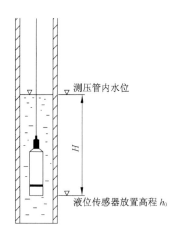

图 9-18　液位传感器在测压管内放置示意图

（2）采用示数水位计法观测时，最小读数取 0.01 m。

（3）采用压力表法观测时，压力值应读至最小估读单位。

（4）电测水位计的测绳长度标记，应每隔 3 个月用钢尺校正 1 次，成果取至 0.01 m。

（5）测压管管口（压力表底座）高程在施工期和初蓄期应每隔 1～3 个月校测 1 次，在运行期至少应每年校测 1 次，观测方法和精度要求应符合四等水准测量的规定，与上次观测相差 1 cm 以内的可不作修正。

（6）采用液位传感器的成果取至 0.01 m。

四、观测设施的维护

1. 测压管灵敏度试验

测压管灵敏度试验每 5 年应进行 1 次，宜选择在水位稳定期进行，可采用注水法或放水法试验。当管中水位低于管口时，应采用注水法进行测压管灵敏度试验。当管中水位高于管口时，应采用放水法进行测压管灵敏度试验。

（1）注水法试验

①试验前，先测定管中水位，然后向管中注入清水。一般情况下，用水将导管灌满，若进水段周围为壤土料，注水量相当于每 m 测压管容积的 3～5 倍；若为砂粒料，则为 5～10 倍。

②测得注水水面高程后，分别以 5 min、10 min、15 min、20 min、30 min、60 min 的间隔测量水位 1 次，以后时间可适当延长，直至水位回降至原水位并稳定 2 h 为止。记录测量结果，并绘制水位下降过程线。对于受潮汐影响的泵站，应连续观测测压管水位和上下游水位，然后根据上下游水位和测压管水位过程线加以判断。

（2）放水法试验

①先测定管中水位，然后放水，直至放不出为止，测得水面高程后，分别以 5 min、10 min、15 min、20 min、30 min、60 min 的间隙测量水位 1 次，以后时间可适当延长，直至水位回升至原水位并稳定 2 h 为止。对不同地基水位恢复时间的判别标准同注水法。

②管内水位在下列时间内恢复到接近原来水位的，可认为合格：黏壤土 5 d；砂壤土 24 h；砂砾料 1～2 h 或注（放）水后水位变化不到 3～5 m。

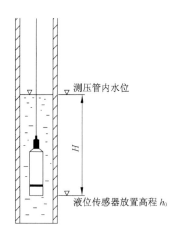

③如管内水位长时间未恢复到接近原来水位的,可判断测压管可能已经堵塞;相反,如管内水位没有变化或很快恢复,可判断测压管滤箱可能失效或与上下游贯通。对于受潮汐影响的工程,应连续观测测压管水位和上下游水位,然后根据上下游水位和测压管水位过程线加以判断。

2. 注意事项

(1)当一孔埋多根测压管时,应自上游向下游逐根试验,并应同时观测非注水管的水位变化,以检查它们之间的封孔止水是否可靠。

(2)当管内淤塞已影响观测时,应及时进行清理。测压管淤积厚度超过透水段长度的1/3时,应进行掏淤。经分析确认副作用不大时,也可采用压力水或压力气冲淤。

(3)如经灵敏度检查不合格、堵塞、淤积经处理无效,或经资料分析测压管已失效时,宜在该孔附近钻孔重新埋设测压管。

(4)测压管管口应设置封堵保护措施,当发现测压管被碎石等硬质材料堵塞时,应及时进行清理。

五、资料整理与初步分析

1. 表格填制

(1)测压管考证表:测压管埋设之后,将埋设时的具体情况、结构布局及首次观测的管口高程填入本表,作永久考证,并绘制结构布局简图。

(2)测压管灵敏度试验记录成果表:在测压管埋设后,即应做注水(或放水)试验,并填入此表。以后每5年试验1次填入本表。

(3)测压管管口高程考证表:测压管管口高程随建筑物本身的垂直位移变化而变化,可结合垂直位移观测进行,并将校测成果填入本表。

(4)测压管水位统计表:将观测或计算所得的测压管内水位填入本表,并填入同步观测的工程上下游水位。

2. 图形绘制

(1)测压管水位的观测应绘制测压管水位过程线图,测压管水位过程线图是将测压管水位统计表内数据按时间顺序点绘而成。在同一块底板内的一组测压管的水位过程线一般绘在同一幅图内,并同时绘出闸上下游水位过程线,以便于比较分析,如图9-19所示。

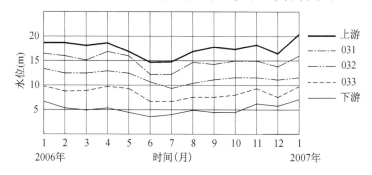

图 9-19　测压管水位过程线

（2）测压管水位资料整编后，应及时分析测压管工作的性能及建筑物地基、岸墙、翼墙后的渗透压力情况，若发现问题，应及时采取措施。

第五节　河道观测

河道观测是指运用观测仪器、设备，测量河道的平面和断面形态要素，了解河道形态，研究河道特性，从而进行的测量。河道观测的目的是及时了解、掌握并据此预报河道的冲淤动态变化，为河道整治、堤防管理、防洪抢险、航运交通等提供信息。

一、一般规定

1. 河道观测主要包括泵站引河过水断面、大断面和水下地形观测。

2. 引河过水断面一般是指河道设计水位以下部分断面，有些工程在实际运用中常年水位远低于河道设计水位的可采用正常水位以下的断面；大断面是指过水断面及向两侧各延伸至两岸堤顶及背水面堤脚部分断面；水下地形是指河道设计水位或多年平均水位以下的河床地形。

3. 引河过水断面的观测：上下半年各观测 1 次，观测过水断面的密度应以能反映引河的冲刷、淤积变化为原则，靠近泵站工程处宜密，远离泵站工程处可适当放宽。

4. 大断面和水下地形的观测：每 5 年观测 1 次。

5. 断面桩桩顶高程考证：每 5 年观测 1 次。

6. 遇工程泄放大流量或超标准运用、单宽流量超过设计值、冲刷或淤积严重且未处理等情况，应增加测次。兴建大型工程前、后 2 年内，应增加测次。

二、观测设施的布置

1. 河道观测断面

（1）断面两岸应埋设固定观测断面桩或断面标点，断面桩或断面标点连接线即为断面测量方向线。断面每侧宜各设两个断面桩或断面标点，分别设在设计最高水位和正常水位以上。

（2）采用过河索法观测断面时，需要埋设断面桩。断面桩要求用 15 cm×15 cm×80 cm 的钢筋混凝土预制桩，桩顶设置钢制标点，埋入地面以下部分应不小于 50 cm，并用混凝土固定。

（3）采用 GPS+测深仪法观测河道断面时，需埋设断面标点。断面标点一般采用不锈钢材料制作，断面桩桩顶高程或断面标点考证每 5 年观测 1 次，如发现断面桩/标点缺损，应及时补设并进行观测。

2. 河道观测断面桩编号

建筑物引河断面编号按上下游分别编列，以 C. S. n 上（下）×+×××表示，n 表示断面的顺序，×+×××表示引河断面至建筑物中心线距离。其他河道固定断面编号按上游至下游编列，以 C. S. n×××+×××表示，n 表示断面的顺序，×××+×××表示河道断面里程桩号。

3. 河道观测断面布置

建筑物引河断面应从水闸上下游铺盖、消力池末端或泵站进出水口处起进行观测,分别向上下游延伸1~3倍河宽的距离;对于冲刷或淤积较严重的引河,可适当延伸至3~5倍河宽的距离。断面间距以能反映河道的冲刷、淤积变化为原则,靠近闸、站宜密,远离闸、站可适当放宽。河道观测断面布置如图9-20所示。

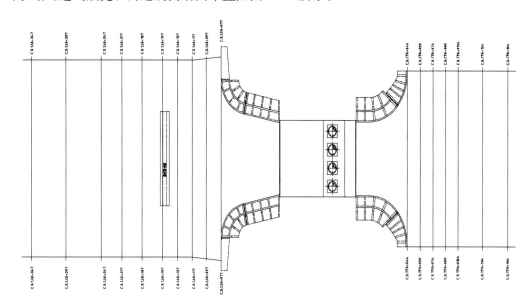

图 9-20 河道观测断面布置图

河道观测断面设置要求:

(1) 断面观测起点处。

(2) 上下游护坦(进出水池)。

(3) 防冲槽:

①防冲槽以外100 m内,每隔15~30 m;

②防冲槽以外100~300 m内,每隔50 m;

③防冲槽300 m以外,每隔100 m;

④淤积较严重的工程在防冲槽500 m以外,每隔200~500 m。

(4) 河道拐弯、扩散较大或叉流处应适当增设观测断面。

(5) 观测过程中若发现断面异常,在异常断面前后应增设观测断面。

三、观测方法与要求

1. 河道观测包括河道地形观测、固定断面观测。

2. 河道地形观测包括基本资料和工程应用观测;固定断面观测包括过水断面和大断面观测。

3. 河道地形分岸上和水下两个部分。岸上部分应从水边测至规定的范围内,当测区已有地形图,且岸上无变化者,则岸上地形可以套绘;若只有局部变化,则作局部补测,可采用水准仪、全站仪、GPS进行岸上地形观测。岸上地形套绘时,用于套绘的地形图比例尺应与本次测图相同或大于本次测图。岸上和水下地形测量宜同时进行。因特殊困难不能同时进行时水位高时测水下,水位低时宜测岸上,避免出现成图空白区。

4. 水下地形观测一般采用横断面法,断面线宜与等高线或水流方向大致成垂直,特殊水域可视情况布设测线,原则上要能准确反映河床水下地形。在河宽水深的河流或湖泊应尽量用GPS全球定位系统配合测深仪观测水下地形,在测量船不能到达之处如浅滩等,则用测深杆或测深锤测水深。当配合使用以上两种方法时,应注意所测范围是否衔接,不可留有空白区。观测水下地形时应同时施测两岸水边线,并尽量沿测深推进方向顺序或同时观测。水深测量方法应根据水下地形状况、水深、流速合理选择,设备选择及探测点的深度中误差应符合表9-3规定。

表 9-3　水深测量设备选用及精度要求

水深范围(m)	测深仪器或工具	流速(m/s)	测点深度中误差(m)
0~4	宜用测深杆	—	0.05
0~10	测深锤	<1	0.10
1~10	测深仪		0.10
10~20	测深仪或测深锤	<0.5	0.15
>20	测深仪、多波束	—	$H * 1.0\%$

5. 在进行野外测深之前,应对测深仪进行野外比测。比测应选择测区内水流平缓、水底较平坦的区域进行。比测应使用专用测深绳,其特点是伸缩性很小,尺码标应用钢尺丈量准确;在一定流速的情况下,需加偏角改正。比测时应将时间、地点、水温、声速、转速、换能器入水深度、测深校量误差以及比测的深度数据,分别记载在测深仪记录纸上和观测记事本上,作为资料上交备查。

6. 每天开工前,做好水温、转速(或者声速)改正之后,进行测深仪与测深锤比测二点以上级。一般可在3 m以上水深处进行该项校验,比误差为±0.2 m,否则应找出原因并消除。

四、资料整理与初步分析

1. 表格填制

(1)河床断面桩顶高程考证表:断面桩埋设后,应在桩基砼固结后即接测桩顶高程,并填写考证表,以后每隔5年校测1次,并填写该表。如断面桩毁坏或变动,应重新埋设,并测定新桩高程,重新填写考证表。

(2)河床断面观测成果表:必须将过水断面观测成果与大断面观测资料水上部分一起填入本表。起点距从左岸断面桩起算,以向右为正、向左为负。填写本表时,必须从左岸向右岸按起点距大小顺序填写。

(3)河床断面变化比较表:计算、统计河床断面的深泓高程、断面面积、河床容积、冲淤量等,并与标准断面及上次观测成果进行比较,标准断面一般采用设计或竣工断面,如无上述资料,也可与第一次断面观测资料进行比较。计算水位一般采用设计水位或正常水位(略高于历史最高水位)。

(4)精度要求:起点距、断面宽精确至 0.1 m;水深、高程精确至 0.01 m;断面面积精确至 1 m^2;河床容积、冲淤量精确至 1 m^3。

2. 图形绘制

(1)河床断面比较图:根据过水断面观测成果表从左岸到右岸逐点点绘,并与上次观测成果及标准断面比较,如图 9-21 所示。

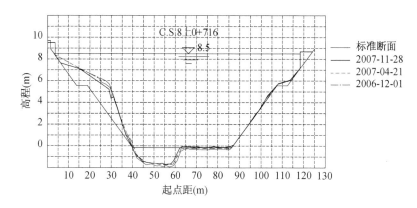

图 9-21 河道断面比较图

(2)河道水下地形图:图的比例一般选用 1/1 000~1/2 000,根据工程大小及所测范围,一般在 200 m 内可取 1/1 000,超过 400 m 取 1/2 000,须视工程具体情况选用。一般采用上下游分别绘制,并尽可能将实测点特别是深泓高程点保留,作为注记点。等高线的首曲线间距应根据图幅大小和比例尺确定,但一般情况下不宜超过 1 m。如图 9-22 所示。

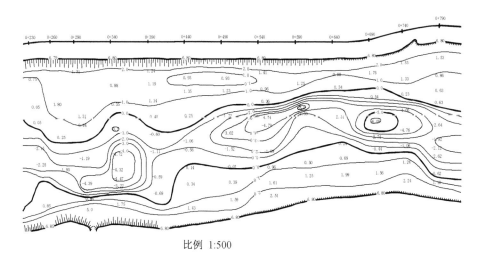

比例 1:500

图 9-22 河道水下地形图

3. 河道观测成果分析基本要求

根据河道观测成果,结合相关工程、水文地质、气象等资料,分析河道工程的变化规律及运行趋势,重点分析河道走势、冲淤等情况,为宏观控制河道、工程规划设计、工程管理等提供基本资料和初步意见。

第六节　伸缩缝观测

建筑物伸缩缝是为防止建筑物构件由于气候温度变化(热胀、冷缩),使结构产生裂缝或破坏而沿建筑物或者构筑物施工缝方向的适当部位设置的一条构造缝,是将基础以上的建筑构件如墙体、楼板、屋顶(木屋顶除外)等分成两个独立部分,使建筑物或构筑物沿长方向可做水平伸缩,防止建筑物因气候变化而产生裂缝。建筑物伸缩缝观测的目的是了解缝两侧混凝土体的状态变化以分析伸缩缝是否达到预期作用。

一、一般规定

1. 建筑物伸缩缝应每月观测 1 次,当发生历史最高、最低水位,历史最高、最低气温,超标准使用等特殊情况时,应增加测次。地基情况复杂的建筑物或发现伸缩缝变化异常时,应增加测次。

2. 观测建筑物伸缩缝时,应同时观测建筑物温度、气温、水位等相关因素。

3. 伸缩缝观测值,开合方向以张开为正、闭合为负;竖直及水平错位与垂直位移及水平位移规定相同。

二、观测设施的布置

1. 应根据观测目的,选择有代表性的位置,在缝的两侧混凝土表面埋设观测标点,定期量测标点之间的相对位移。

2. 观测伸缩缝后,应绘制缝宽与衬砌板温度、气温过程线,以及缝宽与温度关系曲线。

三、观测方法与要求

1. 观测伸缩缝的金属标点结构、埋设和量测方法如下:

(1) 在伸缩缝两侧各埋设一个金属标点,用游标卡尺或千分卡尺测量。

(2) 采用三点式金属标点用以观测伸缩缝的空间变化。它由大致在同一平面上的 3 个金属标点组成,其中两个标点埋设在伸缩缝的一侧,其连接线平行于伸缩缝,并与在缝的另一侧的一个标点构成三边大致相等的三角形,如图 9-23 所示。在金属标点的顶部钻有一个圆链形小坑,小坑的形状与卡尺测针的尖端必须吻合。

(3) 金属标点埋设以后,测出各标点间的水平距离 a、b、c 及标点 A、C 之间的高差 Za,并算出以 C 为原点时,标点 A、B 的空间坐标。在观测时仍按上法重新量测标点间的水平距离和垂直高差,计算出 A、B 新的坐标位置。

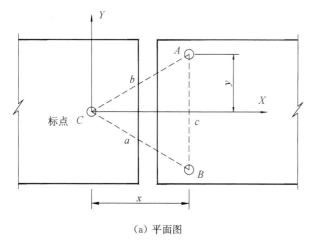
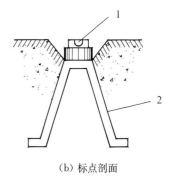

(a) 平面图　　　　　　　　　　　　　　　(b) 标点剖面

1—卡尺测坑卡着的小坑；2—锚筋

图 9-23　三点式金属标点结构示意图

2. 金属标点和型板式标点法宜用游标卡尺测量。

3. 伸缩缝观测精度精确到 0.1 mm。

四、资料整理与初步分析

1. 表格填制

（1）建筑物伸缩缝观测标点考证表：观测岸、翼墙伸缩缝时应填写墙前水位，观测底板伸缩缝时应填写上下游水位。

（2）建筑物伸缩缝观测成果表。

（3）填表规定伸缩缝观测标点三向尺寸及其变化量：精确至 0.1 mm。

2. 图形绘制

建筑物伸缩缝观测应绘制伸缩缝宽度与气温过程线图，主要反映泵站伸缩缝与气温变化的对应关系曲线，如图 9-24 所示。

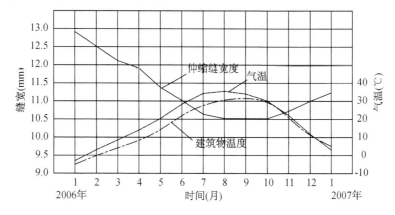

图 9-24　伸缩缝宽度与气温过程线

第七节　裂缝观测

水工建筑物裂缝观测可通过观测裂缝的发展情况，了解缝两侧结构的位移，从而分析建筑物发生裂缝的原因，可为工程管理和工程加固提供参考。

一、一般规定

1. 对于混凝土或浆砌石建筑物，裂缝发现初期应每半月观测 1 次，基本稳定后宜每月观测 1 次，发现裂缝加大时应及时增加观测次数，必要时应持续观测。

2. 混凝土建筑物产生裂缝后，应对裂缝的分布、位置、长度、宽度、深度以及是否形成贯穿缝作出标记，进行观测。

3. 有漏水情况的裂缝，还应同时观测漏水情况。

4. 对于影响结构安全的重要裂缝，应选择有代表性的位置，设置固定观测标点，对其变化和发展情况定期进行观测。

5. 凡出现历史最高、最低水位，历史最高、最低气温，发生强烈震动，超设计标准运用或裂缝有显著发展时，应增加测次。

6. 裂缝观测时，应同时观测气温、上下游水位等，并了解结构荷载情况。

7. 对于可能影响结构安全的裂缝，应选择有代表性的，设置固定观测标点。水闸、泵站的裂缝观测标点或标志应根据裂缝的走向和长度，分别布设在裂缝的最宽处和裂缝的末端。

二、观测设施的布置

1. 对于可能影响结构安全的裂缝，应选择有代表性的，设置固定观测标点，如图9-25所示。

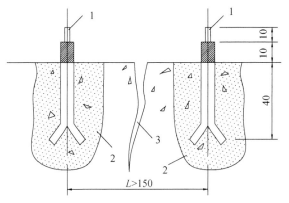

1—游标卡尺卡着处；2—钻孔线；3—裂缝

图 9-25　混凝土裂缝观测标点结构示意图（单位：mm）

2. 裂缝观测标点或标志应根据裂缝的走向和长度,分别布设在裂缝的最宽处和裂缝的末端。裂缝观测标点应跨裂缝牢固安装,统一编号。标点可选用镶嵌式金属标点、粘贴式金属片标志、钢条尺、坐标格网板或专用测量标点等,有条件的可用测缝计测定。裂缝观测标志可用油漆在裂缝最宽处或两端垂直于裂缝划线,或在表面绘制方格坐标,进行测量。

三、观测方法与要求

1. 裂缝的测量,可采用皮尺、比例尺、钢尺、游标卡尺或坐标格网板等工具进行。

2. 裂缝宽度的观测通常可用刻度显微镜测定。对于重要部位的裂缝,用游标卡尺测定,精确到 0.01 mm。

3. 裂缝深度的观测一般采用金属丝探测,有条件的地方也可用超声波探伤仪测定,或采用钻孔取样等方法观测,精确到 0.1 mm。

四、资料整理与初步分析

1. 填表要求

(1) 裂缝宽度观测值以张开为正。

(2) 裂缝长度:精确至 0.01 m;裂缝宽度:精确至 0.1 mm。

2. 图形绘制

(1) 裂缝分布图:将裂缝位置画在建筑物结构图上,并注明编号。

(2) 裂缝平面形状图或剖面展视图:对于重要的和典型的裂缝,可绘制较大比例尺的平面图或剖面展视图,在图上注明观测成果,并将有代表性的几次观测成果绘制在一张图上,以便于分析比较,如图 9-26 和图 9-27 所示。

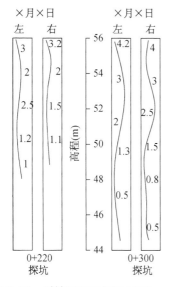

图 9-26 裂缝剖面展视图(单位:mm)

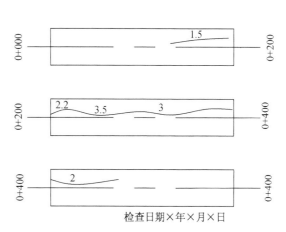

图 9-27 裂缝平面形状图(单位:mm)

(3) 裂缝宽度与建筑物温度、气温过程线如图 9-28 所示。

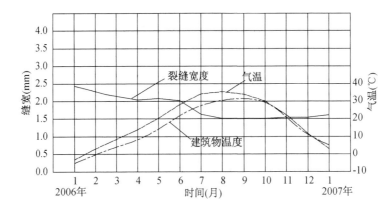

图 9-28　裂缝宽度与建筑物温度、气温过程线

第八节　观测资料整编与成果分析

一、日常资料整理

1. 每次观测结束后,应及时对观测资料进行整理、计算,并对原始资料进行校核、审查。

2. 适时检查各观测项目原始观测数据和巡视检查记录的正确性、准确性和完整性。如有漏测、误读(记)或异常,应及时补(复)测、确认或更正。

3. 及时进行各观测物理量的计(换)算,填写数据记录表格。

4. 随时点绘观测物理量过程线图,考察和判断测值的变化趋势。如有异常,应及时分析原因,并备忘文字说明。原因不详或影响工程安全时,应及时上报主管部门。

5. 随时整理巡视检查记录(含影像资料),补充或修正有关监测系统及观测设施的变动或检验、校(引)测情况,以及各种考证图表等,确保资料的衔接与连续性。

6. 各类表格和曲线图的尺寸应予统一,符合印刷装订的要求,一般不宜超过印刷纸张的版芯尺寸,个别图形(如水下地形图等)如图幅较大,可按印刷纸张边长的 1/4 倍数适当放大。所绘图形应按附录中图例格式绘制,要求做到选用比例适当,线条清晰光滑,注字工正整洁。

7. 各项观测成果数据精度要求详见表 9-4。

表 9-4　观测成果数据精度表

项目	垂直位移		水平位移	测压管	渗透压力	渗透流量	河道断面			伸缩缝	裂缝
	一、二级	三、四级					桩顶高程	河道断面	水下地形		
高程(m)	0.0001	0.001	—	0.01	—	—	0.001	0.01	0.01	—	—
位移量(mm)	0.1	1	0.1				—	—	—	0.1	—
距离(m)	—	—	—	0.01	—	—	—	0.1	0.1	—	—
水位(m)	—	—	—	0.01	0.01	—	—	—	—	—	—
压力(MPa)	—	—	—	—	0.1	—	—	—	—	—	—
流量(L/s)	—	—	—	—	—	0.1	—	—	—	—	—
透明度(cm)	—	—	—	—	—	0.1	—	—	—	—	—
降水量(mm)	—	—	—	—	—	0.1	—	—	—	—	—
缝长(m)	—	—	—	—	—	—	—	—	—	—	0.01
缝宽(mm)	—	—	—	—	—	—	—	—	—	0.1	0.01
温度(℃)	—	—	—	—	—	1	—	—	—	1	1

二、年度资料整编

1. 年度资料整编工作,每年应进行 1 次,对本年度观测成果进行全面审查。

2. 编制各项观测设施的考证表、观测成果表和统计表,表格及文字说明要求端正整洁、数据上下整齐。绘制各种曲线图,图的比例尺一般选用 1∶1、1∶2、1∶5 或是 1、2、5 的十倍、百倍数。

3. 统计相关水文数据和工程运行数据,主要包括年平均水位、最高(最低)水位、最大水位差、年平均流量、最大流量、引(排)水量、降水量和工程运行情况等。

4. 检查观测项目是否齐全、方法是否合理、数据是否可靠、图表是否齐全、说明是否完备。对填制的各类表格进行校核,检查数据有无错误、遗漏。对绘制的曲线图逐点进行校核,分析曲线是否合理、点绘有无错误。根据统计图表,检查和论证初步分析是否正确。

5. 编写年度观测工作总结内容。

(1)观测工作说明:观测手段,仪器配备,观测时的水情、气象和工程运用状况,观测时发生的问题和处理办法、经验教训,观测手段的改进和革新,观测精度的自我评价等。

(2)观测成果分析:分析观测成果的变化规律及趋势,与上次观测成果及设计情况比较是否正常,并对工程的控制运用、维修加固提出初步建议。

(3)编写工程大事记:应对当年工程管理中发生的较大技术问题,按记录如实汇编,包括工程检查、维修养护、大修加固、防汛抢险、抗旱排涝、控制运用、事故及其处理,以及其他较大事件。

三、观测成果分析

1. 分析方法

（1）比较法

1）比较各次巡视检查资料，定性考察泵站站身及其附属结构出现异常现象的部位、变化规律和发展趋势。

2）比较同类效应量观测值的变化规律或发展趋势，是否具有一致性和合理性。

3）将监测成果与理论计算或模型试验成果相比较，观察其规律和趋势是否有一致性、合理性；并与工程的某些技术警戒值（泵站在一定工作条件下的变形量、测压管水位、引河河床断面淤积量、建筑物伸缩缝等方面的设计或试验允许值，或经历史资料分析得出的推荐监测控值）相比较，以判断工程状态是否异常。

（2）作图法

1）通过绘制各观测物理量的过程线及特征原因量（如水位等）下的效应量（如变形量、测压管水位等）过程线图，考察效应量随时间的变化规律和发展趋势。

2）通过绘制各效应量的平面或剖面分布图，以考察效应量随空间的分布情况和特点（必要时可加绘相关物理量）。

3）通过绘制各效应量与原因量的相关图，以考察效应量的主要影响因素及其相关程度和变化规律。

（3）特征值统计法

对各观测物理量历年的最大和最小值（含出现时间）、变幅、周期、年平均值及年变化率进行统计、分析，以考察各观测量之间在数量变化方面是否具有一致性、合理性，以及它们的重现性和稳定性等。

（4）数学模型法

建立描述效应量与原因量之间的数学模型，确定它们之间的定量关系，以检验或预测工程的观测效应量是否合理、异常和超限。对已有较长系列观测资料的泵站，一般采用统计学模型（回归分析）；有条件时亦可采用确定性模型或混合模型。

2. 分析内容

（1）分析历次巡视检查资料，通过泵站站身及其附属设施外观异常现象的部位、变化规律和发展趋势，以定性判断与泵站安危的可能联系，为加强定量观测和观测数据的全面分析提供依据。

（2）应注意泵站在施工期、调试期，以及遭受特大暴风雨和有感地震后各主体建筑物的异常表现；各阶段中泵身、建基在变形（如裂缝、沉陷或隆起等）和测压管水位（如测压管水位变化异常等）两大方面的主要表现。

（3）分析效应量

1）分析效应量随时间的变化规律（利用观测值的过程线图或数学模型），尤其注意相同外因条件下的变化趋势和稳定性，以判断工程有无异常和向不利安全方向发展时效作用。

2）分析效应量在空间分布上的情况和特点（利用观测值的各种分布图或数学模型），以判断工程有无异常区和不安全部位（或层次）。

3）分析效应量的主要影响因素及其定量关系和变化规律（利用各种相关图或数学模型），以寻求效应量异常的主要原因；考察效应量与原因量相关关系的稳定性；预报效应量的发展趋势并判断其是否影响泵站的安全运行。

4）分析各效应观测量的特征值和异常值，并与相同条件下的设计值、试验值、模型预报值，以及历年变化范围相比较。当观测效应量超出它们的技术警戒值时，应及时对工程进行相应的安全复核或专题论证。

3. 分析报告

分析报告主要是根据监测资料的上述定性、定量分析成果，对泵站当前的工作状态（包括整体安全性和局部存在问题）作出综合评估，并为进一步追查原因、加强安全管理和监测，乃至采取防范措施提出指导意见。编制内容一般包括：

（1）工程概况及其安全监测系统的布置和工作情况简述。

（2）巡视检查情况和主要成果。

（3）监测资料整编、分析情况。

（4）泵站工作状态和存在问题的综合评估内容及其结论。

（5）对泵站的安全管理、监测工作、运行调度，以及安全防范措施等方面的建议。

四、资料刊印

1. 整编资料在交印前需经整编单位技术主管全面审查，主要包括：

（1）完整性审查：整编资料的内容、项目、测次等是否齐全，各类图表的内容、规格、符号、单位，以及标注方式和编排顺序是否符合规定要求等。

（2）连续性审查：各项观测资料整编的时间与前次整编是否衔接，整编图所选工程部位、测点及坐标系统等与历次整编是否一致。

（3）合理性审查：各观测物理量的计（换）算和统计是否正确、合理，特征值数据有无遗漏、谬误，有关图件是否准确、清晰，以及工程性态变化是否符合一般规律等。

（4）整编说明的审查：整编说明是否符合前述“二、年度资料整编，第5条，第（1）小条”中观测工作说明的规定内容，尤其注重工程存在的问题、分析意见和处理措施是否正确，以及需要说明其他事项有无疏漏等。

（5）刊印版本一般采用A4纸开本，210 mm×297 mm，激光照排胶印。应体例统一，图表完整，线条清晰；装帧美观，查阅方便。如发现印刷错误，必须补印勘误表装于印册目录后。

（6）资料装订顺序：封面→目录→工程观测任务书→整编资料→封底。其中整编资料顺序如表9-5所示。

表9-5　整编资料内容

序号	整编资料内容
1	工程基本资料
1.1	工程概况

序号	整编资料内容
1.2	工程平面布置图
1.3	工程剖面图、立面图
2	观测工作说明
3	垂直位移
3.1	垂直位移观测标点布置图
3.2	垂直位移工作基点考证表
3.3	垂直位移工作基点高程考证表
3.4	垂直位移观测标点考证表
3.5	垂直位移观测成果表
3.6	垂直位移量横断面分布图
3.7	垂直位移量变化统计表(每5年1次)
3.8	垂直位移过程线(每5年1次)
4	水平位移
4.1	水平位移观测标点布置图
4.2	水平位移工作基点考证表
4.3	水平位移观测标点考证表
4.4	水平位移观测成果表
4.5	水平位移量统计表
4.6	水平位移量过程线图
4.7	水平位移量、建筑物温度和上游水位过程线
4.8	建筑物水平位移分布图
5	测压管
5.1	测压管位置图
5.2	测压管考证表
5.3	测压管管口高程考证表
5.4	测压管注水试验成果表
5.5	测压管淤积深度统计表
5.6	测压管水位统计表
5.7	测压管水位过程线
6	河道
6.1	河道固定断面桩顶高程考证表
6.2	河道断面观测成果表

序号	整编资料内容
6.3	河道断面冲淤量比较表
6.4	河道断面比较图
6.5	水下地形图
7	伸缩缝
7.1	伸缩缝观测标点布置图
7.2	伸缩缝观测标点考证表
7.3	伸缩缝观测成果表
7.4	伸缩缝宽度与建筑物温度、气温过程线
8	裂缝
8.1	裂缝位置示意图
8.2	裂缝观测标点考证表
8.3	裂缝观测成果表
8.4	裂缝宽度与混凝土温度、气温过程线
9	工程运用
9.1	工程运用情况统计表
9.2	水位统计表
9.3	流量、引(排)水量、降水量统计表
9.4	工程大事记
10	观测成果分析

五、资料归档

观测资料的装订、分类、排列、编号、编目、装盒应符合科技档案等档案整编规范的要求。

1. 资料归档内容

(1) 工程观测任务书或观测组织设计、合同。

(2) 观测标点布置图、线路图、基准网布置图。

(3) 基点考证及标点观测原始手簿。

(4) 观测仪器校验、检定资料;观测基点、标点考证表;观测报表;观测成果表、统计表、比较表;分布图、比较图、过程线图、关系曲线图。

(5) 观测技术总结以及刊印的观测资料汇编。

2. 资料保管期限

观测报表为短期保存,其他为长期保存或永久保存。

第十章 档案信息管理

第一节 概述

一、水利档案的概念和分类

(一) 水利档案

1. 水利档案的概念

水利档案是指水利系统各单位，在从事水利工作及相关活动中直接形成的，对国家、社会和本单位具有保存价值的不同形式的历史记录，是国家档案资源的重要组成部分。

水利档案的内容主要包括法律规章、管理制度、水文、水资源、水土保持、水利规划设计、勘测、研究、设备、运行、防汛抗旱以及水利建设项目等各项工作形成的资料。

2. 水利档案的分类

(1) 从档案载体形式上，可以分为纸质档案、声像档案、电子档案以及实物档案等。

(2) 从档案内容属性上，可以分为文书档案、科技档案、会计档案以及人事档案等。

(二) 水利科技档案

1. 水利科技档案的概念

水利科技档案是指在水利科技活动过程中形成的、具有保存价值的、具有各种形式与载体的历史记录，是应归档保存的水利科技文件材料。

2. 水利科技档案的分类

水利科技档案的载体形式包括纸质档案、声像档案、电子信息档案以及实物档案等。

水利科技档案分为水文、水资源、水土保持、勘测、规划设计、设备仪器、运行维护、科学研究、水利工程建设项目、水利信息化项目共10类。

一般工程管理单位的档案管理工作主要涉及运行维护、水利工程建设项目2个类目，分别简称为运行管理档案与建设项目档案。

3. 建设项目档案与运行管理档案

水利工程建设档案包括工程兴建、扩建、加固及改造等建设全过程中形成的全部文件，移交管理单位后成为管理单位档案的重要组成部分；运行管理档案为管理单位在工程调度、运行、维修、检查及观测等管理全过程中形成的全部文件。二者互为利用，建设档案是调度运行、设备管理、维修养护、检查观测等工程运行管理工作的重要参考；水利工程运行管理中形成的资料也是工程加固、改造、扩建的重要依据。

二者在档案形成的归档范围、保管期限、分类组卷、验收要求以及责任单位等方面又有区别，如表 10-1 所示。

表 10-1　建设项目档案与运行管理档案的区别

	建设项目档案	运行管理档案
归档范围	从项目筹划至工程竣工验收中形成的具有保存价值的全部项目文件	工程管理过程中形成的具有保存价值的相关文件
保管期限	永久、长期、短期	永久、定期（30 年、10 年）
案卷目录	闭合式（验收时档案完成）	开放式（档案随年度增减）
档案验收	工程竣工时需通过档案专项验收	运行期尚无档案验收要求
责任单位	建设、监理、施工等各参建单位	工程管理单位

二、水利科技档案管理

（一）水利科技档案管理的一般规定

1. 档案信息管理应包括在水利工程建设期间形成的全部档案信息的交接、存储和利用，以及在运行管理期间对工程监控信息、调度信息、运行管理信息、维护检修信息、业务管理信息和工程改造信息等的采集、存储、处理和应用。

2. 工程管理单位应建立档案信息管理制度。

3. 档案信息管理应符合下列要求：

（1）采集、传输及时准确。

（2）存储安全并定期备份。

（3）定期进行处理。

（4）指导工程安全、高效、经济运行，满足优化调度的需要。

4. 工程管理单位应配备专业技术人员负责档案信息管理，可设档案信息管理机构。

（二）水利科技档案管理的法规依据

水利科技档案的管理应符合国家、水利行业档案管理的规范，并按要求进行档案的收集、整理、排序、装订、编目、编号、归档，确定保管期限。水利科技档案管理所依据的标准和规范性文件主要有：

（1）《水利档案工作规定》（水办〔2003〕105 号）

（2）《水利工程建设项目档案管理规定》（水办〔2005〕480 号）

（3）《水利科学技术档案管理规定》（水办〔2010〕80 号）

（4）《重大建设项目档案验收办法》（档发〔2006〕2 号）

（5）《水利工程建设项目档案验收管理办法》（水办〔2008〕366 号）

(6)《国家电子政务工程建设项目档案管理暂行办法》(档发〔2008〕3号)

(7)《科学技术档案案卷构成的一般要求》(GB/T 11822—2008)

(8)《照片档案管理规范》(GB/T 11821—2002)

(9)《电子文件归档与管理规范》(GB/T 18894—2016)

(10)《技术制图复制图的折叠方法》(GB/T 10609.3—2009)

(11)《CAD电子文件光盘存储、归档与档案管理要求》(GB/T 17678.1—1999、GB/T 17678.2—1999)

(12)《国家重大建设项目文件归档要求与档案整理规范》(DA/T 28—2002)

(13)《南水北调东中线第一期工程档案管理规定》(国调办综〔2007〕7号)

(14)《南水北调东中线第一期工程档案分类编号及保管期限对照表》(国调办综〔2009〕13号)

(三)水利科技档案整编工作基本程序

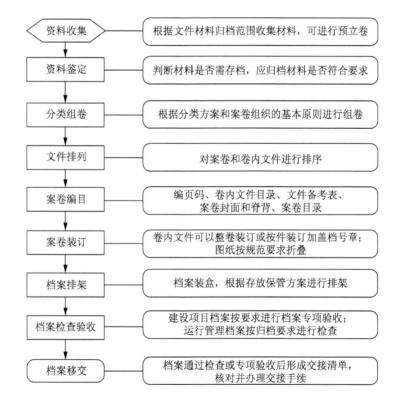

(四)水利科技档案整编的质量要求

1. 总体要求

归档文件应确保完整、准确、系统。

(1)完整一是指反映工作过程的资料要齐全,二是指文件所记载的内容要完整。

(2)准确是指文件材料反映的数据准确,签章手续完备,内容与实际一致,不得存在涂改及不耐久字迹等不符合归档要求的现象。

（3）系统是指归档文件应当形成规律，保持各部分的有机联系，分类科学、组卷合理、整理规范。

2. 纸质文件质量要求

（1）归档的文件材料应为原件，应用不褪色的黑色或蓝黑色墨水书写、绘制，采用优质纸张，激光打印。不得使用红墨水、纯蓝墨水、复写纸、铅笔、圆珠笔、彩色水笔等易褪色、易磨损、易洇化的工具书写材料。各种检查、检测、试验、观测等原始记录要求填写数据真实、完整，无不符合要求的涂改。

（2）如有不易保存的文件材料应复制，复制件附在原件后一并归档，如电传文件、喷墨打印机打印的文件、圆珠笔书写的文件等。对于破损的文件材料应托裱，对于各种大小不一的文件应适当裱贴，折叠成 A4 纸规格。

（3）竣工图是水利工程档案的重要组成部分，必须做到完整、准确、清晰、系统、修改规范、签字手续完备，能真实反映工程竣工时的全部施工实际情况和特征。图纸的折叠应按《技术制图复制图的折叠方法》（GB/T 10609.3—2009）要求执行。

3. 声像档案质量要求

声像文件是反映水利工程建设和运行管理过程的直观记录。

（1）照片文件目前一般采用数码照片，应刻录在耐久性好的光盘或是移动硬盘中。照片文件采用相纸打印，要有照片文字说明，简明、准确地反映照片形成的事由、时间、地点、人物、背景和摄影者六要素。照片文件质量应满足《照片档案管理规范》（GB/T 11821—2002）要求。

（2）录像文件要求图像清晰、解说正确。录音、录像文件应有简要说明，包括时间、时长、录制人、审核人等。

4. 电子文件质量要求

（1）归档的电子文件应与纸质文件一致，重要的电子文件归档时，应形成相应的纸质文件材料一并归档。

（2）存储移交电子档案的载体应经过检测，确保无病毒、无数据读写故障。电子文件质量应符合《电子文件归档与管理规范》（GB/T 18894—2016）、《CAD 电子文件光盘存储、归档与档案管理要求》（GB/T 17678.1—1999、GB/T 17678.2—1999）要求。

第二节　归档范围与保管期限

各水利工程管理单位应根据《水利科学技术档案管理规定》（水办〔2010〕80 号），结合实际，制定本单位或系统水利科技档案分类方案，细化归档范围，明确整编要求。文件材料的归档范围，应全面、系统地反映项目建设与运行维护的过程与结果。

水利科技档案分为水文、水资源、水土保持、勘测、规划设计、设备仪器、运行维护、科学研究、水利工程建设项目、水利信息化项目共 10 类，基本涵盖了水利科技文件材料的主要内容，如有缺漏，各单位可以结合实际补充应归档文件材料的范围和保管期限。

各专业开展的科学研究与开发项目，均应执行科学研究类目的归档范围与保管期限；

水利枢纽工程、水土保持措施工程、农田水利工程等水利工程建设项目,应均执行水利工程建设项目的归档范围与保管期限;水利工程建设项目在日常运行管理和维修养护过程中形成的水利科技文件材料,参照运行维护类的归档范围与保管期限进行管理。

防汛抗旱方面产生的文件材料原则上按照机关文书档案整理。

水利科技档案保管期限划分为永久和定期(30 年、10 年)两种,划分原则与标准参照《水利科学技术档案管理规定》(水办〔2010〕80 号)中水利科技文件材料归档范围和保管期限表的规定执行;其中水利工程建设项目执行《水利工程建设项目档案管理规定》(水办〔2005〕480 号)中水利工程建设项目文件材料归档范围与保管期限表的规定执行;水利信息化项目执行《国家电子政务工程建设项目档案管理暂行办法》(档发〔2008〕3 号)中国家电子政务工程建设项目文件归档范围和保管期限表的规定执行。

水利工程建设项目在日常运行管理和维修养护过程中形成的水利科技文件材料,参照运行维护类的归档范围与保管期限进行管理。

一、建设项目文件材料归档范围与保管期限

(一)建设项目文件材料归档范围

水利建设项目文件,指建设项目在立项审批、招投标、勘察、设计、施工、监理及竣工验收全过程中形成的文字、图表、声像等以纸质、胶片、磁介、光介等载体形式存在的全部文件,包括前期文件、竣工文件和竣工验收文件等。

各类水利工程新建项目,改、扩建项目,加固、改造项目达到基本建设项目规模的按水利工程建设项目档案管理有关规定进行档案整编和验收。

水利工程建设项目文件主要包括工程建设前期文件材料、建设管理文件、施工文件、监理文件、设备文件、科研项目文件、生产技术准备文件、财务文件以及竣工验收文件等九大类。《水利工程建设项目档案管理规定》(水办〔2005〕480 号)对于水利工程建设项目应归档的文件材料范围与保管期限规定地较为清晰、明确,该规定适用于大中型水利工程,其他水利工程可参照执行。

1. 建设前期文件:项目建议书、可行性研究、初步设计、招标设计、技术设计等各阶段的设计报告、图纸、请示及批复文件,各阶段的环境影响、水土保持、水资源评价等专项报告、请示及批复文件,各阶段的评估报告、鉴定、实验等专题报告等。

2. 建设管理文件:建设管理有关规章制度,组织机构,开工报告及批复,工程建设大事记,会议纪要、重要的会议记录,各类合同及谈判、合同变更、索赔与反索赔文件,移民征迁相关材料,工程建设计划、实施计划及调整计划,重大设计变更及审批文件,招标技术设计及审查文件、施工图设计及审查文件,招投标文件、开评标文件、中标通知书、履约保函、资质文件,有关质量、安全、进度、投资等管理文件,环保、水保、消防、档案等专项请示及批复文件,工程建设各阶段产生的启用、移交文件,重大事件、事故音像材料等。

3. 施工文件:施工组织设计、专项施工方案报批及审核文件,技术交底、图纸会审纪要,材料、设备及中间产品出厂证明、质量合格证明文件,设计变更通知、工程联系单等,施工定位测量、复核记录,基础处理、验槽记录,设备及管线焊接实验检验记录,隐蔽工程验

收记录,工程观测记录,各类设备仪表的施工安装调试检验记录、中间交工验收记录,工程质量检查评定记录,施工技术总结报告,施工预算、决算、结算材料,质量缺陷及质量事故相关材料,竣工图,施工大事记录、施工日志、施工月报,反映工程建设原面貌及实施过程中重要阶段的音像资料等。

4. 监理文件:监理大纲、监理规划、监理细则,开(停、复、返)工令,单元工程检查及开工令,分部工程开工签证监理通知、监理指令、联系单,监理会议纪要,监理旁站、巡视记录,监理检查整改及回复材料,监理平行检测、抽检记录,各类控制、测量成果及复核文件,监理日志、周报、月报,变更价格审查、支付审批、索赔处理文件,设备及主要材料采购考察报告,设备制造的检验计划和要求、检验记录,分包单位资格报审材料,设备验收、交接文件,设备监造文件,监理工作重要音像资料,其他有关的重要往来文件等。

5. 设备文件:设备制造工艺、设计说明及图纸等,设备检验、检测记录,有关询价、报价采购文件,设备说明书、操作手册,出厂质量合格证明、装箱清单、备品备件清单、出厂验收文件,开箱检验记录,安装调试记录,进口设备报关记录等。

6. 科研项目文件:开题报告、任务书、协议书、委托书,研究方案、计划、调研报告,试验记录、实验分析、计算书,实验装置相关材料,阶段报告、科研报告、技术鉴定、成果申报、鉴定及推广应用材料等。

7. 生产技术准备文件:试运行技术准备文件、管理制度、运行操作规程,试运行方案、试运行记录,技术培训材料,试运行工作总结等。

8. 财务文件:财务计划、投资、执行及统计文件,工程概算、预算、决算、审计文件,标底文件,主要器材、消耗材料的清单,支付使用的固定资产、流动资产、无形资产及递延资料清册等。

9. 竣工验收文件:验收申请及批复,工程建设管理工作报告、设计工作报告、监理工作报告、施工管理工作报告、运行管理工作报告、质量监督工作报告、质量检测报告、工程审计文件、决算报告,环境保护、水土保持、消防、档案等专项验收意见,工程竣工验收鉴定书,竣工验收其他重要文件材料及音像资料,项目评优申报材料、批准文件及证书等。

(二)建设项目文件材料保管期限

水利工程建设项目档案的保管期限分为永久、长期、短期三种。长期档案的实际保存期限,不得短于工程的实际寿命。《水利工程建设项目档案管理规定》(水办〔2005〕480号)中水利工程建设项目文件材料归档范围与保管期限表、《南水北调东中线第一期工程档案分类编号及保管期限对照表》(国调办综〔2009〕13号)是对项目法人等相关单位应保存档案的原则规定,项目法人应结合实际,补充制定更加具体的工程档案归档范围及符合工程建设实际的工程档案分类方案,基本范例如表10-2所示。

表 10-2 建设文件材料归档范围与保管期限

序号	应归档材料内容	保管期限
1	工程建设前期工作文件材料	

序号	应归档材料内容	保管期限
1.1	勘测设计任务书、报批文件及审批文件	永久
1.2	规划报告书、附件、附图、报批文件及审批文件	永久
1.3	项目建议书、附件、附图、报批文件及审批文件	永久
1.4	可行性研究报告书、附件、附图、报批文件及审批文件	永久
1.5	初步设计报告书、附件、附图、报批文件及审批文件	永久
1.6	各阶段的环境影响、水土保持、水资源评价等专项报告及批复文件	永久
1.7	各阶段的评估报告	永久
1.8	各阶段的鉴定、实验等专题报告	永久
1.9	招标设计文件	永久
1.10	技术设计文件	永久
1.11	施工图设计文件	长期
2	工程建设管理文件材料	
2.1	工程建设管理有关规章制度、办法	永久
2.2	开工报告及审批文件	永久
2.3	重要协调会议与有关专业会议的文件及相关材料	永久
2.4	工程建设大事记	永久
2.5	重大事件、事故声像材料	长期
2.6	各种专业会议纪要、重要专业会议记录	永久
2.7	招标文件审查资料、招标文件、招标补遗及答疑文件	长期
2.8	投标文件、资质材料、履约类保函、投标澄清文件、投标修正文件	永久
2.9	开标资料、评标报告、中标通知书、招投标工作报告	长期
2.10	有关招标技术设计、施工图设计及其审查文件材料	长期
2.11	有关工程建设管理及移民工作的各种合同、协议书	长期
2.12	合同谈判记录及纪要、合同审批文件、合同变更文件	长期
2.13	索赔与反索赔文件	长期
2.14	重大设计变更及审批文件	永久
2.15	工程建设计划、实施计划及调整计划文件	长期
2.16	有关质量监督、检查文件	长期
2.17	有关安全监督、检查文件	长期
2.18	有关投资、进度、质量、安全等控制文件	长期
2.19	有关质量及安全生产事故处理文件材料	永久
2.20	工程建设管理涉及的有关法律事务往来文件	长期
2.21	移民征地申请、批准文件及红线图(包括土地使用证)、行政区域图、坐标图	永久
2.22	移民拆迁规划、安置、补偿及实施方案和相关的批准文件	永久
2.23	有关领导的重要批示	永久

序号	应归档材料内容	保管期限
2.24	环保、档案、防疫、消防、人防、水土保持等专项验收的请示、批复文件	永久
2.25	工程建设不同阶段产生的有关工程启用、移交的各种文件材料	永久
3	施工文件材料	
3.1	工程技术要求、技术交底、图纸会审纪要	长期
3.2	施工计划、技术、工艺、安全措施等施工组织设计报批及审核文件	长期
3.3	建筑原材料出厂证明、质量鉴定、复验单及试验报告	长期
3.4	设备材料、零部件的出厂证明(合格证),材料代用核定审批手续、技术核定单、业务联系单、备忘录等	长期
3.5	设计变更通知、工程更改洽商单等	永久
3.6	施工定位(水准点、导线点、基准点、控制点等)测量、复核记录	永久
3.7	施工放样记录及有关材料	永久
3.8	地质勘探和土(岩)试验报告	长期
3.9	基础处理、基础工程施工、桩基工程、地基验槽记录	永久
3.10	设备及管线焊接试验记录、报告,施工检验、探伤记录	长期
3.11	工程或设备与设施强度、密闭性试验记录、报告	长期
3.12	隐蔽工程验收记录	长期
3.13	记载工程或设备变化状态(测试、沉降、位移、变形等)的各种监测记录	长期
3.14	各类设备、电气、仪表的施工安装记录,质量检查、检验、评定材料	长期
3.15	网络、系统、管线等设备、设施的试运行、调试、测试、试验记录与报告	长期
3.16	管线清洗、试压、通水、通气、消毒等记录、报告	长期
3.17	管线标高、位置、坡度测量记录	长期
3.18	绝缘、接地电阻等性能测试、校核记录	长期
3.19	材料、设备明细表及检验、交接记录	长期
3.20	电器装置操作、联动实验记录	长期
3.21	工程质量检查自评材料	长期
3.22	施工技术总结,施工预、决算	长期
3.23	事故及缺陷处理报告等相关材料	长期
3.24	各阶段检查、验收报告和结论及相关文件材料	永久
3.25	设备及管线施工中间交工验收记录及相关材料	长期
3.26	竣工图(含工程基础地质素描图)	永久
3.27	反映工程建设原貌及建设过程中重要阶段或事件的声像材料	永久
3.28	施工大事记	长期
3.29	施工记录及施工日记	长期

序号	应归档材料内容	保管期限
4	监理文件材料	
4.1	监理合同协议,监理大纲,监理规划,监理细则,监造计划及批复文件	长期
4.2	设备材料审核文件	长期
4.3	施工进度、延长工期、索赔及付款报审材料	长期
4.4	开(停、复、返)工令、许可证等	长期
4.5	监理通知,协调会审纪要,监理工程师指令、指示,来往信函	长期
4.6	工程材料监理检查、复检、实验记录、报告	长期
4.7	监理日志,监理周(月、季、年)报,备忘录	长期
4.8	各项控制、测量成果及复核文件	长期
4.9	质量检测、抽查记录	长期
4.10	施工质量检查分析评估、工程质量事故、施工安全事故等报告	长期
4.11	工程进度计划实施的分析、统计文件	长期
4.12	变更价格审查、支付审批、索赔处理文件	长期
4.13	单元工程检查及开工(开仓)签证,工程分部分项质量认证、评估	长期
4.14	主要材料及工程投资计划、完成报表	长期
4.15	设备采购市场调查、考察报告	长期
4.16	设备制造的检验计划和检验要求、检验记录及试验、分包单位资格报审表	长期
4.17	原材料、零配件等的质量证明文件和检验报告	长期
4.18	会议纪要	长期
4.19	监理工程师通知单,监理工作联系单	长期
4.20	有关设备质量事故处理及索赔文件	长期
4.21	设备验收、交接文件,支付证书和设备制造结算审核文件	长期
4.22	设备采购、监造工作总结	长期
4.23	监理工作声像材料	长期
4.24	其他有关的重要来往文件	长期
5	工艺、设备材料(含国外引进设备材料)文件材料	
5.1	工艺说明、规程、路线、试验、技术总结	长期
5.2	产品检验、包装、工装图、检测记录	长期
5.3	采购工作中有关询价、报价、招投标、考察、购买合同等的文件材料	长期
5.4	设备、材料报关(商检、海关),商业发票等材料	长期
5.5	设备、材料检验,安装手册、操作使用说明书等随机文件	长期
5.6	设备、材料出厂质量合格证明、装箱单、工具单,备品备件单等	短期
5.7	设备、材料开箱检验记录及索赔文件等材料	长期
5.8	设备、材料的防腐、保护措施等文件材料	短期
5.9	设备图纸、使用说明书、零部件目录	长期

序号	应归档材料内容	保管期限
5.10	设备测试、验收记录	长期
5.11	设备安装调试记录、测定数据、性能鉴定	长期
6	科研项目文件材料	
6.1	开题报告、任务书、批准书	长期
6.2	协议书、委托书、合同	长期
6.3	研究方案、计划、调查研究报告	长期
6.4	试验记录、图表、照片	长期
6.5	实验分析、计算、整理数据	长期
6.6	实验装置及特殊设备图纸、工艺技术规范说明书	长期
6.7	实验装置操作规程、安全措施、事故分析	长期
6.8	阶段报告、科研报告、技术鉴定	长期
6.9	成果申报、鉴定、审批及推广应用材料	长期
6.10	考察报告	永久
7	生产技术准备、试生产文件材料	
7.1	技术准备计划	长期
7.2	试生产管理、技术责任制等规定	长期
7.3	开停车方案	长期
7.4	设备试车、验收、运转、维护记录	长期
7.5	安全操作规程、事故分析报告	长期
7.6	运行记录	长期
7.7	技术培训材料	长期
7.8	产品技术参数、性能、图纸	长期
7.9	工业卫生、劳动保护材料、环保、消防运行检测记录	长期
8	竣工验收文件材料	
8.1	工程验收申请报告及批复	永久
8.2	工程建设管理工作报告	永久
8.3	工程设计总结(设计工作报告)	永久
8.4	工程施工总结(施工管理工作报告)	永久
8.5	工程监理工作报告	永久
8.6	工程运行管理工作报告	永久
8.7	工程质量监督工作报告(含工程质量检测报告)	永久
8.8	工程建设声像材料	永久
8.9	工程审计文件、工程决算报告	永久
8.10	环境保护、水土保持、消防、人防、档案等专项验收意见	永久
8.11	工程竣工验收鉴定书及验收委员签字表	永久

序号	应归档材料内容	保管期限
8.12	竣工验收会议其他重要文件材料及记载验收会议主要情况的声像材料	永久
8.13	项目评优报奖申报材料、批准文件及证书	永久

二、运行管理文件材料归档范围与保管期限

(一)运行管理文件材料归档范围

工程运行管理技术文件,是指工程建成后的工程管理规章制度、调度运行、检查观测、维修养护、安全生产等工程运行管理全过程中形成的全部文件,主要文件如下。

1. 规章制度文件:水利工程管理相关法律法规、规程、规范、标准、管理办法、技术管理细则等。

2. 工程概况资料:工程平面、立面、剖面示意图,工程基本情况登记表,水位流量关系曲线图、垂直位移标点布置图、测压管布置图、伸缩缝测点位置结构图、上下游引河断面位置图和标准断面图及运行统计、工程大事记、确权划界相关材料等。

3. 设备管理文件:设备随机资料、设备登记卡、设备评级、设备大修、设备修试卡、设备缺陷记录、设备试验等。

4. 运行调度文件:工程调度方案、调度运行计划、运行统计台账、调度指令、运行值班记录及工作总结等。

5. 工程检查文件:工程汛前汛后定期检查、运行前后定期检查、经常性检查、水下检查、特别检查以及日常巡查等检查记录、报告,建筑物等级评定、安全鉴定、评估等。

6. 工程观测文件:工程垂直位移观测、水平位移观测、河道断面观测、水下地形观测、扬压力观测、伸缩缝观测、裂缝观测等原始观测记录、观测资料成果分析以及观测仪表校验资料等。

7. 维修养护项目文件:工程维修项目管理台账,年度维修项目立项、审批、下达、招投标、合同及支付、实施情况记录、质量检查、安全检查以及工程验收等维修项目管理资料,年度养护项目资料以及维修养护项目审计资料等。

8. 安全生产文件:安全生产组织机构、网络、制度文件,安全检查、应急预案及演练、安全生产工作计划、总结,安全生产会议、教育培训、水政执法,安全生产台账等安全生产相关资料。

9. 科学研究文件:科研项目立项申报、审批、招投标、合同签订,研究试验阶段、总结验收鉴定、成果报奖以及推广应用等科研项目各阶段资料。

10. 其他:工程管理单位年度技术工作总结、职工技术培训等。

11. 工程运行管理有关的音像资料、实物档案及电子文件等。

(二)运行管理文件材料保管期限

参照《水利科学技术档案管理规定》(水办〔2010〕80号)中水利科技文件材料归档范

围和保管期限表的规定执行,水利工程运行管理档案的保管期限也划分为永久和定期。各工程管理单位应结合本工程实际,制定工程运行管理文件材料归档范围与保管期限,基本范例如表 10-3 所示。表中所列各类文件材料的保管期限遵照一般的原则规定,各单位可结合各自项目档案的历史价值和重要程度等实际情况,对应归档文件材料的保管期限进行必要的调整。

表 10-3　运行文件材料归档范围与保管期限

序号	应归档材料内容	保管期限
1	规章制度	
1.1	《中华人民共和国水法》等相关法规	永久
1.2	有关准则、条例、技术规程等	30 年
1.3	工程设计、安装、管理规范	30 年
1.4	各类相关操作规程	30 年
1.5	管理制度、细则等	30 年
2	工程基本资料	
2.1	工程基本情况、数据、图表等资料	30 年
2.2	工程大事记	30 年
2.3	确权划界相关材料	永久
3	设备管理文件	
3.1	设备登记卡	永久
3.2	设备评级资料	永久
3.3	设备大修资料	永久
3.4	设备修试卡	30 年
3.5	设备缺陷记录	30 年
3.6	设备试验资料	10 年
3.7	消防器材资料	10 年
4	运行调度文件	
4.1	调度方案、计划、运行工作总结	永久
4.2	运行记录统计台账	永久
4.3	运行异常情况(故障、特征值、历史最大水位与流量等)报告、总结	永久
4.4	调度指令及执行情况记录	10 年
4.5	运行值班记录	10 年
4.6	绝缘记录	10 年
4.7	工作票、操作票	10 年
5	工程检查文件	

序号	应归档材料内容	保管期限
5.1	工程定期检查报告	永久
5.2	经常性检查记录	永久
5.3	水下检查记录	永久
5.4	特别检查记录	永久
5.5	日常巡查记录	30年
5.6	建筑物等级评定资料	永久
5.7	安全鉴定、评估	永久
6	工程观测文件	
6.1	工程观测原始记录	永久
6.2	工程观测资料成果汇编	永久
6.3	工程观测仪器仪表校验资料	永久
7	维修养护文件	
7.1	维修养护项目管理台账	30年
7.2	维修项目管理卡	30年
7.3	养护项目管理卡	30年
8	安全生产文件	
8.1	安全生产组织机构、网络	永久
8.2	安全生产规章制度	30年
8.3	安全生产会议纪要、重要记录	30年
8.4	安全生产应急预案及演练	30年
8.5	安全生产教育培训资料	30年
8.6	安全生产检查与整改资料	30年
8.7	安全生产特种作业人员、设备及应急物资管理台账	30年
9	科研项目文件	
9.1	科研计划项目申报表	永久
9.2	开题报告、调研报告、可行性报告、课题论证、文献综述	永久
9.3	任务书、协议书、委托书、科研合同	永久
9.4	科研项目招、投标文件材料	30年
9.5	研究试验大纲、研究计划、研究方案、调研考察报告	30年
9.6	实验、试验、测试的重要原始记录、整理记录及报告	30年
9.7	课题阶段总结、中间成果	30年

续表

序号	应归档材料内容	保管期限
9.8	项目(课题)工作总结	永久
9.9	研究报告、论文论著、专利、产品使用说明书等成果材料	永久
9.10	成果奖励申报、批文、获奖证书等	永久
9.11	各阶段有关会议纪要、记录	30 年
10	其他	
10.1	年度技术工作总结	30 年
10.2	职工业务技术培训	30 年
11	有关的照片、影片、录音带、录像带、实物档案及电子文件等	永久

第三节　档案整理归档

一、档案收集

建设项目文件遵循"谁形成、谁负责"的原则,凡是反映与项目有关的重要职能活动、具有查考利用价值的各种载体的文件,都应收集齐全,归入建设项目成套档案。

项目准备阶段形成的前期文件,以及设备、工艺和涉外文件,应由建设管理单位各承办机构负责收集、积累;勘察、设计单位负责勘察设计文件的收集、积累,并按规定向建设管理单位档案部门提交有关设计基础资料和设计文件。

项目施工阶段形成的文件,凡项目实行总承包的,由各分包单位负责其分包项目全部文件的收集、积累、整理,并提交总包单位汇总;凡由建设管理单位分别向几个单位发包的,由各承包单位负责收集、积累其承包项目的全部文件;项目监理文件由监理单位收集、积累。建设管理单位授权的项目监理单位应负责监督、检查项目建设中的文件收集、积累情况,审核竣工验收中文件资料收集、整理情况,并向建设管理单位提交其监理业务范围内经审核、签认后的有关专项报告、验证材料及监理文件。

项目调试及运行阶段形成的文件,由试运行单位负责收集、积累;项目器材供应、财务管理单位应负责收集、积累承建项目器材供应及财务管理形成的文件。

运行管理文件,由各运行管理单位根据材料形成的不同部门、岗位明确专人负责材料的收集。

二、档案分类

各水利工程管理单位应根据《水利科学技术档案管理规定》(水办〔2010〕80 号)等有关办法,结合实际,制定本单位水利科技档案分类方案,细化归档范围,明确整编要求。建设项目文件则应根据《水利工程建设项目档案管理规定》(水办〔2005〕480 号)等有关规定,制定建设项目档案分类方案。文件材料的归档范围,应全面、系统地反映项目建设与运行维护的过程与结果。

注意运行管理档案与建设项目档案的分类是有明显区别的,两者存在联系,但又相互独立,自成体系。比如工程进入运行期的观测资料要引用、延续建设期的相关原始观测资料,但分属不同的类目。

例如:某水利工程管理单位科技档案分类以工程为基本单位。

1 级类目工程代号;

2 级类目分为:01 工程建设,02 工程运行;

3 级类目按各 2 级类目下包含的项目内容编制。

"01 工程建设"下分:01 原建,02(一次)加固改造,03(二次)加固改造;

"02 工程运行"下分:01 规章制度,02 工程基本资料,03 设备管理,04 运行调度,05 工程标查,06 工程观测,07 维修养护,08 安全管理,09 科研项目,10 其他。

各工程单位可根据工程档案情况增设 4 级类目,但档号层次不宜过多。工程单位可根据工程档案情况增加 2 级类目、3 级类目的内容。

南水北调工程的建设项目档案分类编号规则不同于水利部行业要求,对于运行管理类文件只统一采用一个分类号,尚不能满足工程运行档案管理的需要。各单位可以参照《水利科学技术档案管理规定》(水办〔2010〕80 号)等制定细化分类方案。

三、档案组卷

组卷遵循科技文件的形成规律,保持案卷内科技文件的有机联系和案卷的成套、系统,便于档案的保管和利用。

案卷及卷内文件不重份,一般文字在前,图样在后;复文在前,来文在后;译文在前,原文在后;正件在前,附件在后;印件在前,定稿在后。成册、成套的科技文件宜保持其原有形态。一般按不同保管期限组卷,若同一卷内有不同保管期限的文件,该卷保管期从长。文件组卷首先根据类别,案卷厚度尽量适中,便于装订、保管和利用。

1. 运行管理文件组卷要求

运行管理文件一般按问题、年份、项目分别组卷,卷内文件按问题、时间、工程部位、设施、设备、重要性排列。科研课题、建设项目、设备仪器方面的科技文件,应按其项目、结构、阶段或台(套)等分别组卷。

如某工程设备等级评定资料,属于某工程>运行管理文件>设备文件>某年度设备等级评定;某工程维修项目合同,属于某工程>运行管理文件>维修养护文件>某年度维修项目文件。

2. 建设项目文件组卷要求

工程建设项目按《水利工程建设项目档案管理规定》(水办〔2005〕480 号)等相关要求组卷,一般按项目前期、项目设计、项目施工、项目监理、项目试运行、竣工验收及项目后评估等阶段排列。

施工文件按单项工程或装置、阶段、结构、专业组卷;设备文件按专业、台件等组卷;管理性文件按问题、时间或依据性、基础性、项目竣工验收文件组卷;设计变更文件、工程联系单、监理文件按文种组卷;原材料试验按单项工程组卷。

四、案卷编目

1. 卷内科技文件页号编写

有书写内容的页面均应编写页号。单面书写的文件页号编写在右上角;双面书写的文件,正面编写在右上角,背面编写在左上角;图纸的页号编写在右上角或标题栏外左上方;已有页号的文件可不再重新编写页号;各卷之间不连续编页号。卷内目录、卷内备考表不编写目录。

2. 卷内目录

卷内目录应排列在卷内文件首页之前,主要由序号、文件编号、责任者、文件材料题名、日期、页数和备注等组成。序号,应依次标注卷内文件排列顺序。文件编号,应填写文件文号或型号或图号或代字、代号等。责任者,应填写文件形成者或第一责任者。文件材料题名,应填写文件全称;文件没有题名的,应由立卷人根据文件内容拟写题名。日期,应填写文件形成的时间——年、月、日,用阿拉伯数字表示成 8 位,不足用 0 补足,如文件形成时间是 2018 年 8 月,则表示为 20180800。页数,应填写每件文件总页数,或填写每份文件首页上标注的页号,最后一份填写起止页号。备注,可根据实际填写需注明的情况。

3. 卷内备考表

主要是对案卷的备注说明,用于注明卷内文件和立卷状况,其中包括卷内文件的件数、页数,不同载体文件的数量;组卷情况,如立卷人,检查人,立卷时间等;反映同一内容而形式不同且另行保管的文件档号的互见号。卷内备考表排列在全部卷内文件之后。

4. 案卷封面

包括案卷题名、立卷单位、起止日期,保管期限、密级、档号等。案卷题名,应简明、准确地揭示卷内科技文件的内容,主要包括产品、科研课题、建设项目、设备仪器名称或代字(号)、结构、阶段名称、文件类型名称等。立卷单位,应填写负责组卷部门或单位。起止日期,应填写案卷内科技文件形成的最早和最晚的时间——年、月、日(年度应填写四位数字,下同)。保管期限,应填写组卷时依照有关规定划定的保管期限。密级,应填写卷内科技文件的最高密级。档号,由全宗号、分类号(或项目代号或目录号)、案卷号组成:全宗号,需向档案馆移交的档案,其全宗号由负责接收的档案馆给定;分类号,应根据本单位分类方案设定的类别号确定;目录号,填写目录编号;案卷号,应填写科技档案按一定顺序排列后的流水号。

需移送其他单位的档案,案卷封面及脊背的档号可暂用铅笔填写,移交后由接收单位统一正式填写。

5. 案卷脊背

案卷脊背印制在卷盒侧面,包括案卷题名、保管期限、档号,填写方法同案卷封面要求。保管期限可采用统一要求的色标,红色代表永久,黄色代表长期/30 年,绿色代表短期/10 年。

6. 案卷目录

案卷目录内容主要包括案卷顺序号、档号、案卷题名、保管期限、总页数、备注等信息。

序号应填写登录案卷的流水顺序号。以卷内文件保管期限最长的为案卷保管期限。总页数应填写案卷内全部文件的页数之和。备注，可根据管理需要填写案卷的密级、互见号或存放位置等信息。

全引目录内容包括案卷档号、目录号、保管期限、案卷题名以及卷内文件目录的内容。

五、案卷装订

文字材料可采用整卷装订与单份文件装订两种形式，图纸可不装订。但同一项目所采用的装订形式应一致。文字材料卷幅面应采用 A4 型（297 mm×210 mm）纸，图纸应折叠成 A4 大小，折叠时标题栏露在右下角。原件不符合文件存档质量要求的可进行复印，装订时复印件在前，原件在后。

案卷内不应有易锈金属物。应采用棉线装订，或是用档案专用不锈钢钉书针。

单份文件装订、图纸不装订时，应在卷内文件首页、每张图纸上方加盖、填写档号章。档号章内容有：档号、序号。

卷皮、卷内表格规格及制成材料应符合规范规定。

六、归档要求

水利科技文件材料的归档时限：运行管理文件，按年度形成的文件一般在第 2 年 1 季度完成归档工作；建设项目文件、科研项目文件，应在项目实施完成后 3 个月内完成归档工作（周期较长的项目，可分阶段或分单项计算归档时限）；重要仪器设备的随机文件材料，应在安装调试或开箱验收后 1 周内完成归档工作；项目鉴定或验收形成的文件材料，应在鉴定或验收后 1 个月内完成归档工作。

通常，为了加强各运行管理单位的档案管理，便于档案的保管、查询和利用，各运行管理单位宜按在次年汛前定期检查完成上年度档案的整编归档和移交工作。

第四节　档案验收和移交

一、档案验收与检查

1. 建设项目档案验收

建设项目档案的验收在工程竣工验收之前按《重大建设项目档案验收办法》（档发〔2006〕2 号）、《水利工程建设项目档案验收管理办法》（水办〔2008〕366 号）等国家、行业、地方有关水利建设项目档案验收规定执行。

档案验收依据《水利工程建设项目档案验收评分标准》对项目档案管理及档案质量进行量化赋分。验收结果分为 3 个等级：优良、合格、不合格。大中型以上和国家重点水利工程建设项目，应按办法要求进行档案验收。档案验收不合格的，不得进行项目竣工验收。其他水利工程（含改建、扩建、除险加固等建设项目），可参照办法执行。

建设项目档案验收应达到以下标准：

（1）有运行良好的档案管理体制。

（2）文件材料形成程度规范、签署完备、制作质量良好。

（3）档案收集齐全完整。

（4）竣工图编制准确、清晰、规范。

（5）全部档案已进行系统整理，案卷质量、档案编目等符合规范化、标准化的要求。

（6）已运用计算机辅助档案管理，建立项目档案数据库。

（7）具有符合要求的档案库房和档案保护设备。

（8）在项目建设和试运行过程中积极主动提供档案利用并取得一定效果。

项目法人在确认已达到档案验收规定的条件后，应早于工程计划竣工验收的 3 个月前，向项目竣工验收主持单位提出档案验收申请。申请文件应包括：项目法人开展档案自检工作的情况说明、自检得分数、自检结论等内容，并将项目法人的档案自检工作报告和监理单位专项审核报告附后。

2. 运行管理档案检查

运行管理文件整编完成后，在移交档案室之前应进行档案专项检查，确保档案的完整性、准确性符合归档要求后，再形成移交清单，办理档案移交手续。可根据不同文件类别开展检查，检查人员应由单位负责人、技术负责人、档案管理人员等组成。

二、档案移交

水利科技文件材料归档时，应编制归档文件材料移交清单（一式两份），包括案卷目录等移交档案的基本情况，由项目、课题或单位、部门负责人等审签，交档案部门查验，交接双方应认真履行交接手续。对不符合要求的，档案部门应不予接收。档案移交时交接单位应填写好档案交接文据。

第五节　档案保管

一、档案室要求

1. 档案室要求档案库房、阅览室、办公室三室分开。应配备专用电脑，实行电子化、信息化管理。档案室应建立健全档案管理制度，档案管理制度、档案分类方案应上墙。

2. 档案库房，应配备温湿度计，安装空调设备，控制室内的温度以 14～24 ℃为宜，日温度变化不超过±2 ℃，湿度为 45％～60％。室内温湿度宜定时测记，一般每天 2 次，并根据温湿度变化进行控制调节。

3. 档案柜架应与墙壁保持一定距离，一般柜背与墙不小于 10 cm，柜侧间距不小于 60 cm，成行地垂直于有窗的墙面摆设，便于通风降湿。

4. 档案库房不宜采用自然光源，有外窗时应有窗帘等遮阳措施。档案库房人工照明光源应选用白炽灯或白炽灯型节能灯，并罩以乳白色灯罩。

5. 档案库房应配备适合档案用的消防器材，定期检查电器线路，严禁明火装置和使用电炉及存放易燃易爆物品。

二、档案保管要求

1. 档案室应建立健全档案借阅制度,设置专门的借阅登记簿。一般工程单位的档案不对外借阅,本单位工作人员借阅时应履行借阅手续。借阅时间一般不应超过 10 天,若需逾期借阅的,应办理续借手续。档案管理者有责任督促借阅者及时归还借阅的档案资料。

2. 档案保管要求防霉、防蛀,定期进行虫霉检查,发现虫霉及时处理。档案柜中应放置档案用除虫驱虫药剂(樟脑),并定期检查药剂(樟脑)消耗情况,发现药剂消耗殆尽应及时更换药剂,以保持驱虫效果。

3. 档案室应定期进行除湿除尘。可以采用机械式通风或自然通风方式降温除湿。

4. 档案室及库房不应放置其他与档案无关的杂物。档案室及库房钥匙应由档案管理员保管。其他人员未经许可不得进入档案库房。需借阅档案资料时,应由档案管理者(或在档案管理员陪同下)查找档案资料,借阅者不得自行查找档案资料。

5. 各工程管理单位每年年终应进行工程档案管理情况的检查,当年的资料应全部归档,编目;外借的资料应全部收回,对需要续借的应归还后,办理续借手续。对查出的问题应根据档案管理要求进行整改。

6. 过了保管期的档案应当鉴定是否需要继续保存。若需保存应当重新确定保管期限;若不需保存可列为待销毁档案。

第六节　档案信息化

随着大数据时代的到来,档案的收集、存贮、传送、处理、利用、保护呈现出数字化和信息化的时代特征,信息时代的科技档案信息服务能力已经成为比资金、技术手段更为重要的核心竞争力,因此档案的信息化建设已是档案管理以及促进社会经济发展的重要需求。

一、档案信息化管理系统

档案信息化管理系统就是将现代先进数据库技术、数据压缩技术、高速扫描技术等技术手段实现纸质文件、声像文件等传统介质文件数字化,形成电子档案信息,由计算机档案信息管理系统全面管理电子档案资料,从电子档案的收集、入库、整理、发布、归档、查询、借阅、销毁等方面进行全过程控制和管理,实现档案信息管理传输的自动化、档案资料一体化、标准化、规范化和共享化。

档案信息化管理系统,一般应具备以下主要功能:

1. 档案存储管理功能。能够实现档案的自动编号,在进行档案的出入库时可实现档案的跟踪定位;该系统还应具有档案储存位置的分配、档案存储信息管理的功能,从而实现电子档案存储位置的可视化、动态化管理。

2. 档案查询功能。能够提供档案目录查询、密级查询等,并同时发出出库指令,管理人员根据出库指令将档案传给查阅该档案的人。

3. 档案销毁管理功能。档案入库时,系统设定每份档案的保管期限,当档案到达保管期限时,系统会自动提醒管理人员失效档案的相关信息,由管理人员作出进一步处理。管理人员也可通过该系统查看将要到期或是已到期销毁的档案信息。

4. 档案安全管理功能。应用网络安全技术实现电子档案防盗和现场监管,如果档案在不经过出库指令下出库,则监控模块应将异常信息立即发送警报,停止档案信息出库。

二、档案信息化管理要求

1. 提高工程管理档案管理标准化水平。从形成到归档,确保收集到的档案信息的真实性、完整性和有效性。工程管理单位必须在电子文件形成、流转、处置、归档等各个环节,实行标准化、规范化、制度化管理。在此基础上,严格控制电子档案管理的各个环节,包括其生成、加工、保管、借阅的程序等,做到归档统一、保管安全、使用有序。

2. 加大工程管理档案资源开发力度。档案资源的信息化建设是档案信息化建设的核心要素。工程管理单位在进行数字化时,不仅要把现有的档案数字化,还要对分散的档案信息进行整合、加工,把经过二次加工的信息数字化。

3. 提高安全意识和防范意识。严格按照《全国档案信息化建设实施纲要》的要求,采用身份证、防火墙、数据备份等安全防护措施,不断提高工程管理档案管理人员的安全意识,确保档案信息化的开放安全。工程管理单位要增强安全意识,防止人为地毁坏和破坏,力争让无权用户进不来、看不见、改不了了档案,保证档案的真实性。设电子口令,防止被人盗用,定期对所有计算机杀毒,防止电脑病毒对电脑系统的攻击和黑客的威胁,专机专用。一些永久保存的资料属性可以改成"只读",防止一些意外的破坏带来损失。

第十一章 泵站经济运行

第一节 技术经济指标

调水、灌溉、换水等长时间运行的泵站,应实施优化运行,结合泵站机组工况调节方式,在保证工程安全的前提下,调优系统运行工况,实现泵站经济运行。考核泵站技术管理工作时参考的技术经济指标主要有:

1. 建筑物完好率。
2. 设备完好率。
3. 泵站效率。
4. 能源单耗。
5. 供排水成本。
6. 供排水量。
7. 安全运行率。
8. 财务收支平衡率。

一、建筑物完好率

1. 建筑物完好率应达到 85% 以上,其中主要建筑物的等级不应低于《泵站技术管理规程》(GB/T 30948—2014)附录 C 建筑物等级评定标准规定的二类建筑物标准。完好建筑物评级达到一类或二类标准。

其中泵站主要建筑物包括主泵房及进出水建筑物、流道(管道)、涵闸等。

2. 建筑物完好率可按公式(11-1)计算:

$$K_{jz} = \frac{N_{wj}}{N_j} \times 100\% \tag{11-1}$$

式中:K_{jz}——建筑物完好率,即完好的建筑物数与建筑物总数的百分比(%);

N_{wj}——完好的建筑物数;

N_j——建筑物总数。

二、设备完好率

1. 设备完好率不应低于 90%,其中主要设备的等级不应低于《泵站技术管理规程》

(GB/T 30948—2014)附录 D 设备等级评定标准规定的二类设备标准。对于长期连续运行的泵站,备用机组投入运行后能满足泵站提排水要求的,计算设备完好率时,机组总台套数中可扣除轮修机组数量。

其中泵站主要设备包括主水泵、主电动机、主变压器、高压开关设备、低压电器、励磁装置、直流装置、保护和自动装置、辅助设备、压力钢管、真空破坏阀、闸门、拍门及启闭设备等。完好设备是指设备评级达到一类或二类标准。

2. 设备完好率可按公式(11-2)计算:

$$K_{sb} = \frac{N_{ws}}{N_s} \times 100\% \tag{11-2}$$

式中:K_{sb}——设备完好率,即泵站机组的完好台套数与总台套数的百分比(%);

N_{ws}——机组完好的台套数;

N_s——机组总台套数。

三、泵站效率

1. 泵站效率应根据泵型、泵站设计扬程或平均净扬程以及水源的含沙量情况,符合表 11-1 的规定。

表 11-1　泵站效率规定值

泵站类别		泵站效率(%)
轴流泵站 或导叶式混流泵站	净扬程小于 3 m	≥55
	净扬程为 3~5 m(不含 5 m)	≥60
	净扬程为 5~7 m(不含 7 m)	≥64
	净扬程 7 m 及以上	≥68
离心泵站 或蜗壳式混流泵站	输送清水	≥60
	输送含沙水	≥55

注:泵站效率为泵站输出的有效功率与泵站输入功率的比值。

2. 泵站效率可按公式(11-3)或公式(11-4)计算。

1)测试单台机组:

$$\eta_{bz} = \frac{\rho g Q_b H_{bz}}{1\ 000 P} \times 100\% \tag{11-3}$$

式中:η_{bz}——泵站效率(%);

ρ——水的密度(kg/m³);

g——重力加速度(m/s²);

Q_b——水泵流量(m³/s);

H_{bz}——泵站净扬程(m);

P——电动机输入功率(kW)。

2）测试整个泵站：

$$\eta_{bz} = \frac{\rho g Q_z H_{bz}}{1\,000 \sum P_i} \times 100\%$$ (11-4)

式中：η_{bz}——泵站效率（%）；

ρ——水的密度（kg/m³）；

g——重力加速度（m/s²）；

Q_z——泵站流量（m³/s）；

H_{bz}——泵站净扬程（m）；

P_i——第 i 台电动机输入功率（kW）。

四、能源单耗

1. 泵站能源单耗考核指标应分别符合下列规定：

1）对于电力泵站净扬程小于 3 m 的轴流泵站或导叶式混流泵站和输送含沙水的离心泵站或蜗壳式混流泵能源单耗不应大于 4.95 kW·h/(kt·m)，其他泵站不应大于 4.53 kW·h/(kt·m)。

2）对于内燃机泵站能源单耗不应大于 1.28 kg/(kt·m)。

3）对于长距离管道输水的泵站，能源单耗考核标准可在本条 1）、2）规定的基础上适当降低。

2. 能源单耗可按公式(11-5)计算：

$$e = \frac{\sum E_i}{3.6\rho \sum Q_{zi} H_{bzi} t_i}$$ (11-5)

式中：e——能源单耗，即水泵每提水 1 000 t、提升高度 1 m 所消耗的能量[kW·h/(kt·m)或 kg/(kt·m)]；

E_i——泵站第 i 时段消耗的总能量（kW·h 或燃油 kg）；

Q_{zi}——泵站第 i 时段运行时的总流量（m³/s）；

H_{bzi}——第 z 时段的泵站平均净扬程（m）；

t_i——第 i 时段的运行历时（h）。

五、供排水成本

1. 供排水成本宜在同类泵站间比较。

2. 供排水成本 U，包括电费或燃油费、水资源费、工资、管理费、维修费、固定资产折旧和大修理费等。泵站工程固定资产折旧率应按照《泵站技术管理规程》(GB/T 30948—2014)附录 O 中泵站工程固定资产基本折旧率的规定计算。供排水成本的核算有三种方法，各泵站可根据具体情况选定适合的核算方法，分别按公式(11-6)、公式(11-7)、公式(11-8)计算。

1）按单位面积核算：

$$U = \frac{f\sum E + \sum C}{\sum A} \quad [\text{元/(公顷・次)或元/公顷・a}] \tag{11-6}$$

2）按单位水量核算：

$$U = \frac{f\sum E + \sum C}{\sum V} \quad (\text{元/m}^3) \tag{11-7}$$

3）按千吨米核算：

$$U = \frac{1\,000(f\sum E + \sum C)}{\sum GH_{bz}} \quad [\text{元/(kt・m)}] \tag{11-8}$$

式中：f——电单价[元/(kW・h)或燃油单价元/kg]；

$\sum E$——供排水作业消耗的总电量(kW・h)或燃油量(kg)；

$\sum C$——除电费或燃油费外的其他总费用(元)；

$\sum A$——供排水的实际受益面积(公顷)；

$\sum G$、$\sum V$——供排水期间的总提水量(t、m³)；

H_{bz}——供排水作业期间的泵站平均扬程(m)。

六、供排水量

供排水量可按公式(11-9)计算：

$$V = \sum Q_{zi}t_i \tag{11-9}$$

式中：V——供排水量(m³)；

Q_{zi}、t_i——分别为泵站第 i 时段的平均流量(m³/s)和第 i 时段的历时(s)。

七、安全运行率

1. 安全运行率应分别符合下列规定：

1）电力泵站不应低于98％。

2）内燃机泵站不应低于90％。

对于长期连续运行的泵站,备用机组投入运行后能满足泵站提排水要求的,计算安全运行率时,主机组停机台时数中可扣除轮修机组的停机台时数。

2. 安全运行率可按公式(11-10)计算：

$$K_a = \frac{t_a}{t_a + t_s} \times 100\% \tag{11-10}$$

式中：K_a——安全运行率(％)；

t_a——主机组安全运行台时数(h)；

t_s——因设备故障或工程事故,主机组停机台时数(h)。

八、财务收支平衡率

1. 财务收支平衡率指标 K_{cw} 不应低于 1.0。

2. 财务收支平衡率是泵站年度内财务收入与运行支出费用的比值。泵站财务收入包括国家和地方财政补贴、水费、综合经营收入等;运行支出费用包括电费、油费、工程及设备维修保养费、大修费、职工工资及福利费等。财务收支平衡率可按公式(11-11)计算:

$$K_{cw} = \frac{M_j}{M_c} \times 100\%$$ (11-11)

式中:K_{cw}——财务收支平衡率(%);

M_j——资金总流入量(万元);

M_c——资金总流出量(万元)。

九、泵站技术经济指标考核结果

泵站技术经济指标考核结果可按表 11-2 的内容和格式填写。

表 11-2 泵站技术经济指标考核表(_____年)

泵站管理单位(盖章):   考核时间:___年___月___日

序号	考核项目		单位	要求指标	实际指标
1	建筑物完好率		%		
2	设备完好率		%		
3	泵站效率		%		
4	能源单耗	电力泵站	kW·h/(kt·m)		
		内燃机泵站	kg/(kt·m)		
5	供排水量	灌溉或城镇用水量	m³		
		排水量	m³		
6	供排水成本	按千吨米核算	元/(kt·m)		
		按水量核算	元/m³		
		按面积核算	元/(公顷·次)或 元/(公顷·a)		
7	安全运行率		%		
8	财务收支平衡率		%		
基本情况	装机台套与装机功率/(台套/kW):		最高泵站扬程/m:		
	实际灌溉面积/公顷:		最低泵站扬程/m:		
	水泵型号:		平均泵站扬程/m:		
	实际运行台时:		同时运行的水泵(台)数:		

第二节 泵站优化运行

一、泵站优化运行方式

根据不同泵站的实际情况优化运行方式：

1. 对满足抽水流量要求的泵站，按泵站效率最高的方式运行。

2. 对满足规定时段内抽水体积要求的泵站，按泵站最低运行费用的方式运行。

3. 对排涝泵站，在保证机组安全可靠运行的前提下，按最大流量（满负荷）的方式运行。

二、泵站优化运行方法

1. 工况调节

水泵效率最高与泵站效率最高并不等同，灌溉调水泵站要求一定抽水量时，泵站优化运行应力求泵站效率最高，从而达到能源消耗较少、运行费用较低的目的。但是，对于水泵选型和管路设计不合理或运行工况改变的泵站，由于工作点偏离泵装置最高效率点较远，以致引起泵站运行效率降低，这样就必须采取相应技术手段来改变水泵的工作点，使之符合要求，这个改变过程称为水泵的工况调节。同样，泵站最低运行费用运行方式和最大流量运行方式也需要进行工况调节。

常用的调节方法有叶轮车削调节、变速调节和变角调节。

叶轮车削调节通常只适用于比转数不超过 350 的离心泵与混流泵。

变速调节具有良好的节能效果，但需要采用可以变速的动力机械（如电动机变频调速、可调速电动机、柴油机调速）或可以变速的设备（如齿轮箱降速、皮带传动降速）。

通过改变叶片的安装角度使水泵性能改变的方法称为变角调节，适用于半调节和全调节轴流泵和导叶式混流泵。

全调节有液压全调节和机械全调节两种结构形式，全调节在水泵运行期间可以很方便地改变叶片的安装角度。半调节水泵无叶片调节结构只有在拆开水泵后才能改变叶片角度。叶片角度改变后，水泵的流量、扬程、轴功率、效率和汽蚀性能都随之变化，使泵站效率最高或按最大流量（满负载）运行，此外确保水泵不发生汽蚀，电动机在叶片角度改变后应不超载。

2. 单级泵站优化运行

单级泵站优化运行，需要以泵站机组运行功率最小（对应优化运行方式 1）或一定时段泵站运行能耗或费用最少（对应优化运行方式 2）为目标，以抽水流量或一定时段抽水体积、机组允许最大/最小运行流量和功率、叶片允许调角范围、水泵可调速范围等为约束条件，建立优化数学模型。采用现代优化算法，利用计算机求解优化数学模型，得到优化运行方案。优化运行方案包括：各并联泵站不同型号机组的开机台数、水泵叶片角度（对叶片可调水泵机组）或（和）转速（对转速可调水泵机组）等。单级泵站实施优化运行，一般可以节能 1~10 个百分点。

3. 多线梯级泵站优化运行

多线梯级泵站优化运行,还涉及不同输水线路间的流量优化分配和不同梯级间的扬程优化分配,优化模型更复杂,优化运行方案求解计算工作量更大。梯级泵站实施优化运行,一般可以节能 3~15 个百分点。

泵站优化运行方案的实施,可以根据抽水要求和泵站实际情况,进行人工操作实施,也可以将优化运行方案嵌入泵站自动控制系统,实现自动优化运行。

第三节 提高泵站效率的其他方法

一、提高电动机效率

影响电动机效率的因素主要有:铜损、铁损、机械损耗、风损、电源电压、功率因素、负载率等。

1. 由电动机的选用提高效率

(1) 提高电动机负载率。电动机负载率在 85%~90% 时电动机效率最高,应合理选用电动机功率,以及在运行时尽可能提高电动机负载率。

(2) 选用大型电动机及优先选用同步电动机。电动机平均效率一般为 87%,大型电动机的效率可以到 90% 以上,而大型泵站的同步电动机效率一般不低于 95%。

2. 由设计和制造过程提高电动机效率

(1) 采用合适的槽配合。近槽配合,杂散损耗小,效率、功率因素和启动性能易于保证,但噪声较大;远槽配合,噪声较小,但杂散损耗大,温升高,效率、功率因素和启动性能不易保证。基于各自特点,采用不同方法,进行改进和抑制。

(2) 采用低谐波准正弦绕组。采用双层不等匝叠绕组形式,并保证槽满率相同和空间的均匀分布。

(3) 改善风扇结构。减小叶片外径,增加叶片数量,采用宽叶片、多叶片、后倾式叶片等结构方式。

(4) 采用优质导线、矽钢片。减少铜损、铁损。

3. 由安装提高电动机效率

(1) 提高空气间隙均匀度。减少空气间隙不均匀引起的磁场力损失以及机械损失。

(2) 减小摆度。减少机械损失。

(3) 减小磁场中心偏差(包括减小磁极挂极高差)。减少磁场力损失以及机械损失。

4. 由运行管理提高电动机效率

(1) 稳定电源电压。电动机运行电压应在额定电压的 95%~110% 范围内,电压过低或过高,会增大电动机的铜损或铁损。

(2) 提高功率因素。异步电动机提高负载率;同步电动机由调节励磁电流提高功率因素,实现功率因数补偿节能。

（3）采用变频器。需调节流量的泵站,采用变频技术,可实现变频节能和功率因数补偿节能。

二、提高水泵效率

1. 由水泵装置的选用提高效率

（1）根据扬程、流量、年运行台时等选择合适的泵型、叶轮和流道。

（2）轴承类型、台数及效率与汽蚀性能指标综合选用。

2. 由设计和制造过程提高水泵效率

（1）选用可靠性高的轴承和密封装置的类型,以延长其使用寿命。

（2）提高叶轮、叶片制造精度,减小叶片角度误差和静不平衡。

3. 由安装提高水泵效率

（1）减小转动部件的摆度,以减小机械损失和延长水泵使用寿命。

（2）垂直同心度,提高固定部分的同心度和叶片间隙均匀度,以减小机械损失和水力损失。

4. 由运行管理提高水泵效率

由扬程、装置效率特性,调节水泵叶片角度或转速使水泵尽可能在高效区运行。

三、提高泵站效率的其他途径

1. 提高流道管壁的平整度,以减少水力损失。

2. 在流道管壁喷涂高分子材料以减小流动摩擦力。如采用陶瓷涂层,最大可提高效率 4.5%。

3. 以清污机取代拦污栅。改善水泵进水液态,减少栅前、栅后水位落差。

4. 利用错峰电价,可减少运行费用。

5. 对扬程变化较大的泵站,尽可能在低扬程时多抽水,在高扬程时少抽水。

6. 尽可能使泵站满负荷运行。泵站运行必有相对固定的负荷,运行台数越多,泵站总效率必越高。

7. 加长设备检修周期。由检修、运行管理等方面加长设备检修周期,减少大修、中修次数,以减小设备维修费用。提高检修质量和加强养护,使设备处于良好状态,避免设备故障的发生;提高运行检查质量,及时发现设备隐患,避免故障的扩大。

8. 应用新技术、新工艺、新材料和新设备,改进或提高泵站设备运行质量,提高使用效率和延长使用寿命。

9. 加强泵站运行人员的业务培训,提高泵站运行管理人员技术素质,避免人员伤害及设备事故的发生和扩大,以及合理减少运行管理人员的配备。